すごい実験

高校生にもわかる素粒子物理の最前線

高エネルギー加速器研究機構
多田将

イースト・プレス

目次

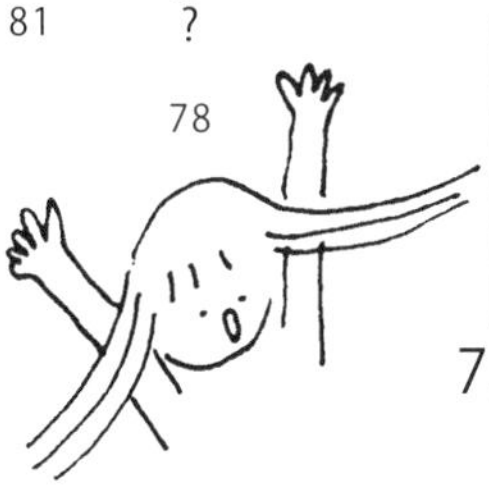

はじめに

かつて「プロジェクトX」という番組がありました。若い方はご存知ないかもしれませんが、戦後日本の高度成長を支えてきた偉い人たちを紹介するドキュメンタリーで、2000年から2005年までNHKで放映されていました。

その番組に、物理学者の小柴昌俊先生が出演されたことがあります。素粒子ニュートリノの性質解明の手がかりをつかみ、2002年にノーベル物理学賞を受賞された方です。

今なお世界最高のニュートリノ検出器である「スーパーカミオカンデ」。その原型である「カミオカンデ」の建設秘話、みたいな内容だったのですが、番組の最後にまとめに入ったNHKのアナウンサーが、こういう恐ろしい質問をしたのです。

「で、小柴先生。ニュートリノはいったい何の役に立つんですか?」

「えげつない質問するなあ」と思いながらも、小柴先生がどうやって煙に巻くのかわくわくしながら観ていたのです。すると、小柴先生はこんなふうに回答されました。

「かつて電子が発見されたとき、それが何かの役に立つかわかる者は誰一人としていなかった。しかし現在、我々の生活の中で、電子（＝電気）はなくてはならないものになっている。ニュートリノも、今は何の役に立つのかさっぱりわからない。でも、何十年後、あるいは何百年後に、電子と同じようになくてはならないものになっているに違いない」

これを聞いて僕は感動しました。基礎科学の研究が我々の生活にどんな影響をもたらすのかが、普通の言葉で語られていたからです。しかもそれが、どれくらいのタイムスケールの話なのかということも伝わってきます。さすが、ノーベル賞を取られる方は違う、と思いました。

素粒子物理学というのは、この世の中のあらゆるものの根源を明らかにする、究極の学問です。

そう言うと格好よく聞こえますが、実際、究極過ぎるせいで、我々の日常からかけ離れた遠い世界のことのようになっています。先ほどのアナウンサーのように、「で、それがいったい何の役に立つんですか？」と聞きたくなるのも仕方ありません。

おまけに我々物理学者は、シャイなのか、はたまた高飛車なのか、自分たちのやっていることをきちんと説明することにあまり力を注いできませんでした。

そんなことを言うと、これまで一般向けの物理の本を書いてこられた先生方に怒られてしまうかもしれません。でも、読者の方々にお聞きしてみたいのは、

「本当にそれらの本を読んで理解できましたか？」

ということです。自慢ではありませんが、僕自身、不真面目で頭の悪い高校生だったころ、その手の解説書で最後まで読み通せたものは1冊もありませんでした。

なぜ読破できなかったのか？　理由が大人になってわかりました。

その先生方は頭が良すぎたのです。

考えてみれば当然です。究極の学問に取り組む方々ですから、頭の良さは半端ではありません。そんな方々が、「これくらいなら理解できるだろう」と想像して書いたとしても、まだ充分難しい……。

僕の強みは、多くの皆さんと同じように「物理の本を読んでも、よくわからなかった」という、偉い先生方はたぶんしていないであろう経験をしていることです。頭のいい先生方は、数式を見ただけですっと理解できますが、僕にはできません。ひとつひとつ、具体的なイメージや例えに置き換えてみないと頭に入ってこないのです。

ときどき、自分の職場である実験施設を見学に来られた方々をご案内する機会があるのですが、そのとき僕の解説が「わかりやすかった」というありがたい言葉をいただくことがあります。もしお世辞でないとしたら、おそらくそういう理由からでしょう。僕は、自分自身が理解するために頭に描いたイメージを伝えているだけなのです。

というわけで、そんな強みを生かし、僕と同じように物理学の本を読んで挫折した経験をお持ちの方々に向けて、このような本を書いてみました。途中でページを閉じられないよう、自分なりに頑張って書いたつもりです。

そして、もし最後までお読みいただけたとしたら、小柴先生とは違った、「物理学とは何か」「それが何の役に立つんですか？」という問いに対する、僕なりの回答を目にされることでしょう（と聞いて、最後から読まれるのは反則ですので、くれぐれも止めて下さい・笑）。

この本は、中央大学杉並高等学校での4回の授業が元になっています。生徒さんたちから毎回たくさんの質問をいただき、それについて授業の中で答えるかたちで進めていきました。ですから、もし読んでいてその場で少々わからないことがあっても、質問されて次の授業で答えている場合もありますので、あまり気にせず読み進めていただければと思います。

特に第二章は、「実験」ではなく「理論」の話ですから、しんどく感じるかもしれません。その場合は、授業だと思って、ぼーっと聞いて（読んで）くれればと思います。あるいは、読み飛ばして第三章に行ってしまっても構いません。

それではさっそく始めましょう。

J-PARC

第一章

この世でもっとも大きく、もっとも精密な機械

J-PARCはニュートリノをいかに作り出すか?

皆さん、初めまして。今日から４回シリーズで授業を担当します多田です。よろしくお願いします。

　わかりやすい話にしようと思いますので、もしちょっとでも難しいところがありましたら、いつでも質問してください。どんな内容でも構いません。

　だいたい僕は、研究所でも見学案内とか、広報的な役割をさせられることが多いんですけど、一番受ける質問はですね、「本当にここの職員なんですか？」というものでして、次に多いのが「髪の毛の手入れはどうやってるんですか」という……（笑）。そういう質問でも構いません。どんどん聞いてください。

　いきなりこの金髪が出てきて、皆さんも心配かもしれませんので、まず自己紹介から始めます。

　一応経歴を簡単にお話ししますと、京都大学の理学部を卒業して、そのまま大学院で博士号を取ったあと、化学研究所というところで物理学の研究をやっていました。ずっと京都大学にいたんですが、７年くらい前に、茨城県の東海村でＪ－ＰＡＲＣ《ジェイパーク》という物理学の実験施設を作る、というので、その設計に呼ばれて行ったんですね。ニュートリノ実験の、ビームラインという装置の設計です。

　今現在もその施設と、あとオフィスがあるのは「高エネルギー加速器研究機構」（高エネ研）という、同じ茨城県内ですが少し離れたところでして、その２カ所を行ったり来たりしながら働いています。高エネ研というのは、面積で言うと日本で最大級の研究所です。

300キロメーターの巨大な「実験室」

これから、僕らがやっているニュートリノの実験を例にとって「素粒子物理学って どんなものか?」という話をしていきたいと思います。「素粒子物理学」ってすごく難しそうなんですが、たしかに身近なものではないですよね。

そもそも素粒子って何かというと、あとで詳しくご説明しますが、もっとも小さな物質です。皆さんの体を作っているのも元をたどっていくと素粒子です。小さすぎて目に見えません。これをどうやって調べるのかというと、ひとつは、自然界に飛んでいる素粒子を捕まえて調べる、という方法があります。今も目の前をびゅんびゅん飛んでるんですね。もうひとつは、人工的に素粒子を作って、それを使って調べる、というやり方です。僕らがやっているのは後者です。人工的にニュートリノという素粒子を作って、それを集めてビーム状にして、遠くに設置した検出器までそのビームを飛ばすんです。

こちらを見てください(図1)。

図1＊T2K実験とは?

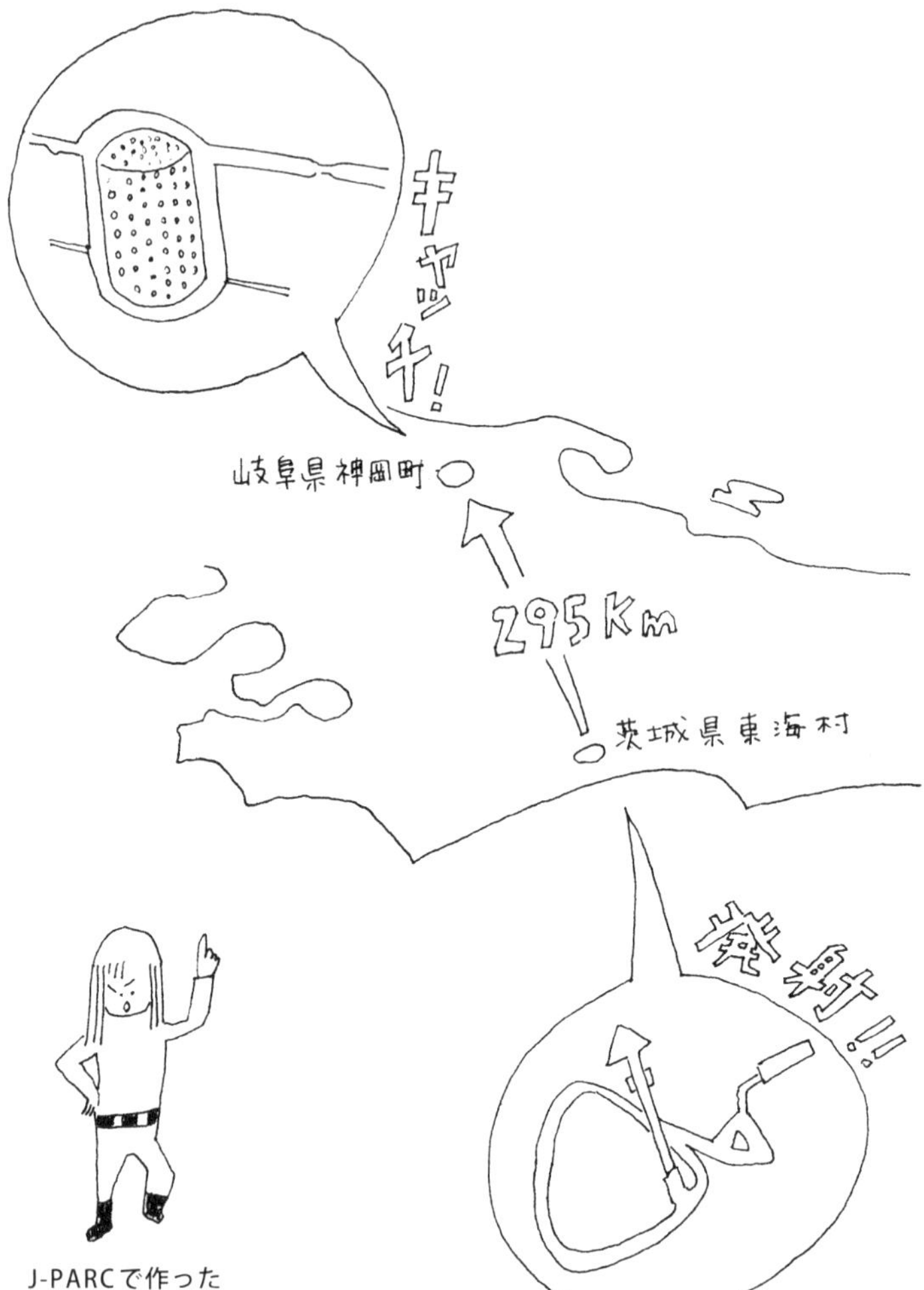

J-PARCで作った
ニュートリノのビームを、
295km離れたスーパーカミオカンデに撃ち込む!

ここが茨城県の東海村にあるJ-PARCです。J-PARCで作ったニュートリノをビーム状にして、矢印の方向に発射します。目的地は岐阜県の神岡町です。けっこう長い距離で、295キロあります。神岡に置いてある検出器スーパーカミオカンデで飛んできたビームをキャッチするわけです。

皆さん「実験」って聞くと実験室でやっていると思うんですけど、これはご覧のとおり、日本そのものを「実験室」にした、ものすごくスケールの大きい実験なんです。素粒子の実験って、日本に限らず世界中でこういったダイナミックなことをやってるんですね。

一般的に素粒子はその飛行中に性質が変わるんです。壊れたり、2つに分かれたり、違うものになったりします。その変化を調べて「この素粒子ってこんな性質をもっているんだ」ということを突き止めるのが、この実験の目的です。東海村から神岡まで飛ばすので、Tokai to Kamioka。それでT2K《ティーツーケイ》実験という名前が付いています。

と言っても、あんまりイメージが沸かないと思いますので、今から順番にお話ししていきましょう。

どうやって素粒子ニュートリノを作るのか？　どうやってビームにして飛ばし、検出するのか？　飛んでいる素粒子に何が起こっているのか？　これらの仕組みがわかれば、素粒子物理学がどんなものなのかというイメージが掴めるはずです。

というわけで第1回目の今日は、まずニュートリノを作る部分、加速器という装置についてお話ししようと思います。

がん治療や犯罪捜査でも使われる

皆さん「加速器」って聞いたことありますか？　名前のとおり「加速するための装置」です。何を加速するかというと「粒子」です。「粒子って何？　それをなぜ加速するの？」ということをお話しする前に、まずこんな話からしてみましょう。加速器って日本に何台くらいあると思いますか？　どれくらいあると思う？

生徒「3台くらい？」

少ないと思うでしょ？　実は、僕も調べてびっくりしたんですけど、1476台あります。ひとつの県に換算すると、30台くらいあるイメージですから、この近所にあってもおかしくない。でも皆さん、見たことないですよね？　実は目にしているんですよ。気づいていないだけで。

病院でこういう機械を見たことないですか？（図2☞）1476台のほとんどは医療

図2＊日本に加速器は何台あるか？

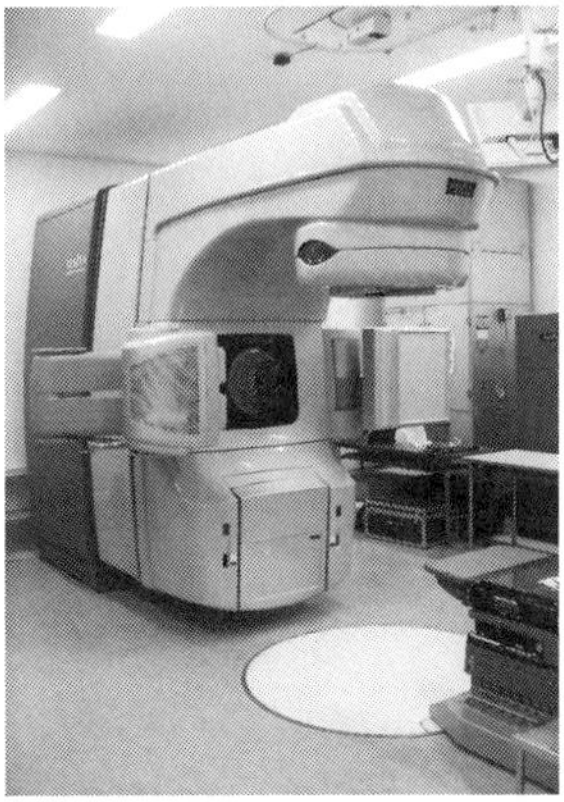

©がん研究会 有明病院 治療放射線部

加速器は、
ガン治療や犯罪捜査にも使われる。

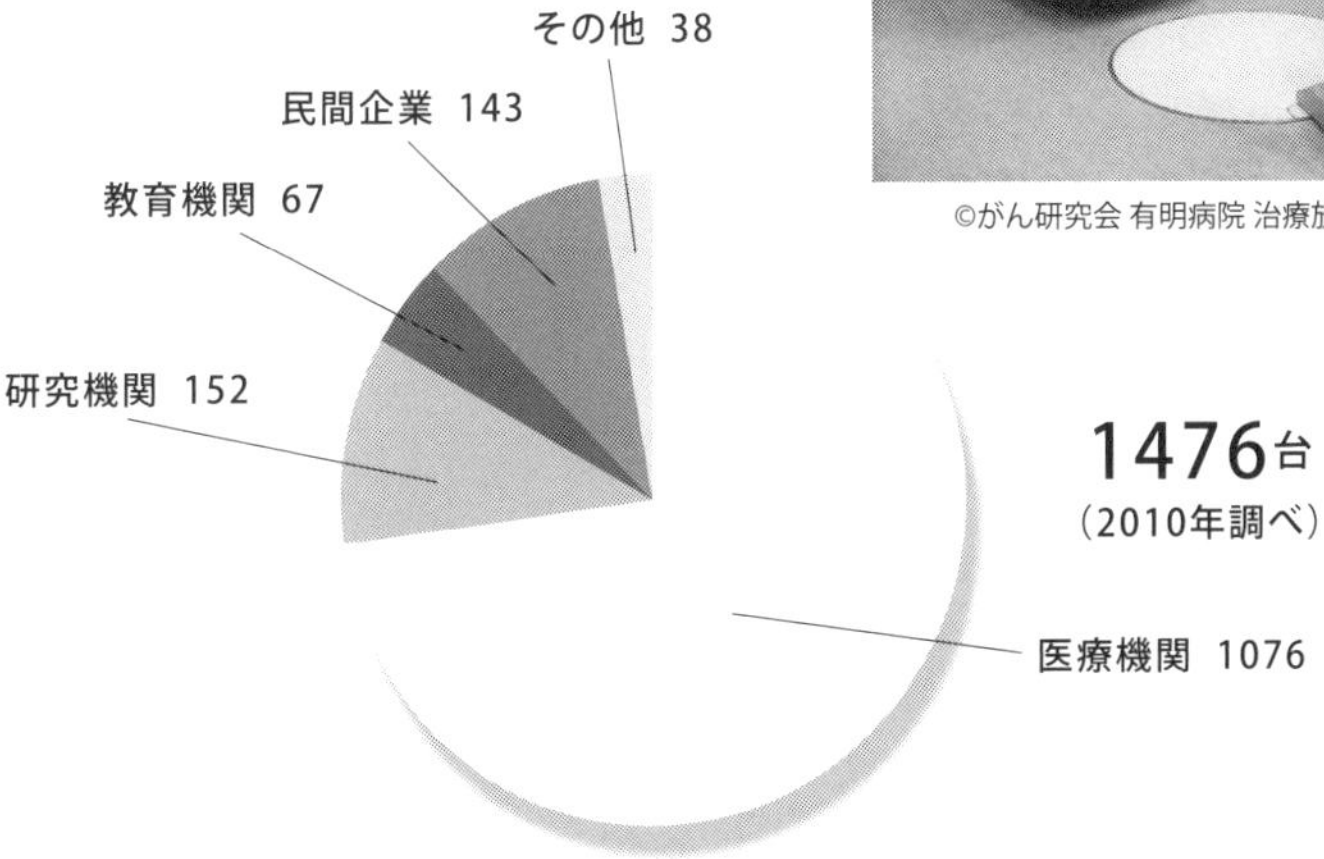

©RIKEN/JASRI

和歌山毒物カレー事件
では カレーを
原子レベルで分析！

用機械、いわゆる放射線治療機なんです。粒子を加速させてビームにして、がん細胞に当てて焼き殺しているんです。

医療用加速器で一番大きなものは、千葉の放医研《ほういけん》（放射線医学総合研究所）にあるHIMAC《ハイマック》という加速器です。

昔はですね、例えば乳がんになった人に、コバルト60という放射性物質から出る放射線を当ててたんですね。すると乳がんの細胞も死ぬけれども、胸も焼けてなくなってしまう。そういう「死なばもろとも」みたいなやり方をしていたんですが、最近は技術が進んでミリ以下の細いビームを作ることができるので、がん細胞だけを焼き殺すことができる。昔よりは穏やかなやり方になっています。

あと、ビームではなく中性子を使ってがん細胞を殺すやり方もあります。中性子が何かというのは、あとで詳しくお話しします。

というように、日本にある加速器の1000台以上はこういった医療用のものなんです。それから教育機関にも67台ありますので、全国の大学にもけっこうあることがわかります。

さて、今日ご紹介するのは、研究機関の加速器です。日本に100台以上あります。写真（図2）はSPring-8《スプリングエイト》という兵庫県の播磨にある加速器で、よく犯罪捜査なんかにも使われます。有名な例としては、和歌山毒物カレー事件ですね。お祭りのカレーの中にヒ素を入れて、近所の人を殺したという事件でしたが、あのカレーを調べたのがこれなんです。

世界の5大加速器

今からお話しするのは、研究機関がもっている加速器の中でも、素粒子の実験に使われるものです。世界的にはこの5台が有名です（図3）。

KEKB《ケックビー》は日本でもっとも大きな加速器で、僕が働いている高エネルギー加速器研究機構にあります。KEK《KEK》は高エネ研の略称ですね。

世界で一番大きな加速器は、LHCというヨーロッパの国々がお金を出し合って作ったもので、スイスとフランスの国境のあたりにあります。ものすごく大きくて、1周27キロ、直径が8.5キロもあるんです。CERN《セルン》（欧州原子核研究機構）という研究所が持っています。

『天使と悪魔』という小説がありますよね。『ダ・ヴィンチ・コード』と同じシリーズで、映画にもなったので観た方もいると思いますけど、あの中で反物質爆弾を作って法王庁を爆破しようとする悪の組織が出てくるんですが、その反物質爆弾を作ったのがこのLHC、ということになってました。小説だとCERNの所長はサイボーグだった

図3＊素粒子物理学の研究に用いられる加速器

©2008 CERN

LHC（ヨーロッパ）

©Fermilab

Tevatron（USA）

↑映画、「天使と悪魔」の中で
悪の組織が 反物質爆弾を
作っていたところ

©KEK

KEKB（日本）

©SLAC National Accelerator Laboratory

SLAC（USA）

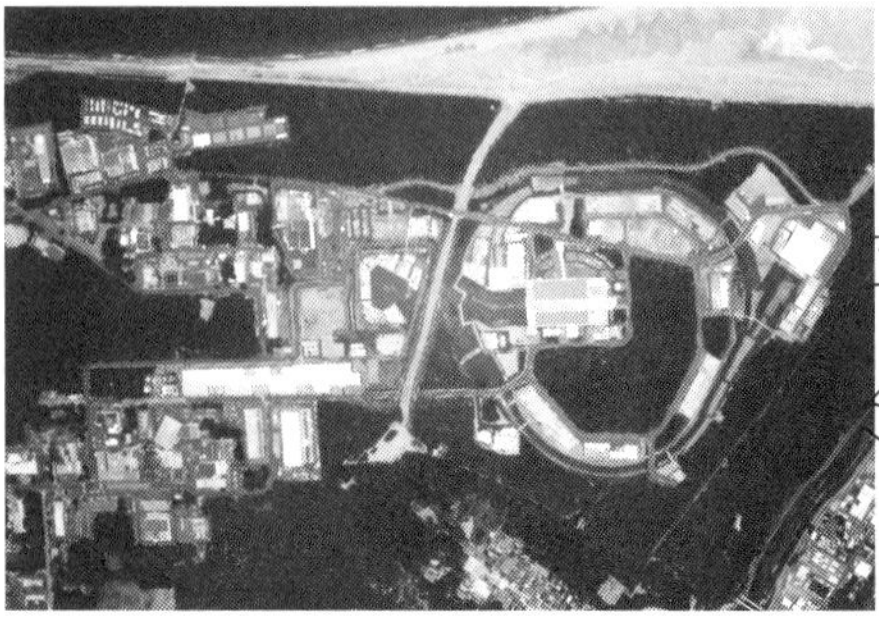

©KEK

J-PARC（日本）

今回の
主役!!

んですが、現実の所長は人間です（笑）。ドイツ人です。

右のふたつはアメリカにあるもので、Tevatron《テバトロン》というイリノイ州にあるアメリカで一番大きな加速器と、SLAC《スラック》というカリフォルニアにある直線型のものです。

そして下がJ-PARC。今日の主役。僕も建設から携わり、今現在そこで実験しています。

とにかくでかい！

ご紹介した5つの加速器には、ある共通した特徴があります。さっきの医療用の加速器はいかにも機械っぽかったんですが、これらは全部航空写真なので、どの部分が機械かわからないですよね。それくらい——航空写真じゃないと写らないくらい、でかいんです。

素粒子の実験に用いられる加速器の特徴は、「とにかくでかい」ということです。大きさの単位がメーターではなくキロで表される。大きさを知ってもらうために、こんなことをやってみました（図4）。

図4＊中央大学杉並高校に加速器があったら…

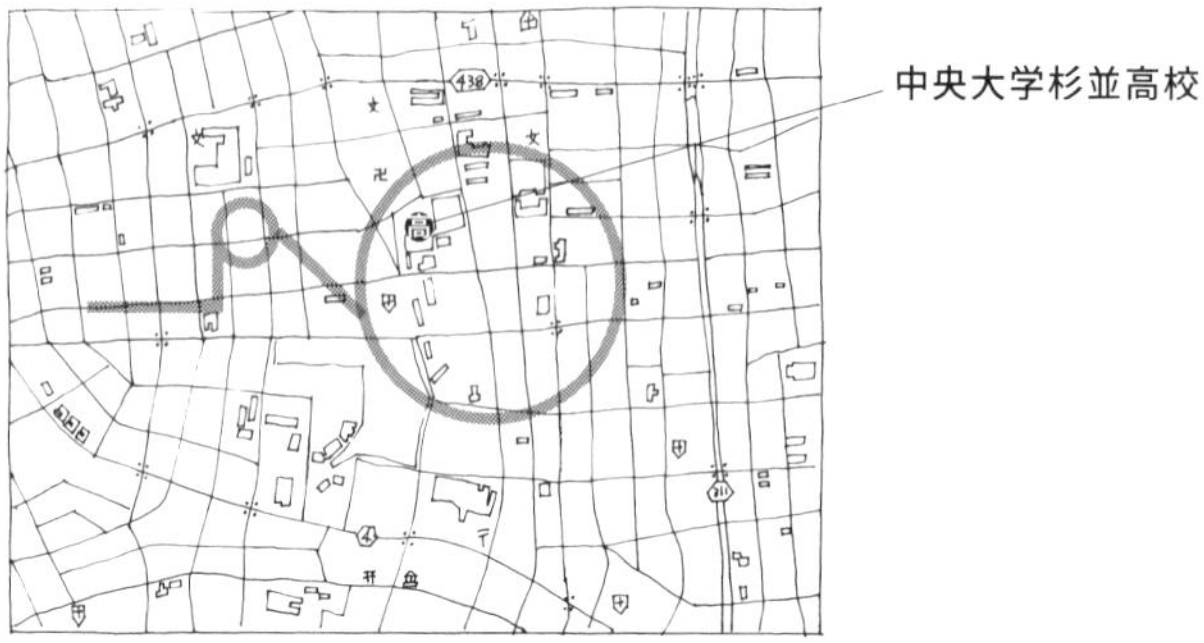

J-PARCがあったら…

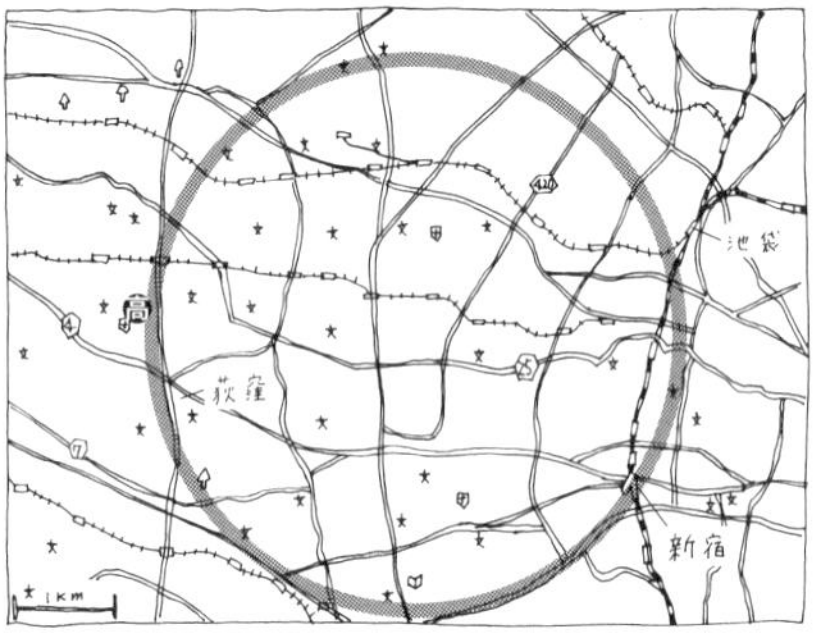

LHCがあったら…

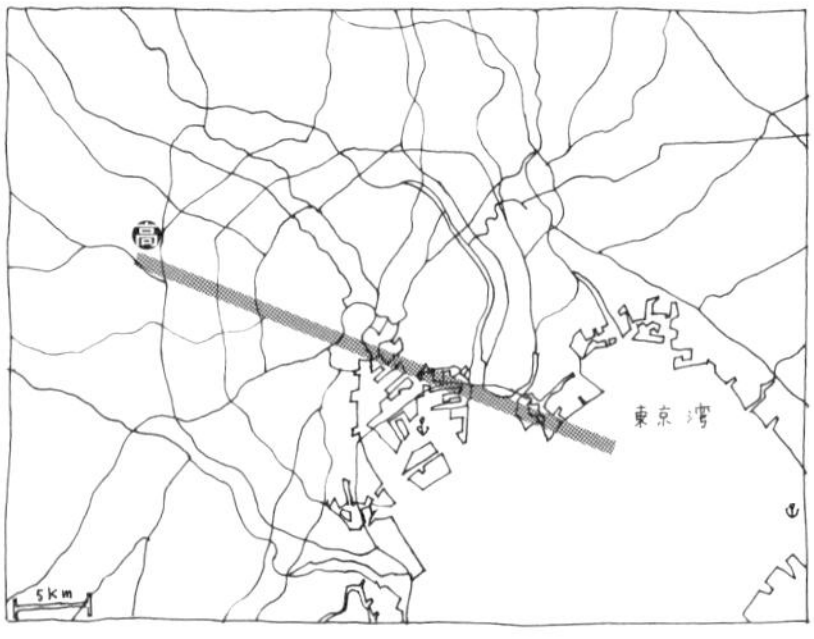

ILCがあったら…

とにかく
でかい!

皆さんがいる中央大学杉並高校の近所にJ‐PARCがあったら、これくらいの大きさになります。一個の実験装置でこの大きさですよ。J‐PARCは、加速器の中でも小さいほうでして、もしLHCだと真ん中のようになります。ここ杉並区から池袋や新宿くらいまでいっちゃいますよね。

更にILCという、将来建設しようとしている直線型の加速器がありまして、現在日本とヨーロッパとアメリカがそれぞれ招致活動をしているところですが、もし中央大学杉並高校が招致に成功したとすると、下のようになります。ディズニーランドを飛び越して、東京湾に刺さっています。

「なんでそんなにでかいのか？」ということなんですが、またまたその話の前に、僕たちが研究している素粒子の話を簡単にしておきましょう。

宇宙はどれくらい大きいか？

物の大きさをまず想像してみてください。

これは世の中にある「物」の大きさをメーターで表したものです（図5）。

宇宙はゼロが27個ついています。宇宙の次の階層は銀河で、ゼロが22個。銀河が集まって宇宙になっているわけですね。世の中にあるものは必ず、このように小さなも

図5＊物の大きさをメーターで表すと…

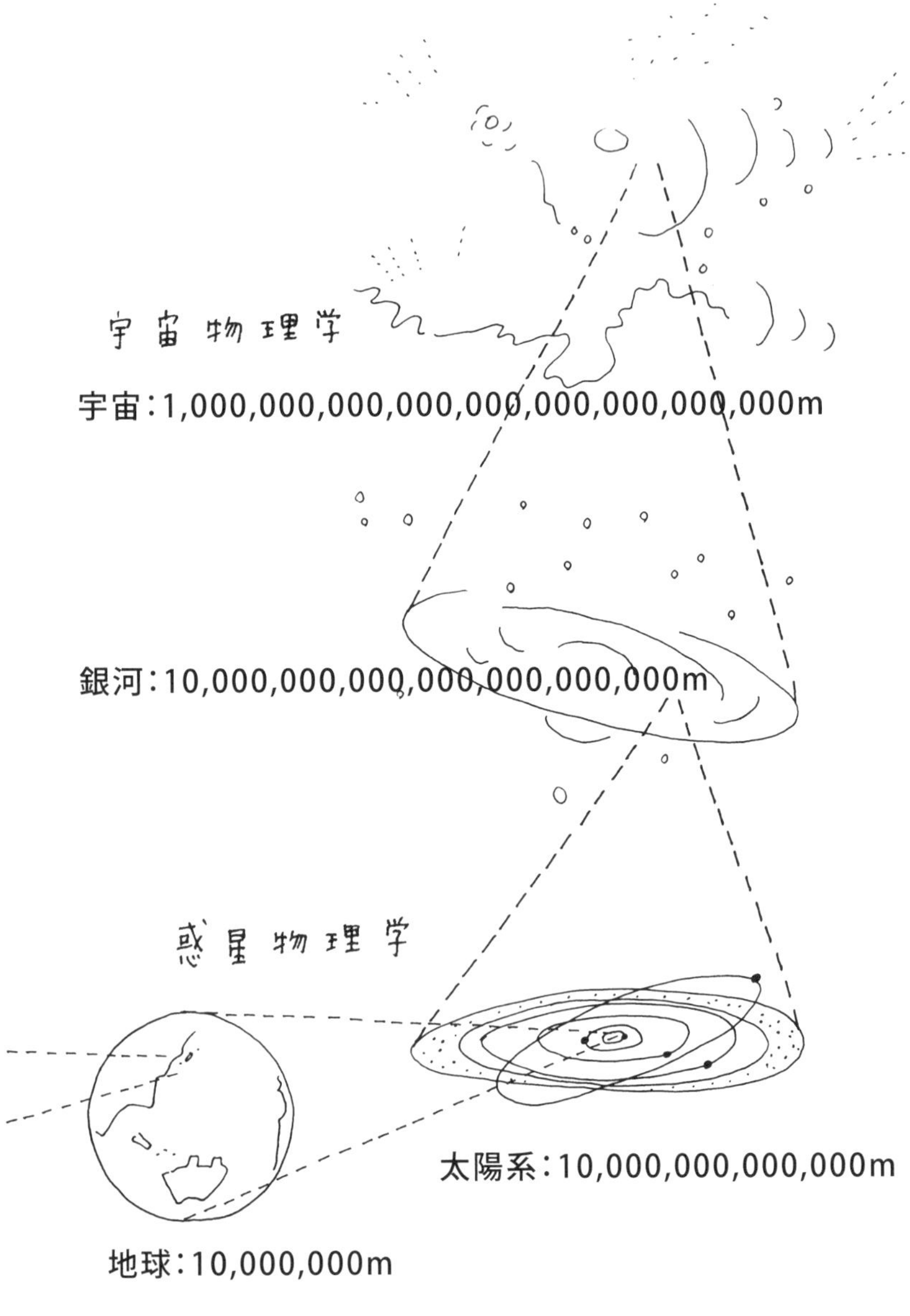

のが集まって大きなものができるという階層構造になっています。宇宙や銀河のことを研究するのは、「宇宙物理学」という学問です。

銀河の下は太陽系です。恒星系——光を発する星とその周囲の惑星の一群ですね。これくらいになるとだいぶん数字が落ち着いてきて、ゼロが13個。10テラですね。テラだったら聞いたことありますよね？　次の地球になると更に小さくなって10メガ。地球とか太陽系について研究するのは「惑星物理学」と呼ばれます。

このように、それぞれの階層ごとに物体がどう振る舞うか、どんな法則に従っているかを研究するために、学問の分野は分かれています。

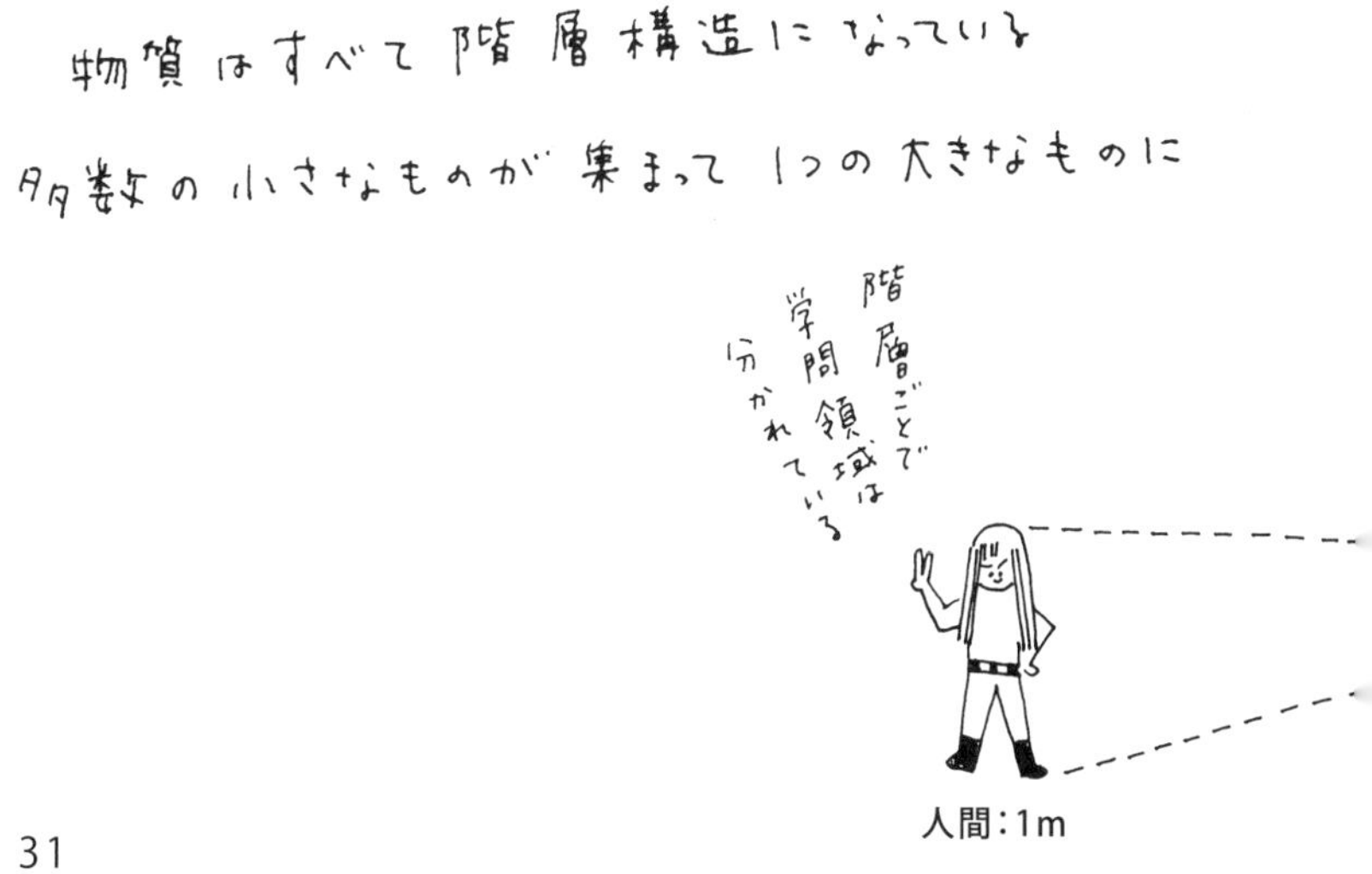

物質はすべて階層構造になっている
多数の小さなものが集まって1つの大きなものに
階層ごとで学問領域は分かれている
人間：1m

図6＊物の小ささをメーターで表すと…

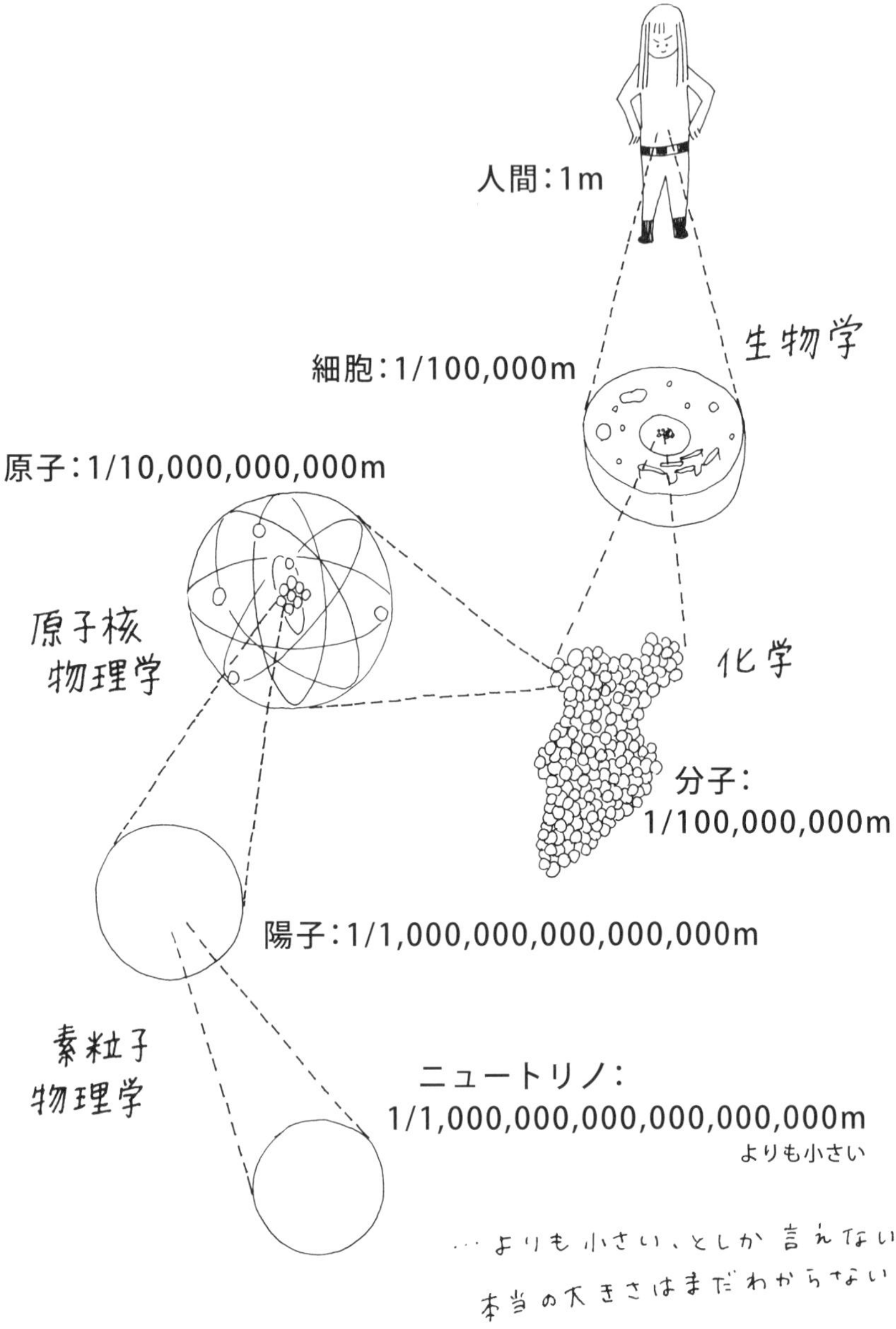

素粒子はどれくらい小さいか？

我々が研究するのは、人間よりも小さいものです（図６）。

人間が１メーターくらいだったら、細胞の大きさは10万分の１。10マイクロメーター。この階層を研究するのが生物学です。その下の分子になると、１億分の１メーターで、これは化学。その下の原子になると、10の10乗分の１。0.1ナノメーター。その下は一気に５桁くらい小さくなりまして、陽子。原子核物理学の領域で、そして、更に小さいニュートリノを研究するのが、我々の素粒子物理学というわけです。本当の大きさはまだわかりません。この値よりも小さい、としかわかっていないんですね。

僕たちの仕事は「物質の中身を調べる」ことです。この世で一番小さいものがどういう構造になっていて、どんな性質を持って、どんな法則に従っているかを全部調べないといけません。

でもこれ、どうやって調べたらいいと思いますか？　どんな道具を使ったらいいでしょう？

物理学の最先端は子供のようなやり方

僕は小学生のころ、時計の中身がどうなってるのか知りたくて、家にあった時計を分解してみたんです。そのときはドライバーを使いました。ドライバーでねじを外していくとギアが見えて、「ああ、こうやって動いてるんだな」ってわかったんですね。元に戻せなくなって親からえらい怒られましたけど（笑）。素粒子の構造を調べるのに、まさかドライバーを使うわけにはいきませんよね。

細胞だったら顕微鏡で見えますし、小さいメスも開発されてますから、切り刻んで分解して調べられます。分子だったら化学反応がまだ使えます。化学反応によって分解して中身を調べられる。ところが原子より先になると、道具を使ってスマートに分解できないんです。じゃあどうするか？

あっと驚く単純な発想なんです。取り出したいものが含まれた物質――たとえば「素粒子」を取り出したかったら、ひとつ上の階層の「陽子」を、思いっきり固い壁にぶつけて壊すんです。その砕けた中から素粒子を拾います。ものすごく原始的な、子供みたいなやり方ですよね。それが物理学の最先端で行われてる方法なんです。

そのとき、できるだけ細かく砕こうと思ったら、できるだけ勢いよくぶつけないといけませんよね。その勢いをつけるために加速器があるんです。細かく砕くために勢

図7＊加速器の仕組み

思いきりぶつけて
ヒューン
標的
破片を拾う
↑
素粒子
物理学の最先端は
子供みたいな
やり方!!

©Joe Nishizawa

加速する部分

©KEK

ぶつけて壊して拾う部分

いをつけるための装置です。

加速器はこのように2つの部分から出来ています（図7）。1つは、砕きたい粒子を「加速する部分」。もう1つは「標的」——つまり壁に当てて壊すと粒子が粉々になりますから、それを拾い集める部分です。人が立っているのでわかると思いますが、相当大きいんですよ。

加速器には、大きく分けると2つの種類があります（図8）。「静止標的型」という、今言ったように壁にぶつけて破片を拾うタイプと、「衝突型」という、壊したいもの同士を正面からぶつけるタイプです。衝突型は、2つの粒子を時計回りと反時計回りで走らせて正面衝突させます。こっちのほうが壁にぶつけるよりもより強力に、より細かく砕くことができますよね。

高エネルギーの加速器では静止標的型は最近少なくて、先ほど紹介した5つの加速器のうち、J-PARC以外は全部衝突型です。あと、形がまっすぐな直線型と、丸い円形になっているものがあったり、飛ばす粒子（陽子か電子か）によっても種類が分かれています。

図8＊加速器の種類

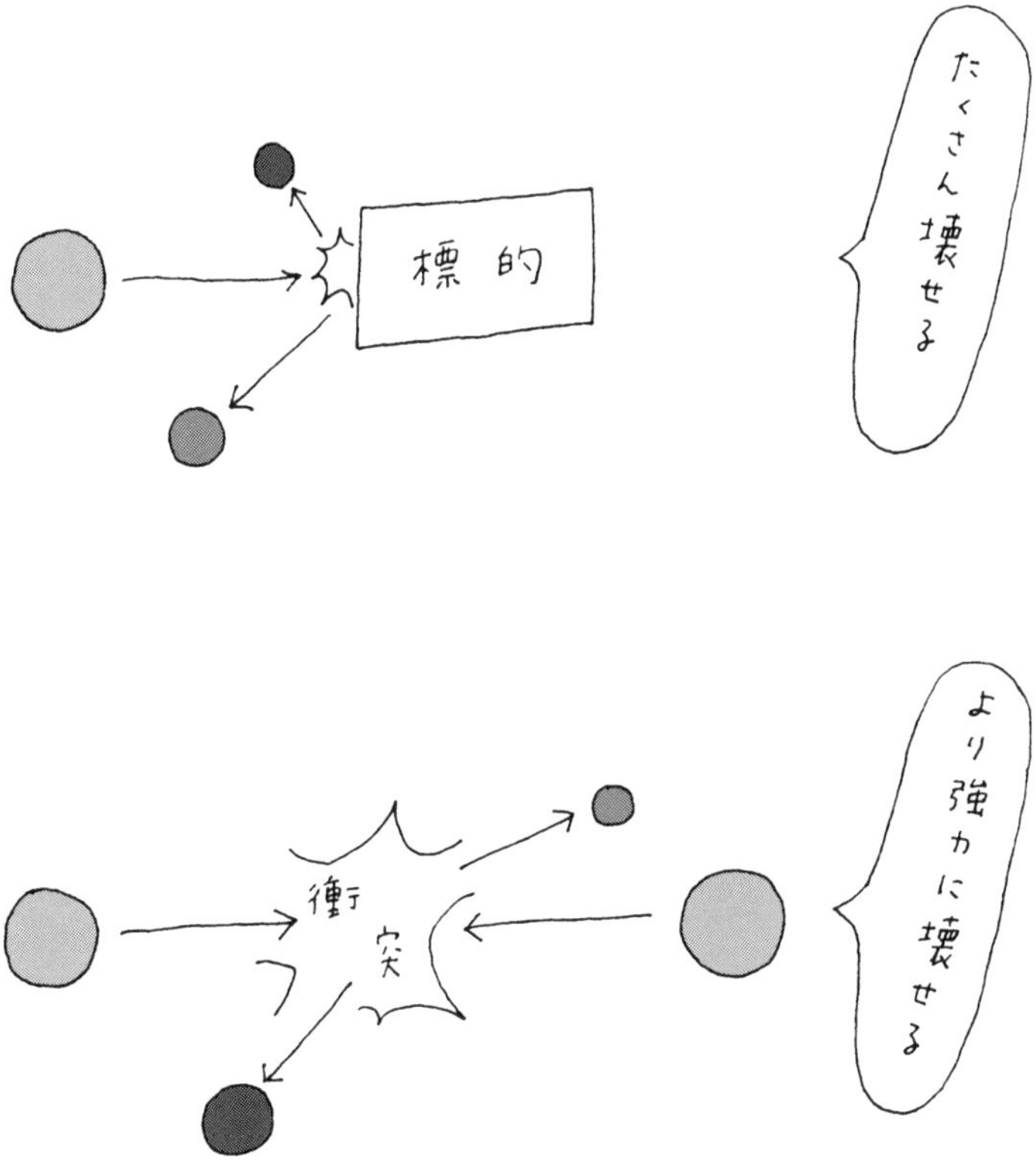

		形状	
		線形	円形
粒子	電子	ILC、SLAC	KEKB、LEP
	陽子		J-PARC、LHC、Tevatron

衝突型が主流。
しかしJ-PARCは静止標的型。

加速器の「アクセル」と「ハンドル」とは?

では、ぶつけるための粒子（陽子や電子）をどうやって加速させるのか。原理はものすごく単純でして、「電場」と「磁場」という2つの場で生じる力を使います。

＋と－の電極に電圧をかけると、（粒子に＋－の電荷があると）それぞれ引っ張られるわけですね。＋の電気をもった粒子は－のほうに、－の電気をもった粒子は＋のほうに。この「電場」を利用して加速してるんです。非常に単純な仕組みです。

加速器って、粒子を加速させるだけだったらそんなに大した装置じゃないんです。問題は、加速した粒子をちゃんとコントロールできないといけない。どういう軌道で飛ばすとか曲げるとか、自在に操ることができて初めて実験が行えるわけですから。

加速した粒子をコントロールするのが「磁場」になります。フレミングの左手の法則って授業で習った人もいるかと思いますが、電気を持った粒子は磁力によって曲がるわけですね。

電場で加速して、磁場でコントロールする。原理はすごい単純です（図9）。

電場で加速する部分が「加速空胴」と呼ばれるもので、このケースの中に、＋と－の強い電極が入っていると思ってください（図9☞）。

磁場は「電磁石」です（図9☞）。今の子供はやっているかわかりませんが、僕が小

図9＊加速器の原理

粒子を「電場」で加速、「磁場」でコントロール

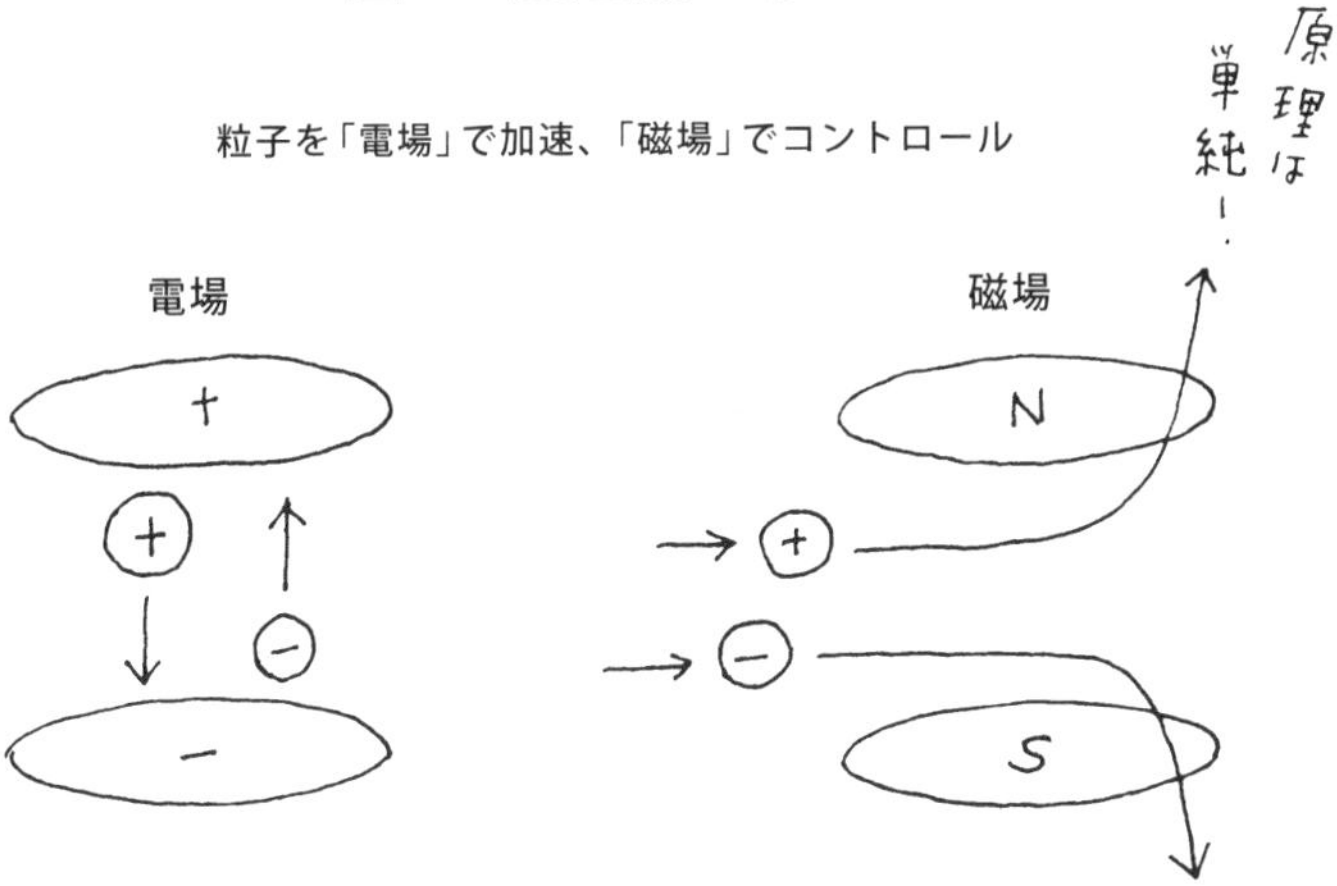

原理は単純!
電場
磁場
+
−
N
S

©KEK

加速空胴

©Joe Nishizawa

電磁石

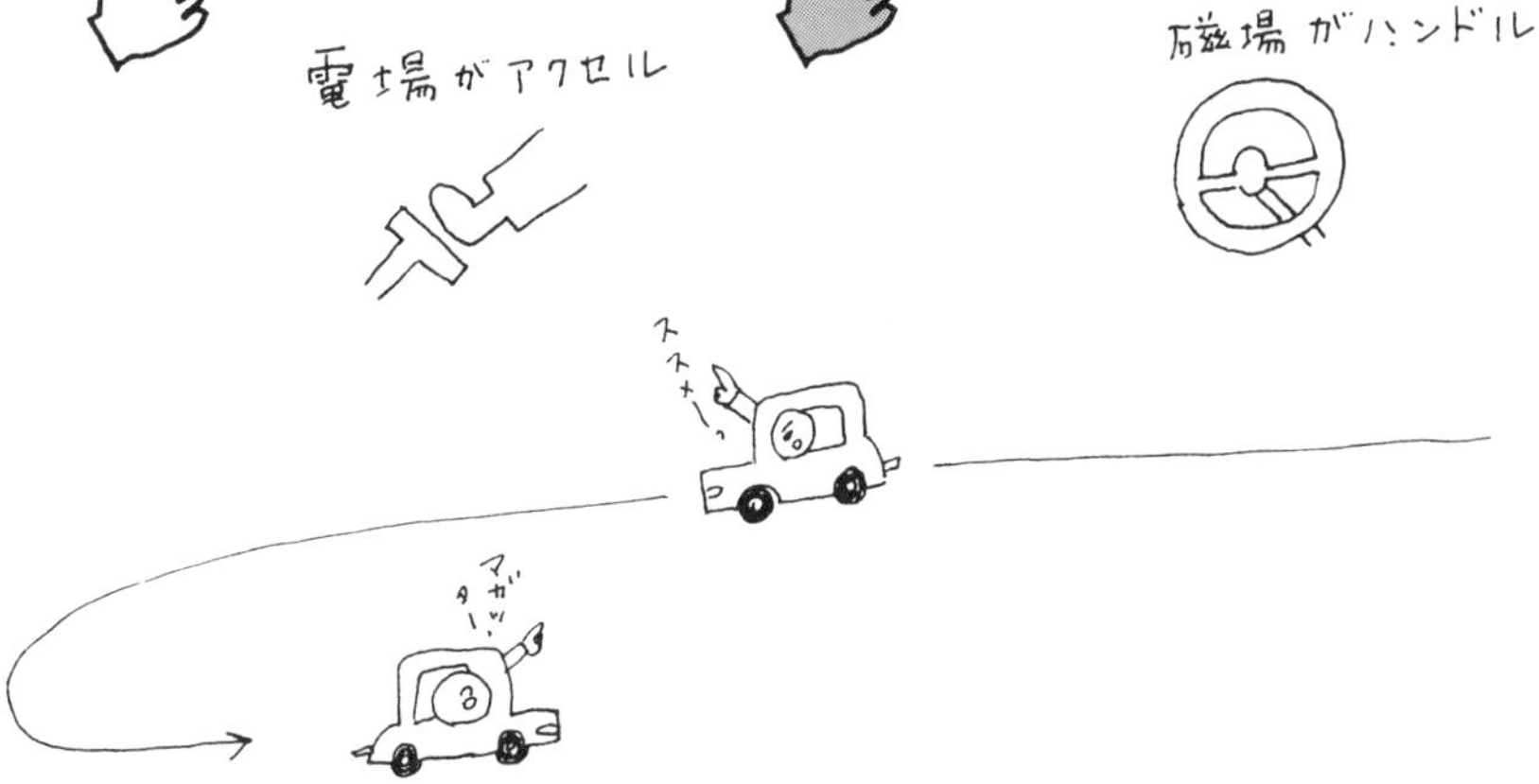

電場がアクセル
磁場がハンドル
ススメー
マガッター

学生のときは理科の授業で電磁石を作ったんですよね。鉄の釘に、がーっとコイルを巻いて……あれと原理は同じです。まったく同じ。ただちょっと違うのは、あれは鉄の芯に銅線をぐるぐる巻いたんですが、これは逆で、銅線が内側で、外側が鉄になってます。箱のように並んでいるのが鉄です。内と外が逆になっている違いはありますが、同じものです。コイルに電流を流して、磁場を発生させています。

人類はピップエレキバンの10倍の磁石しか作れない

では、電場と磁場の力で加速器がどのように動いているか説明しましょう。

加速器を上から見た絵です（図10）。左下のビーム入射部から加速したい粒子をピュッと入れます。そして円形の軌道に乗せるために、磁力で曲げてコントロールします。

ここで、先ほどの疑問「なんでこんなにでかいのか？」の答えが出てくるんですね。

実は、人類が作れる磁石の磁場は、大きさが決まっています。だいたいピップエレキバンの10倍くらい。大したもの作れないでしょ？　この21世紀の技術をもってしても、そんなもんなんです。ピップエレキバンの10倍ですから、あんまり強い力で曲げられないわけです。

でも粒子ってすごく速いんですね――「すごく速い」って言い方も物理学者として

図10＊J-PARCの加速器

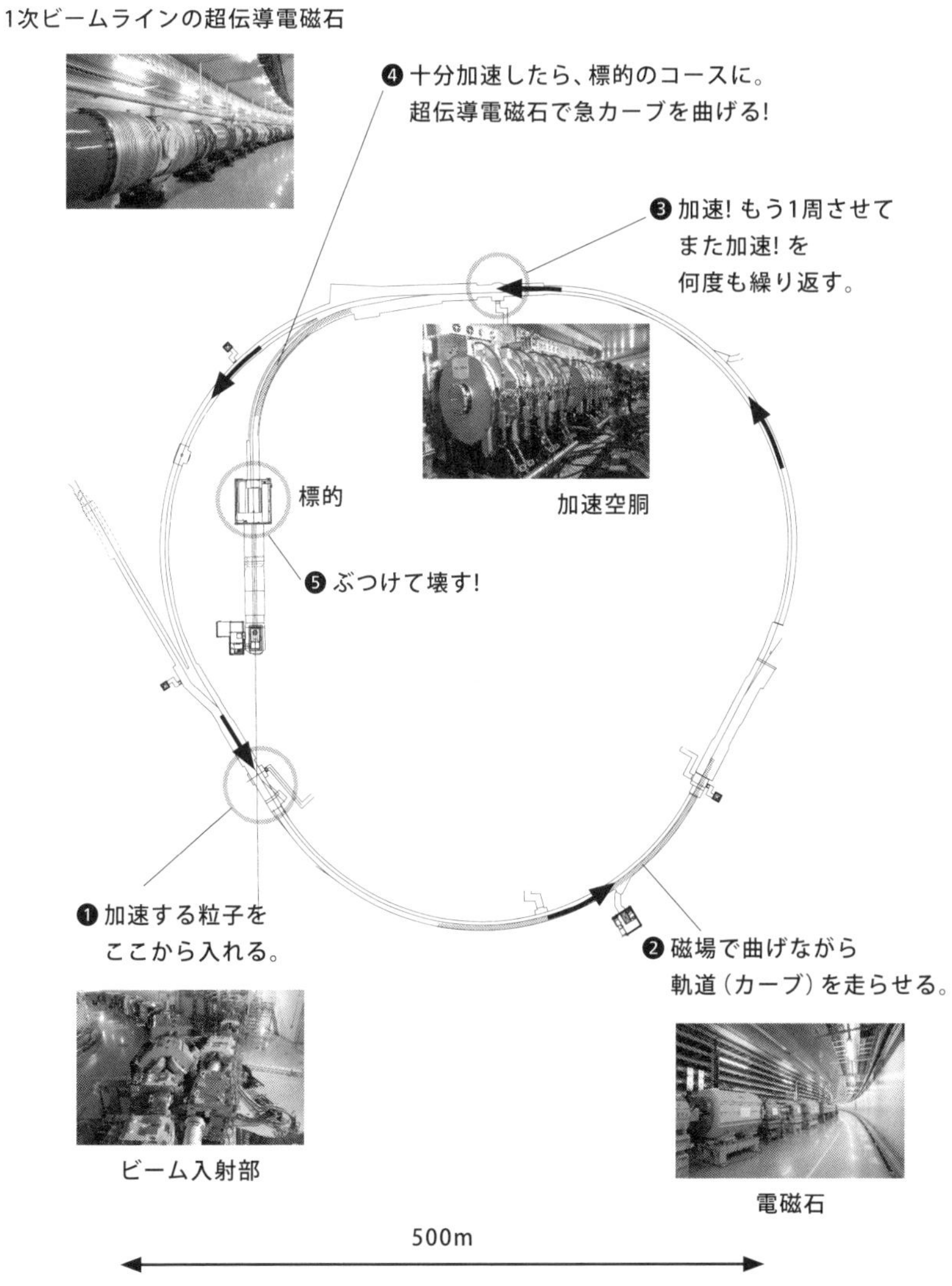
1次ビームラインの超伝導電磁石
❹十分加速したら、標的のコースに。
超伝導電磁石で急カーブを曲げる!
❸加速! もう1周させて
また加速! を
何度も繰り返す。
標的
加速空胴
❺ぶつけて壊す!
❶加速する粒子を
ここから入れる。
❷磁場で曲げながら
軌道（カーブ）を走らせる。
ビーム入射部
電磁石
500m

©KEK（写真❶❸、および設計図）
©Joe Nishizawa（写真❷❹）

どうかと思いますが（笑）、ほぼ光の速度くらいです。そんな高速のやつを、あんまり曲げる力の強くない磁石を使ってどうやって曲げるかというと簡単。回転半径を大きくするしかないんですね。

たとえばですね、自動車の場合、ふつうの一般道よりも高速道路のほうがカーブはゆるやかですよね。タイヤの性能が決まっていると、あんまり速い速度では曲がれないからです。これも同じ。高速道路みたいなもんです。磁石の性能が強くないので（タイヤの性能と同じで）、カーブが急だと曲がりきれない。だから大きめに作ってあるんです。

ですから粒子をもっと速く飛ばしたい――もっともっと加速させたいとなると、半径をさらに大きくしないといけない。強い磁石が作れればいいんですけど作れませんから。それで、さっきのＬＨＣのような直径8.5キロというようなバカでかいものになるんです。あんまり知恵がないですよね……。

1周1.6キロのトラックを30万周走ってから衝突！

さて、軌道に乗せたものの、加速器ですから加速させないといけません。上のところに、さっきも写真でお見せした「加速空胴」というものが設置されてます（図10-❸）。

粒子がここを通過すると加速されるんです。

ただですね、実は一回通過しただけではそんなに加速されません。電磁石と同じで、今の技術で作ろうと思ったら、大して加速させられない。車も大したエンジンを積んでないと加速に時間がかかりますよね。一回だけだと加速がぜんぜん足りないので、もう一周回すんです。それでまた加速空胴まできたらピッと加速する。これを何度も何度も繰り返して粒子のスピードを上げていくんです。何度も繰り返さないといけないから、このように丸い輪っかのかたちになってるんですね。

これを聞いて、ちょっとおかしいと思いませんか？　僕が最初にこの原理を知ったのは大学生のときだったんですが、「えっ？」と思ったんですよ。加速器と言いながら、加速の装置はほんの一部分ですよね。

粒子を加速しているのは、上のあの部分だけ。それ以外は単にぐるぐる回しているだけ。もし加速空胴だけを量産してたくさん縦にずらっと並べたら、この円軌道いらないんじゃないか？　一周1.6キロもあるんですが、その電磁石、全部いらないはずです。

ところがそれが違うんですね。「粒子を何周も回して加速させる」って言いましたけど、繰り返す回数がものすごいんです。なんと30万回必要なんです。

もし円形軌道をやめて、加速空胴だけをいっぱい作って並べたとしたら、30万個いるわけです。加速空胴ひとつの区間が10メーターくらいなので、30万個並べると、3000キロ……。だいたい日本列島と同じくらいの長さが必要になります。これはばかばかしいです、さすがに。

だから、ほとんど加速してないように見えるバカみたいにでかい実験装置ですけども、これでもぜんぜんマシなんですね。

20万分の1秒ごとにタイミングよく背中を押す

そして、30万周回るのにかかる時間ですが、なんとたったの2秒です。2秒間で1周1.6キロのトラックを30万周走るんです。光の速さとほぼ同じですから、めちゃくちゃ速い。

次に、ここが重要なんですが、ぐるっと1周回って、加速空胴にきたその瞬間に、タイミングよく加速させないといけないわけですね。

たとえば、ブランコを想像してください。スピードを上げるために、後ろで人が押してあげる、そういう動作をイメージしてください。ブランコが前に行くときにタイミングよく押さないと、加速できないですよね。逆にこっちに来るときに押してしまったら、止めてしまいます。うまいことタイミングを合わさないといけない。

加速器の場合、粒子の背中を2秒間に30万回タイミング、タイミング、タイミングよく、押すわけですから……けっこう難しいんですよ（笑）。20万分の1秒ごとにぴたっと背中を押してやらないといけません。タイミングをうまいこと同調《シンクロ》させないといけない。ということで、この装置にはシンクロトロンという名前が付いているんですね。

あ、質問どうぞ。

Q 粒子が加速されると、車みたいにだんだんカーブが曲がりきれなくなると思うんですが……。でも加速器のカーブは半径が一定なので、カーブのほうに何か工夫がしてあるんですか？

そうです。先ほど「電磁石の磁場で曲げる」と言いましたよね。ここが重要で、あれがピップエレキバンみたいな永久磁石だったらアウトなんです。ぜんぜん対応できない。ところが電磁石なので、流す電流によって磁場の強さを変えられるんですね。

粒子がだんだんと速くなってきたら、磁場をだんだんと強くしていく。ピップエレキバンの10倍と言いましたが、一番強い磁場で10倍です。加速し始めはゆるーい磁場。だんだん速くなってきたら、その速さに合わせて磁場を上げていくんですね。ですから磁場を正確にコントロールする技術が要求されます。

2秒間で30万周するなかで徐々に、ですか？

そうなんです。1周するのに20万分の1秒。1周するごとに磁場をちょっとずつピッと上げる。そういう制御もできないときれいに回らない。非常に高度な技術なんです。タイミングも大事なんですが、もうひとつは戻ってくる場所——軌道ですね。1.6キロの細い管を一周して、どれくらいの精度で元の場所に戻ってくるかというと、たとえば1周1ミリくらいずれても大したことないと思うかもしれませんが、30万周だと30万倍で、300メーターもずれてしまいます。ですから1回1回ほとんどずれてはいけない。1ミクロン（0.001ミリメーター）以下の精度でピタッと合わないと、だんだん背中を押せなくなってしまい、加速できなくなってしまうんです。

加速器って巨大な装置であるにもかかわらず、その精度はものすごいんです。巨大にして繊細。まさに技術の結晶です。

ギガからテラへ——
加速器とハードディスクレコーダーは似ている

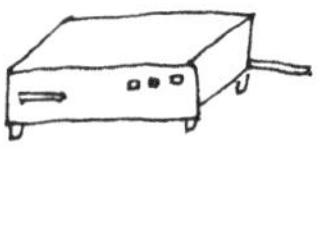

30万回加速して充分な速度になったら、いよいよ壁にぶつける、という作業をしま

す。「標的《ターゲット》」（図10-❺）は周回道路から枝分かれしたところに置いてあって、そっちに流して、ぶつけて壊す。粉々になったものを取り出す。このような仕組みになっています。

ここで加速器の性能の話をしておきましょう。結論から言うと、J-PARCは世界最高の加速器なんです。日本の技術力の凄さをご説明しましょう。

まず、加速器の性能を測るひとつの指標に、「エネルギー」があります。簡単に言うと「速さ」だと思ってください。壁にぶつけるときにどれくらいの勢いをつけられるか、それを数値で表したのが、エネルギーです。

単位はeV（エレクトロンボルト=電子ボルト）を使います。先ほど「電場で加速する」と言いましたが、1V（ボルト）の電場で加速できるのが1eVです。たとえば、乾電池で加速器を作ると、乾電池は1.5Vですから、作れる加速器の性能は、1.5eVです。コンセントがそこにありますね。AC100Vの電源で加速器を作ったら100eV。このように電圧で決まっちゃうんですね。

ここに、主な加速器のエネルギーを書いてみました（図11☞）。J-PARCは50GeV（ギガエレクトロンボルト）です。昔は、ギガを10億と言い直してましたが、今の皆さんはふつうにギガとかテラのほうが聞き慣れていると思いますので、そのまま言います。

ハードディスクの容量が、ギガとかテラですよね。

ちなみにですね、加速器の性能とハードディスクの性能って値がよく似てるんですよ。50ギガって言ったらハードディスクの世界でも大したことないですよね？ たとえば今皆さんが、秋葉原のパソコンのパーツショップに行って、「50ギガのハードディスクください」って言っても、「そんな小さな容量のもの売ってません」って言われますよ。今じゃテラがふつうです。

僕は、6年前にハードディスクレコーダーを買ったんですが、当時東芝の一番いいやつで250ギガでした。「これでテレビ番組がいろいろ録れるぞ！」と思ったんですが、今や250ギガなんてあんまりないですよね。2テラとか、そういう状況になってますから。ですからJ－PARCの50ギガなんて言ったら、もうぜんぜん――1時間ドラマを1クール録り続けたらいっぱいになっちゃうくらい、大したことないんです。

世界で一番大きな加速器LHCは、7テラです。しかも壁にぶつける「静止標的型」ではなくて「衝突型」ですから、7テラと7テラの粒子がぶつかるという、もうとんでもないエネルギーです。7テラだとまだ市販のハードディスクレコーダーでもないですよね？

図11＊加速器のエネルギー

J-PARC：50GeV
KEKB：3.5GeV＋8GeV
LHC：7TeV＋7TeV
ILC：250GeV＋250GeV

世界の陽子加速器（主に標的型）パワーの図

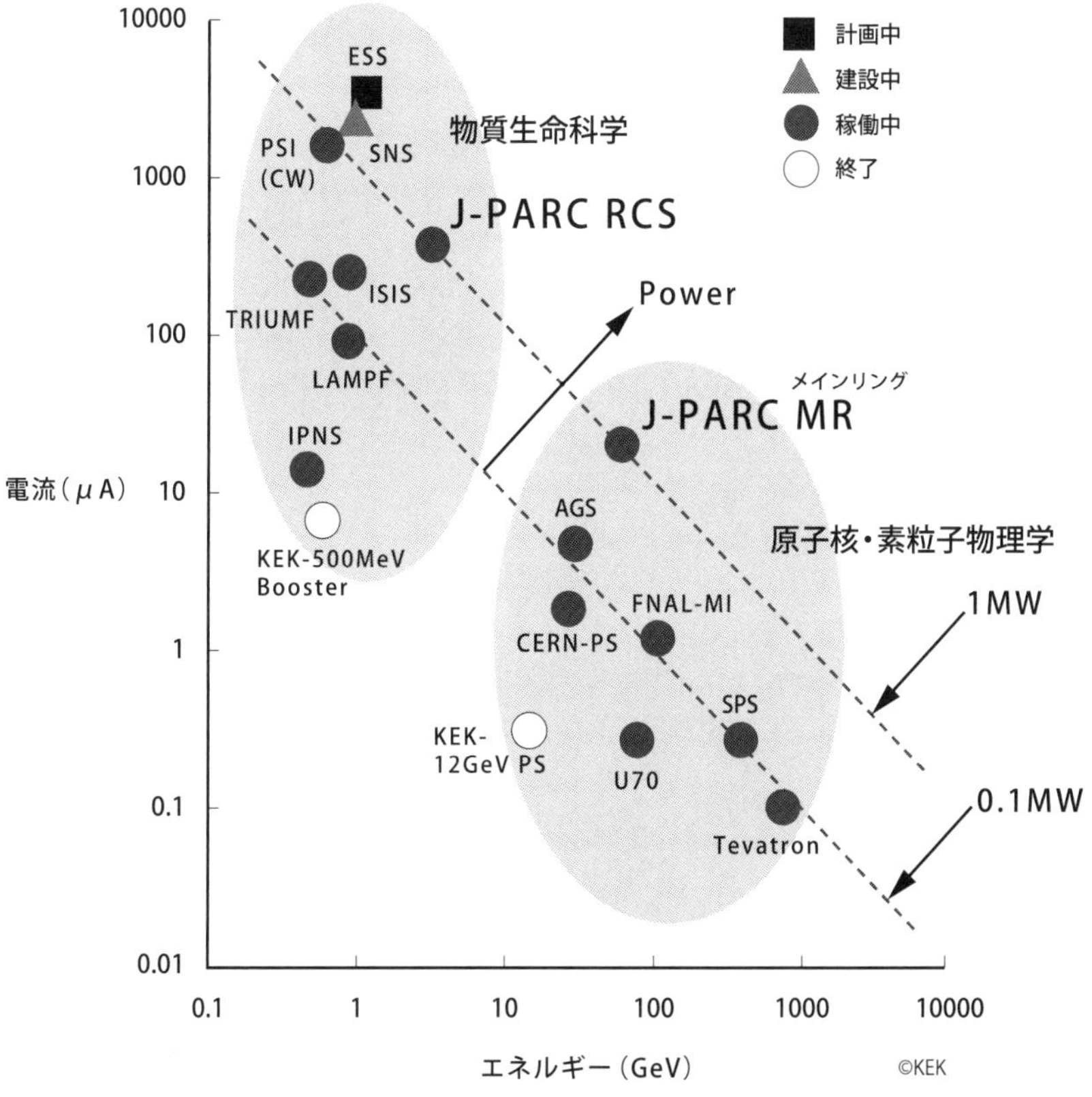

大企業が結集した国家的プロジェクト

J-PARCは、2、3年くらい前にできた新しい施設なのに、それで50ギガって……って思いますよね？「そんなしょぼいもの、なんでわざわざ作ったの？」って。

実は、加速器の性能は、「エネルギー」だけではないんです。もうひとつありまして、それが「個数」なんです。先ほど粒子を壁にぶつけて壊すという話をしましたが、1秒間に何個壊すことができますか、ということです。

どれくらいの勢い（エネルギー）で壊せますか
1秒間に何個壊せますすか

この「エネルギー」と「個数」を掛け合わせたものが、加速器のパワーになります。単位は皆さんも聞き慣れたワット（W）です。J-PARCは、1メガワット（MW）のパワーを出せます。1メガワットの加速器は、他にまだありません。世界最強。つまり、壊せる個数がめちゃくちゃ多いんですね。

1メガワットって言われても皆さんピンとこないかもしれません。たとえばですね、ガンダムが持ってるビームライフルの出力が、1.875メガワットだそうです（笑）。

＊加速器のパワーとは?

エネルギー×個数＝パワー

W（ワット）

J-PARC は1MW《メガワット》!
世界最強のパワー

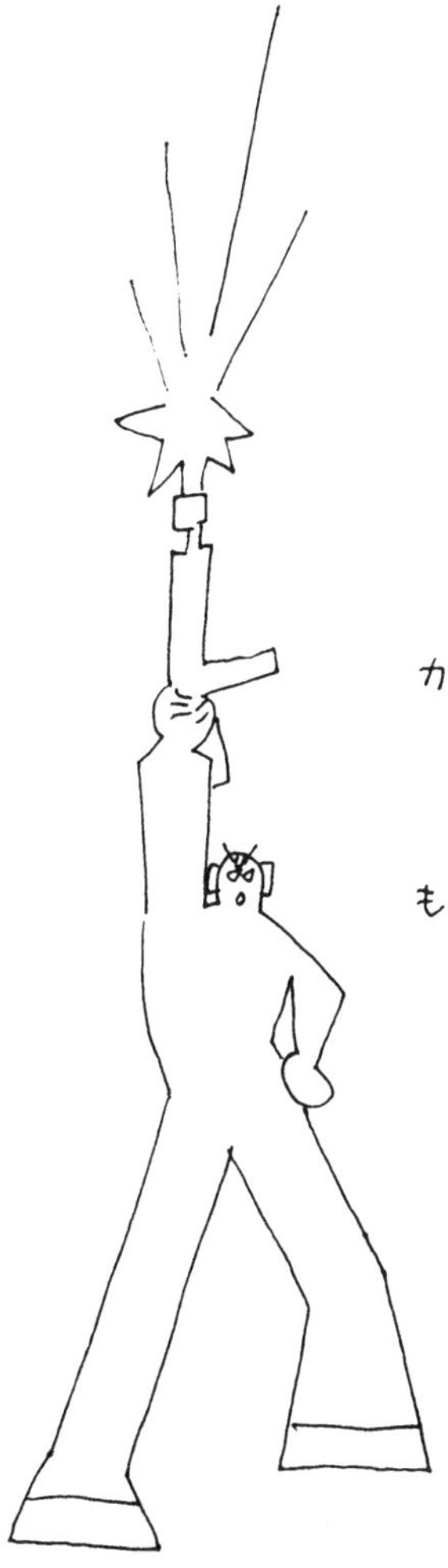

ガンダムのビームライフルは

1.875MW.

もう少しでおいつく?

遂にSFの世界に追いつこうとしてるんですね。

ちなみにガンダムのビームライフルと加速器は同じものです。まったく同じ。僕らはこの加速器で作った粒子が飛んでいる状態のものをビームと呼んでますし、まさに加速器はビーム砲なんです。ガンダムは加速器を持ってるわけですね。

そのように、徐々にガンダムの世界に追いつきつつあるんですが、ただ大きさだけはぜんぜんまだ追いついていません。あれはロボットが手に持てる程度の大きさですけど、こっちは長さが何キロもありますから。


このように、加速器というのは非常に大きくて、しかもものすごい精度とパワーをもってますから、作るのは簡単ではありません。技術力と、そしてお金が必要になります。建設費は1500億円です。イージス艦が一隻1200億円ですからそれより高い。そんなものを皆さんの税金を使って密かに――ではないですけど（笑）、茨城県に作ってたんですよ。

このJ-PARCを作るのに参加した企業もすごくてですね、たとえばどこか一社に「作ってください」と頼んで、「はい、できました」ってことは絶対にないわけです。まず地図に載るくらい巨大なものですから、土木建築会社――いわゆるスーパーゼネコンと呼ばれるあらゆる会社が参加してます。それから電機メーカー。東芝や日立といった重電メーカーもすべて。あと重工系――三菱重工とか川崎重工とかＩＨＩとか全部参加してます。そのような国家的なプロジェクトなんです。そのわりには皆さん、知らなかったと思いますが。

中国は20年かかっても作れない？

もちろんお金だけでなく、技術力も要求されます。医療用の加速器はコンパクトなのでどこの国でも作れるんですが、このような素粒子実験に耐えうる大規模な加速器を作れるのは、世界で3箇所だけ――日本とアメリカとヨーロッパだけです。

たとえば中国は、２０１０年にＧＤＰで日本を抜いたらしいですけど、絶対に作れません。あと20〜30年経っても無理でしょう。それくらい蓄積された科学技術のノウハウが必要なんです。技術とは、お金では買えない時間と、これまたお金では絶対に買えない経験とが積み重なって初めて結実するものなんですね。

しかもアメリカとヨーロッパに比べても、日本の技術はすごくてですね、先ほど説明した、加速する部分の装置「超伝導加速空胴」とか「超並行ビーム生成」といったちょっとやそっとでは作れない装置を作ることができます。そういうわけで、実際日本には次のような世界最強・最高の加速器があるわけです。

KEKB　衝突型電子加速器として世界最強
J-PARC　静止標的型陽子加速器として世界最強
SPring-8　放射光施設として世界最高性能

＊SPring-8は「パワー」ではなく「クオリティ（精度）」による評価です

そして、これらを使って行う素粒子の研究も、当然ながら世界最先端をいってるわけです。っていうことも、ほとんど知られてないんですけどね（笑）。

ニュートリノってなんか聞いたことある、ことの凄さ

たとえば皆さん、ノーベル賞って日本人がこれまで何人受賞したか知っていますか？　僕の計算が間違ってなければ24人だと思うんですが、それぞれが何賞で取ったか分けてみますと、物理学賞が11人です。化学賞は7人。生理学・医学賞が3人。文学賞が2人。平和賞1人——平和賞がノーベル賞かどうかは微妙なところがありますが。経済学賞はゼロです。08年に物理学賞を受賞したうちの1人、南部陽一郎さんの

国籍はアメリカですが、その理論を発表したころはまだ日本国籍だった、ということで日本人にしてあります。このへん扱い方が微妙なんですけどね。いずれにせよものすごく理科系に偏っていると思いませんか？　これは世界でも類を見ないんです。しかも物理学賞11人のうち、7人が素粒子物理学者なんです。4人を除いて全員素粒子物理学。こんなに偏ってるのは日本だけです（2015年10月現在）。

なぜか？　答えは簡単です。日本は素粒子物理学で世界最先端の国だからです。突出して進んでるんですね。

特に僕がやっているニュートリノ物理学は、これこそ日本が切り拓いた分野と言うべきで、この数年までどの国も日本に追いつけなかったんですね（今はライバルが現れてますが、その話は次回以降に）。

たぶんニュートリノって、皆さんも名前だけは聞いたことがあると思うんですよ。不思議なことに。ふつう、素粒子の名前なんて知らないですよね。でも、ニュートリノってなんか聞いたことあるんですよ。なぜなら、この分野で日本は最先端なので、ニュースになったりして日頃から耳にしているからなんです。

今日の話の最初に、加速器から300キロ離れたところに検出器があるって言いましたよね。ビームを打ち出すほうのJ-PARCも最強なら、受け取るほうの検出器スーパーカミオカンデも最強なんです。

カミオカンデは原理自体ができてから30年以上も経つんですけど、未だに世界で一番のニュートリノ検出器なんですね。あれ以上のものは存在しない。たぶんあと10年経っても現れないはずです。それくらい、日本のニュートリノ物理学は突出しているんです。

シネマコンプレックスならぬ加速器コンプレックス

では、どこがそんなに凄いのか？　日本の加速器技術について、もう少し詳しく見てみましょう。

J-PARCの全体を見てもらうとおわかりのとおり、3つのパートからできています（図12）。

加速器には得意な速度領域というのがあるんですね。たとえば高速道路でも、本線の速いラインがある一方、合流してすぐのところに加速帯がありますよね。あんな感じで、加速器にもそれぞれの速さに適した道があるんです。

J-PARCは、低速用、中速用、高速用と3つの加速器を組み合わせています。

まず最初に出てくるのがリニアックという加速器で、直線型をしています。スタート地点では止まっている粒子（陽子）をだんだんと低速度まで加速するわけです。加

図12＊J-PARC（全景）

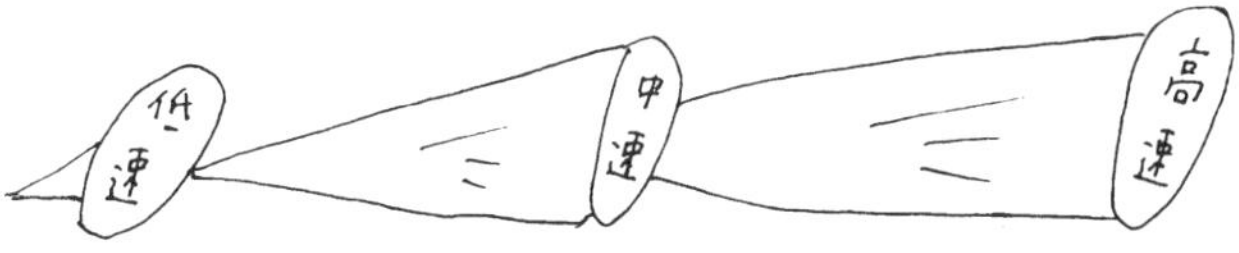

と、だんだん 加速させていく

速空胴と電磁石が一体型になった装置がまっすぐ３００メーターくらい並んでいます。

　次がＲＣＳという施設で、小さなリング型をしています。これもシンクロトロンです。ここで中速度まで加速します。加速空胴と電磁石でできています。

　そして最大の加速器――最高速まで加速するのが、先ほど説明したシンクロトロン、メインリングと呼ばれています。

　加速器で十分加速すると、いよいよ壁にぶつけるわけですが、実はその壁（標的）もＪ－ＰＡＲＣにはそれぞれ３種類あります。

　１つは「物質・生命科学実験施設」と呼ばれるもので、ここではぶつけて砕けた中から中性子とミューオンというものを取り出します。２つ目の壁は、「ハドロン実験施設」というもので、ここではＫ中間子《ちゅうかんし》というものを取り出します。そして、ニュートリノ実験施設では、ニュートリノを取り出すわけです。

　こんな感じで、加速器と標的（壁）が３つずつあります。ふつう加速器施設というのは、ひとつの加速器とひとつの壁だけでできていますが、Ｊ－ＰＡＲＣは世界で初めて３つの壁があるという「加速器複合施設」なんですね。

　Ｊ－ＰＡＲＣという名前は、公園のＰＡＲＫにかけてるんですけど、最後はＫじゃなくてＣになってますよね？　Japan Proton Accelerator Research Complexの略で、ＣはコンプレックスのＣ。複合施設という意味で、シネマコンプレックスと同じですね。ターゲットが複数あるので、複数の実験ができる——中性子の実験と、K中間子の実験と、ニュートリノの実験が同時にできるんです。いいアイディアですよね。

砕いて絞って漉《こ》す——ニュートリノの作り方

さていよいよ、どうやってニュートリノという素粒子を取り出すかをご説明しましょう。原理は先ほどお話ししたように、壁にぶつけます、壊します、壊れた中からニュートリノを集めます。これが原理です。

問題はですね、砕いてすぐにニュートリノがポロッと出てきたらいいんですが、すぐには出てきません。まず砕いてできるのが、π《パイ》中間子と呼ばれるものです。このπ中間子は寿命が非常に短くて、数十メーター飛んだだけで勝手に壊れます。壁にぶつけなくても、自動的につぶれてくれます。つぶれて現れるのがニュートリノなんですね。2段階で作ってるんです。

ここに「電磁ホーン」ってありますが（図13☞）、これは何をするものかと言うと、なにせ最初にバーンとぶつけるので、破片が四方八方に飛び散るんですよね。僕らの実験は、ニュートリノだけを集めてビームにして神岡まで飛ばしたいわけなので、いろんな方向に飛び散ってしまったらまずい。

図13＊ニュートリノの生成

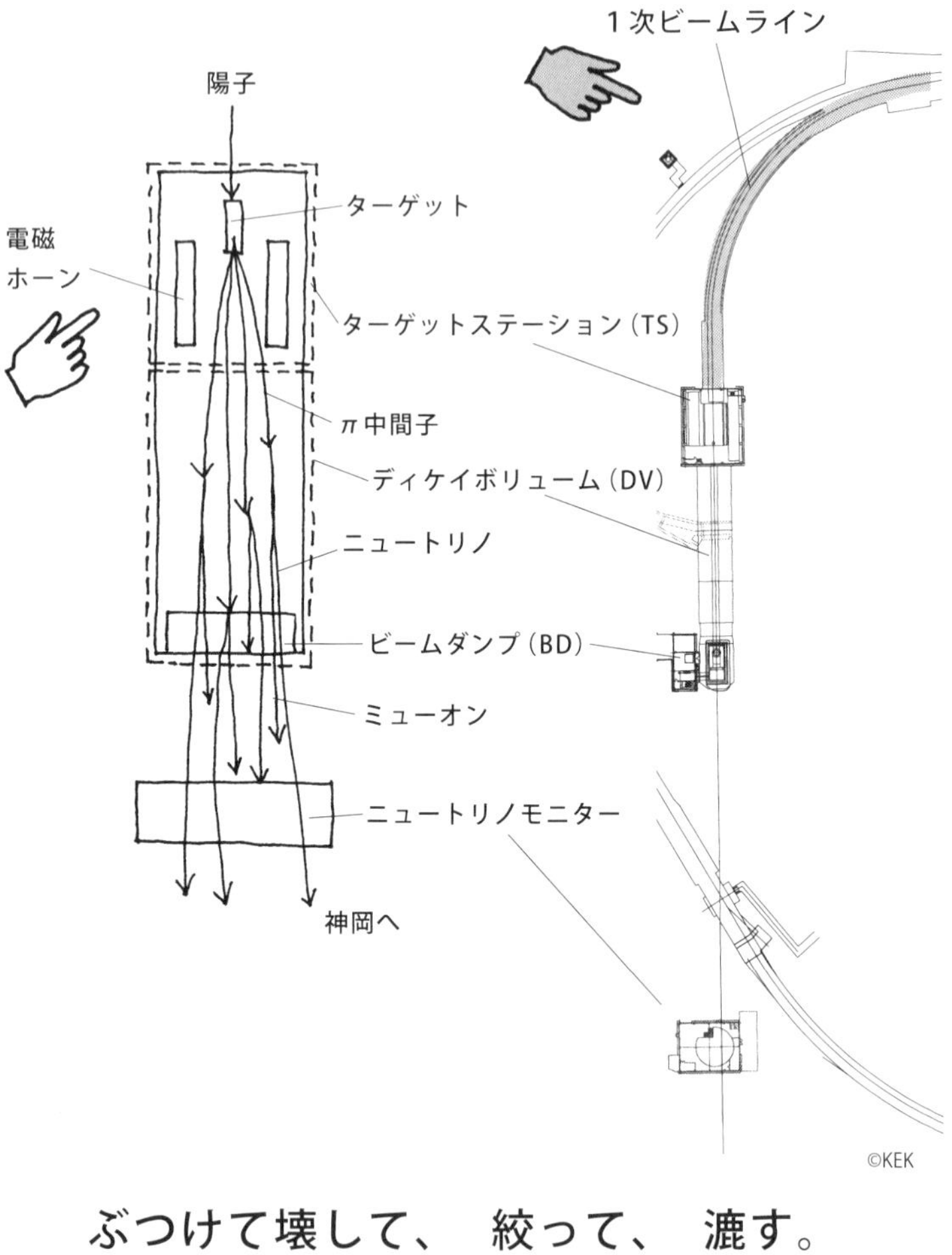

ぶつけて壊して、　絞って、　漉す。
（ターゲット）　（電磁ホーン）　（ビームダンプ）

作りだすニュートリノは1秒間に1000兆個！

そこで、電磁ホーンの出番なんです。名前のとおり電磁石のホーン——楽器のホルン（horn）と同じ形をした電磁石でして、ここでπ中間子をキュッと絞るんですね。もし、陽子をぶつけて壊して、いきなりニュートリノが出てきたとしたら、ニュートリノは電気を帯びてないので、こうやって絞ることはできないんです。最初のわずかな時間、π中間子という電気を帯びたものに変わってくれるので、電磁石でコントロールできる、というわけです。

π中間子は数十メーター飛んでいるうちに壊れる、と言いましたが、その壊れるための空間が設けられてます。「ディケイボリューム」と呼ばれています。ディケイ＝崩壊する、ボリューム＝空間です。

そして最後に「ビームダンプ」というものが置かれていまして、これはフィルターの役目をします。砕いた中には、π中間子以外にもいろんな粒子がいっぱい混じってるんですね。でも僕らが欲しいのはニュートリノだけで、他のものはいらない。だからここで漉しとって、ニュートリノだけをビームにするわけです。

以上がニュートリノの作り方です。

先ほど、J-PARCの加速器は、エネルギーは大したことないけど、作れるニュートリノの個数が多い、それで「世界最強」と言いましたけど、どれくらい多いかというと、フルパワーで動かすと、1秒間に1000兆個のニュートリノを作ることができます。1000兆って言われてもピンとこないですよね。そうですねえ、日本の借金の額と同じくらいです。これも世界で一番ですけど（笑）、作れるニュートリノの数も日本は世界で一番なんですね。

ニュートリノ、ニュートリノってずっと言ってますが、それがそもそも何なのか、という話は次回以降いたしますので。

超伝導を使えばピップエレキバンの20倍に

さて、粒子のビームをコントロールするには、さっきお話ししたように、磁石を使って曲げたり向きを変えたりするわけですが、それは粒子が電気を帯びていて初めてできるわけですね。電気を帯びてないやつはできない。無理です。ところがニュートリノは電気を帯びていない。

この実験は、300キロ先の検出器に向けて、正確に飛ばさないといけないわけです。どれくらいの正確さが要求されるかというと、検出器の大きさが直径40メーターくらい。けっこうでかいと思うでしょ？　でも300キロ先の40メーターですよ。ふつう見えないですよね。1キロ先だとだいたい10センチくらいでしょうか。それに当てるって大変ですよね？　ゴルゴ13並みです。それくらい正確にコントロールしないといけないのに、ニュートリノは電気を帯びてないからコントロールできない。

じゃあどうしますか？と言えば、ターゲットにぶつかる前の段階で、神岡の方向にちゃんと向けておくんです。ふつうは、作ってから磁石で向きを調整して、目的地まで飛ばすんですけど、この場合は、まず向きをきちんと神岡の方向に向けておいて、それから壊す。やり方が逆になってます。

それを行うのが、この「1次ビームライン」というやつです（P60図13☛）。ターゲットに当てる前に、神岡のほうに向けてカーブさせてあります。

この「1次ビームライン」は、ご覧のようにカーブを急にしないといけないので、ふつうの磁石、つまり常伝導電磁石よりも強い磁力が必要になります。そこで、超伝導電磁石というものを使ってます。

「超伝導」って何かというと、本筋と関係ないので簡単に説明しますが、特定の物質は温度を下げていってある温度に達すると、電気抵抗がゼロになるんですね。ふつうの常温の電磁石は強さが決まっていて――それがピップエレキバンの10倍程度なんですが――その理由は、電流を流すと銅線は「抵抗」を持っているので発熱するわけです。一応水で冷やすんですけど、冷やすにも限界がありますから、そのため流せる電流にも限度があり、磁石の強さも決まってしまうんです。

ところが超伝導の場合は、抵抗値がゼロになるので、ものすごい大きな電流を流しても大丈夫です。発熱しません。抵抗ゼロですから。

しかも（抵抗ゼロなので）一旦電流を流すと、あとはずっと永久に流れ続けるんです。常温の電磁石の場合は、常に電気を供給し続ける必要がありますが、超伝導の場合は、電力も一回ガッと与えてしまえばいい。ただもちろん、どうしても人間が作ったものなので、ちょっとずつは減っていきます。その分の電力は補い続ける必要はあります。超伝導は冷凍装置で冷やして作るんですが、冷やすのにも電気は大してかかりません。非常に優秀な磁石ですね。

じゃあ、全部超伝導電磁石にすれば電気代も安くていいじゃないかと思いますけど、まさにＬＨＣはそうしてますね。たしかに運転コストは安いんですが、初期コストが高いのと、あと、やっぱり常温じゃないので取り扱いが難しいんですよね。

そんな超伝導電磁石に最初に加える電流は、４４００アンペア（Ａ）。けっこうなものですよね。皆さんの家の家庭用ブレーカーは40アンペアくらいですから、１００軒分くらいの電流です。それによって作られる磁場は2.6テスラ（Ｔ）。まあピップエレキバンの20倍だと思ってください。つまり超伝導磁石だと、ふつうの磁石の更に倍くらいの磁場が作れる、というわけです。

さて、それでは、今からＪ‐ＰＡＲＣの装置の実物を見ていきましょう。かっこいい機械がたくさんあるんですよ。

リニアック　これが低速用の加速器リニアックです。
300メートルの直線型で、止まっていた
陽子を徐々に加速していきます。

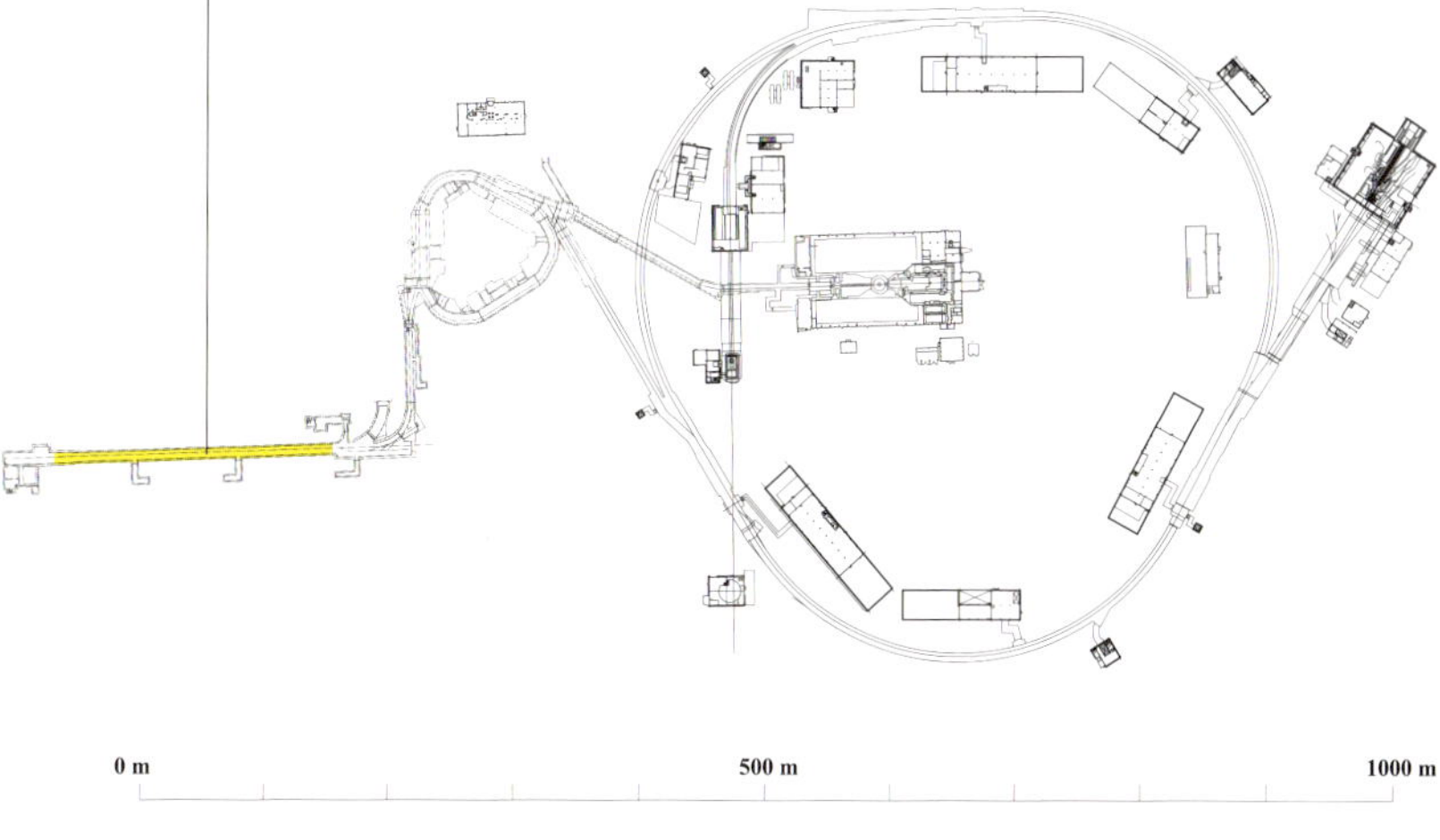

リニアックとRCSの合流地点

低速度まで加速された陽子は、
次に中速度用の加速器RCSに進みます。
巨大な電磁石で、陽子の軌道を
コントロールしながら加速していきます。

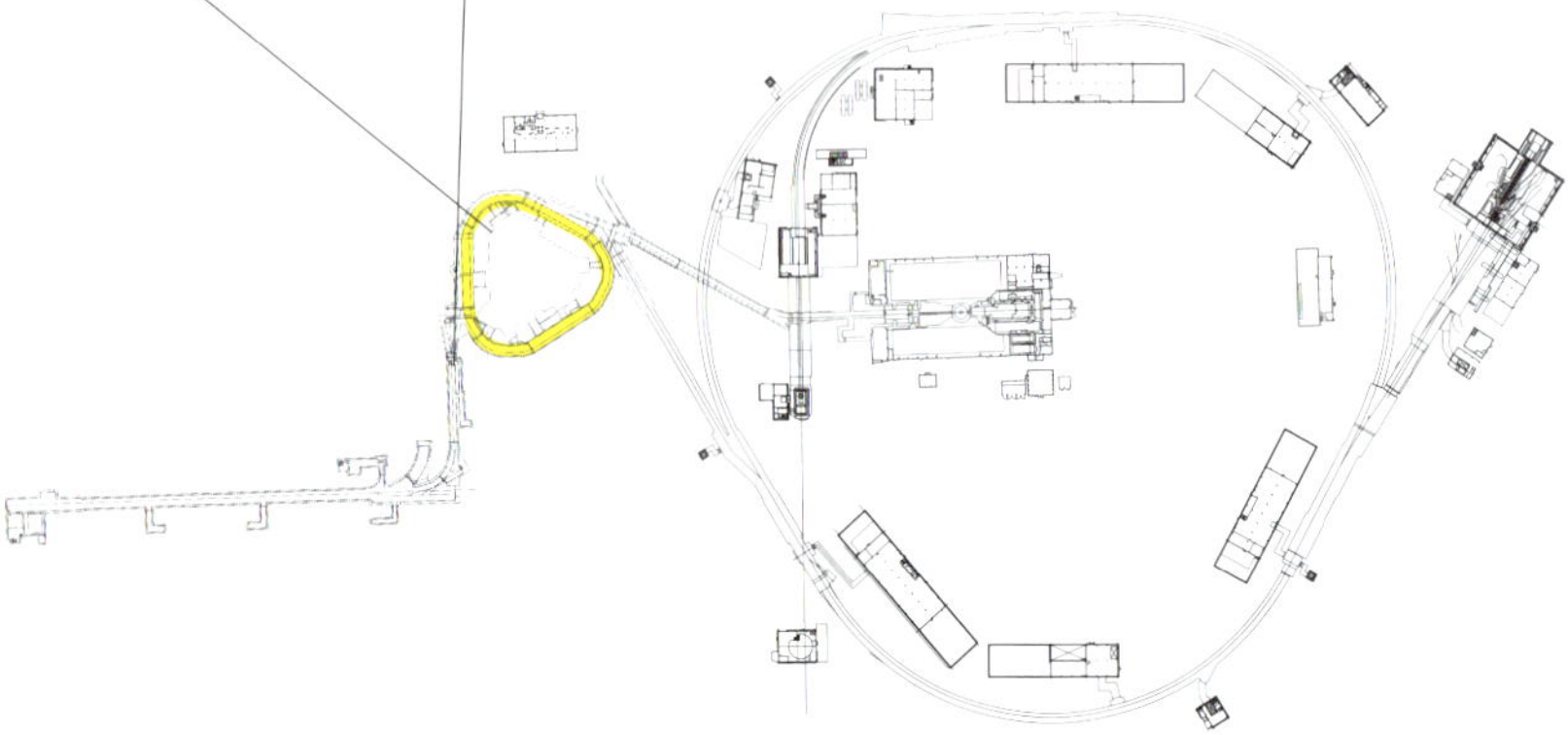

RCS

RCSの電磁石

RCSから地下のメインリングに

メインリングの電磁石

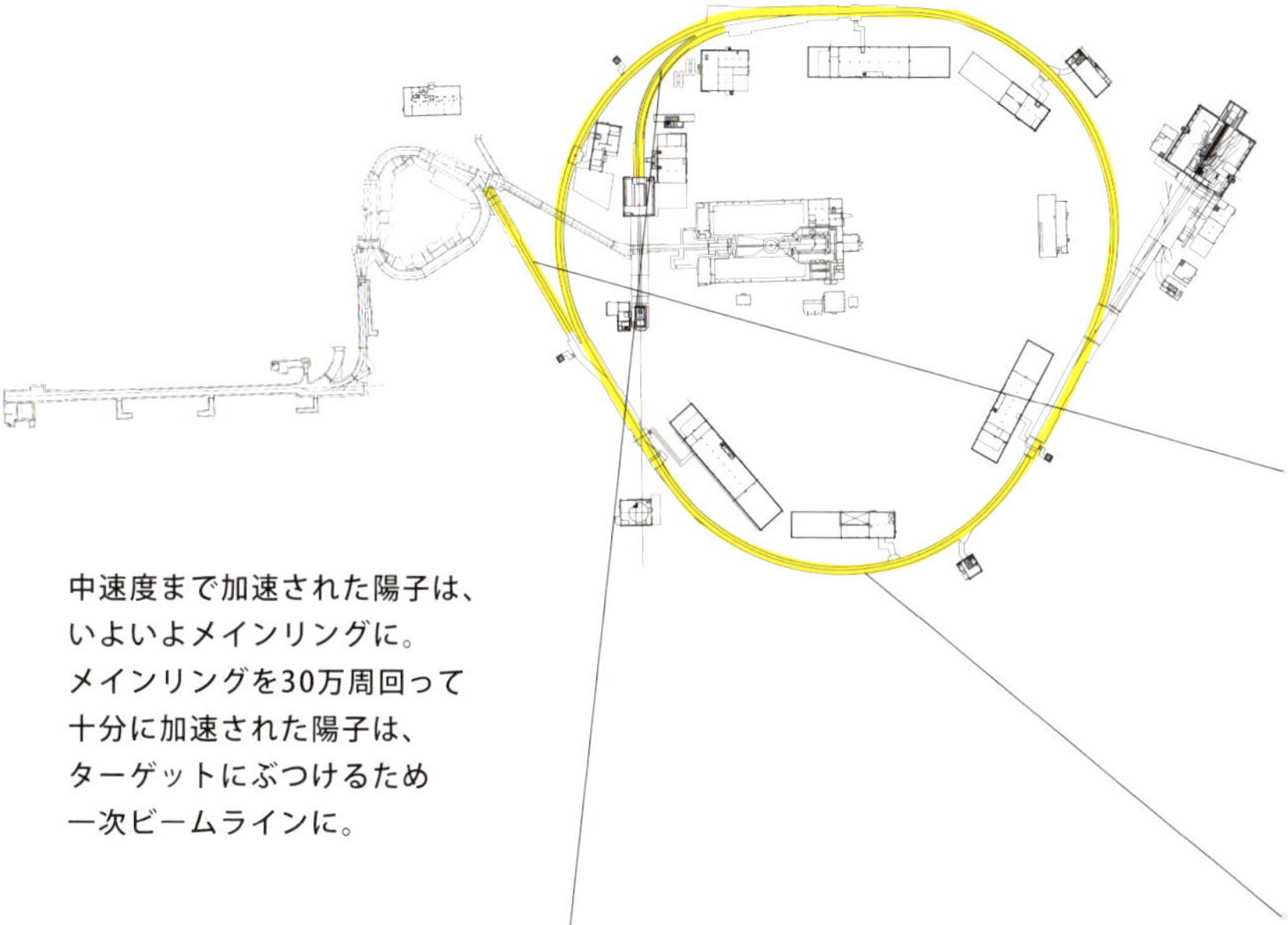

中速度まで加速された陽子は、
いよいよメインリングに。
メインリングを30万周回って
十分に加速された陽子は、
ターゲットにぶつけるため
一次ビームラインに。

一次ビームライン（超伝導電磁石）

ターゲット（壁）は、直径が26ミリ、長さが90センチくらいの長い棒の形をしてます（図14☞）。ぶつけるビームが細いので、同じ太さにしてあるんですね。それより大きな壁を作っても意味がないので。

材質はグラファイトです。昔は金属を使ってました。ひと世代前はアルミニウムでした。ところがこの新しい加速器はビームの威力が強いので、それだと溶けてしまうんです。グラファイトって鉛筆の芯ですね。６Ｂくらいがほぼ純粋なグラファイトです。鉄の場合だとビームが当たる正面だけに熱が集中してしまうのに対して、グラファイトは全体に熱が広がるのに加え、熱衝撃に強い。だから、鉄だと溶けてしまうような環境でもターゲットとして使えるんです。

これが電磁ホーンです（図14☛）。ここに電流を流して磁場を発生させて、π中間子をキュッと絞るわけです。僕はＪ-ＰＡＲＣの中で一番かっこいい装置だと思ってるんですが、かっこいいだけではなくて、ニュートリノビームラインの一番重要な装置——心臓部にあたります。エンジンのような存在ですね。

流す電流が半端なくて、３２０キロアンペア（kA）。一般家庭（40A）８０００軒分くらい。ものすごい電流です。電流はずーっと流してるんではなくて、ビームが来る瞬間だけ３秒に１回流してるんですけど、その瞬間はドーンという音がするんですよね。近くで聞いてると鼓膜が破れそうになるくらい巨大な音がします。

図14＊ターゲットと電磁ホーン

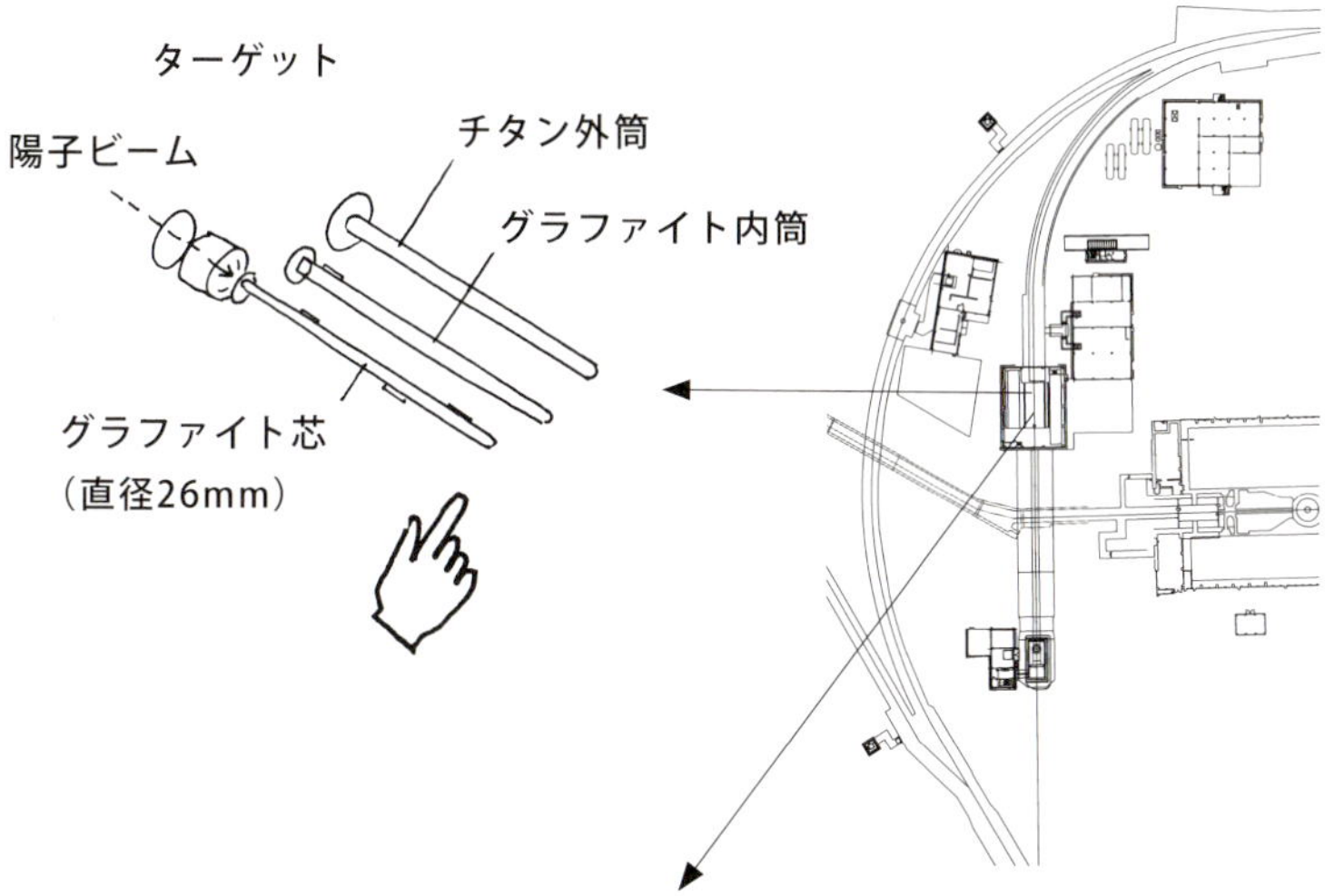

電磁ホーン

ディケイボリューム

ビームダンプ

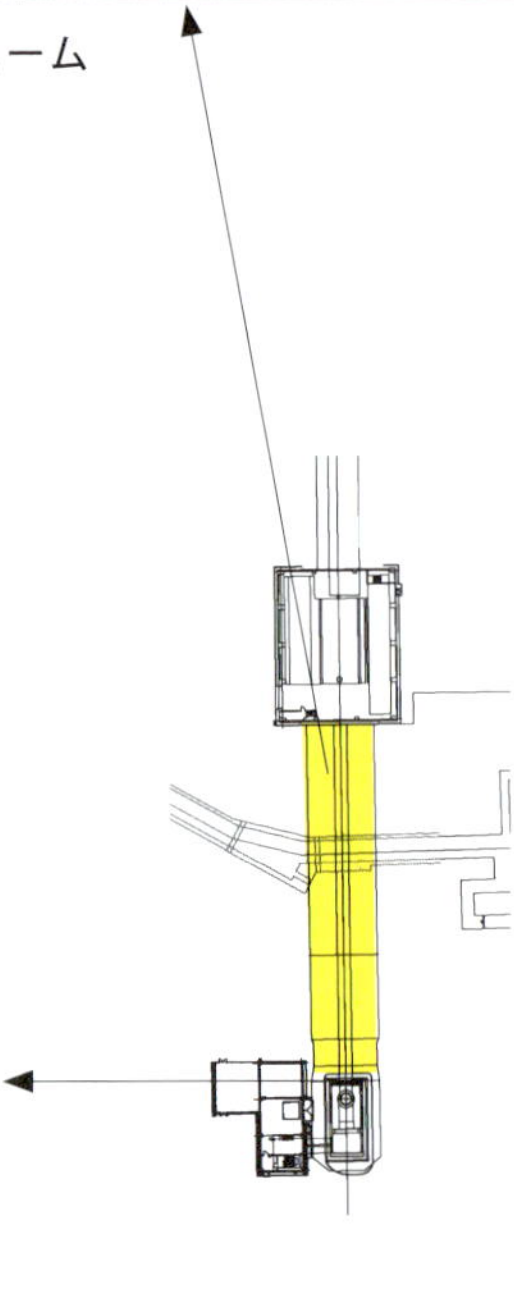

電磁ホーンによってキュッと絞られたπ中間子が壊れるための空間が、ディケイボリュームです。長さが100メーター、内面は高さ5メーター、幅3メーター（外面は高さ17メーター、幅15メーター）という、すごく巨大な筒です。ニュートリノビーム砲の砲身ですね。J-PARCのニュートリノビームは、世界で唯一向きを変えることができます。

壁に入っている線は冷却パイプです。ぶつけて壊すと放射線も大量に発生しますので、発熱するわけです。放っておくとどんどん温度が上がって溶けちゃうんですよね。そこで水を流して冷却します。冷却に必要なパイプは20系統なんですが、壊れたときのために、倍の40系統作ってあります。半分壊れても充分な冷却能力を確保できるようにしているんです。装置は壊れたときのことも考えて設計するんですね。

この中を通っていくことで、π中間子がだんだんとニュートリノに変わっていくわけです。

そして、フィルターの役目をするのがこのビームダンプで、ここでニュートリノ以外のものを全部止めてしまうんですね。ここを通ることで、ニュートリノだけのビームが完成します。ビームダンプも、グラファイト――ターゲットと同じ鉛筆の芯の材料でできています。

以上がニュートリノの作り方です。

ニュートリノが何なのか？　この実験で何を調べようとしているのか？　何で1500億円もかけてこんなことをやっているのか？　という話は、次回以降にいたしましょう。

もっとも小さいものを研究するための、もっとも大きい装置

今日の話をまとめますと、僕たちが行なっているのはこの世でもっとも小さなものの研究です。そのために使う実験装置は、この世でもっとも大きな装置なんですね。これほど大きい実験装置は、宇宙関係のものでもありません。「何でこんなにでかいのか？」っていうのは、お話ししたとおりです。

そして、これもほとんど知られてないんですが、日本は加速器技術で世界一なんです。そしてそれを使った素粒子物理学も、日本は世界最先端をいってます。こういうことが意外と知られてないのは、我々物理学者が宣伝ヘタクソだからなんですよね（笑）。

というわけで、今回は素粒子のビームを作るほうを説明しましたけど、次回以降はそれを使ってどんなことがわかるのかという話をしたいと思います。

第二章

人は、「小ささ」をどこまで想像できるか？

素粒子概論——原子からクォークまで

皆さん、おはようございます。前回の続きで、今日は物質について考えてみたいと思います。物質をどんどん細かくしていく話で、たぶん皆さんが、普段使わないような想像力をフル稼働することになると思いますので、授業が終わったときにはヘトヘトに疲れるかもしれません（笑）。想像力をたくましくして、がんばって付いてきてください。

まず、前回いくつか質問をもらってましたので、それにお答えしたいと思います。

最初の質問——

Q どうしてこの仕事についたのですか？

そうですよね。「なんでこんな金髪が」って思いますよね（笑）。すごく簡単に言うと……成り行きなんです。ふつう学者や先生が前に出て話をすると、「子供のころからこの学問に憧れて」とか、「小さいころから勉強が好きで」という話が多いですけど、僕の場合は違います。まったく違います。そういう成功の人生を僕は歩んできてません。子供のころからこういう仕事をしたかったわけでは、まったくありません。

中学までは、ふつうの公立の学校に行ってました。まあ見てのとおり真面目に勉強をする子じゃなくて、遊んでばかりだったんですけど、それを心配したうちの親が、僕を塾に放り込んだんですね。そこで出会ったのが清田先生という僕の恩師です。ものすごい怖い先生で、下手な質問すると「あ〜?」って言われるので、みんな質問できない（笑）。おかげで、自分で考える力がつきました。

その先生が僕を、大阪で超一流の進学校に放り込んでくれたんです。そこは京都大学に行く人が多かったので、そのまま僕も周りにつられて、京都大学に行ったわけです。家族の中で4年制大学に行ったのは、僕だけなんですよね。

素粒子物理学の分野に進んだのも成り行きで、僕が学生だったころは素粒子物理学が一番のエリートコースだったんです。だから「かっこいいから行ってみるか」みたいな感じで、あんまり考えずに行ってしまい、なんとなく今のところに就職した。そういう人間です。

好きなことを仕事にする必要はない

これは余談になりますが、皆さんに言っておきたいのはですね、よく「仕事は好きなものをやらないといけない」とか「夢がないと駄目だ」って言いますけど、僕は必ずしもそうじゃないと思うんですね。逆に、みんなが夢ばっかり追って、好きなことばっかりやってたら、社会なんて成り立たないんです。みんながそれぞれの役割を演じて、

初めて社会は成り立ってるわけなので、「夢がないから駄目だ」とか「自分の好きなことじゃないから駄目だ」とかって考えてちゃ駄目です。

例えですね、好きな仕事につけたとしても、そこで好きなことだけなんてやれないですよ。「研究が好きだ」と言って研究者になったとしても、研究のことだけなんてやれません。いろんな雑用をいっぱいやらなきゃいけない。もう嫌なことばっかり。でも、もし「好き」で、その仕事をやっているのであれば、それが好きじゃなくなったら、「投げ出したい」「辞めたい」という気分になってしまうわけです。

だから仕事っていうのは、好きや嫌いで選んではいけないと思うんですよね。ってぜんぜん違う話になっちゃいましたけど（笑）。

はい、次の質問です。

Q 研究施設が地震などの災害で停電したらどうなるんですか？ アメリカやヨーロッパに負けちゃうんですか？

停電よりもっと怖いのは、大きな地震で施設が壊れることです。アメリカやヨーロッパと比べ、日本が決定的に違うのは、地震がよく起こる土地柄だ、ということです。そのため、日本の実験施設や実験装置は、耐震を考慮した設計にしなければなりません。僕がアメリカの研究所に行ってその施設を見学させてもらったとき、明らかに単に積んであるだけの装置を見て、「これの地震対策はどうなっているんだ？」とその研究所の人に尋ねると、「地震など、ない」という答えが返ってきて、驚いたことがあります。

僕が設計した装置は、震度6強の地震には耐えられるように、耐震設計してありますが、ただ電気を供給している東京電力が同じように考えて作ってくれてるかはわかりませんので、電気が止まったら当然復旧するまでは止まっちゃいます（実際、東日本大震災でも機械はそれほど壊れませんでした）。

ところがですね、もしそういう事故がなかったとしても、僕らは1年まるまる実験しているわけではないんですよ。加速器は365日動いていません。実は7月、8月、9月の夏の3ヵ月間は止まるんです。

なぜかわかりますか？　驚くべき理由なんですが、「電気代が高いから」なんです。「そんな理由で？」と思うかもしれませんが、すごく重要なことなんですよ。僕たちは国からお金をもらってやってますので、ちゃんと予算内に収めないといけない。研究費が足りなくなったら実験できなくなってしまうので。

電気代は年間50億円！

皆さんの家は、夏でも冬でも同じ金額で電気を買ってますけど、こういう研究所のような大口のところは、夏と冬で違うんです。昼と夜でも違う。僕らの研究施設がどれくらいの電気を使ってるかというと、50メガワット（ＭＷ）くらい。一般家庭は数キロワット（ｋＷ）くらいですね。と言ってもピンとこないと思いますので、電気代で言うと1年間で50億円くらいです。節約したくなる気持ちもわかるでしょ？　もし夏も実験した場合は１００億くらいになってしまうはずです。だから夏はストップするんですね。

ちなみに日本は、夏が暑くてエアコンの使用量がが一んと上がるために、夏に電気代が高くなるわけですが、ヨーロッパとアメリカは寒いので冬にが一んと上がるんです。だから冬にお休みしてます。

しかもヨーロッパは徹底してまして、冬は研究室にも入れなくなるんですね。門を閉めて誰も入れないようにしてしまう。研究者って、休みでもふつうに来て、夜中まで仕事してたりするものなんですけど、そういうのを一切やらせない。なぜか？　電気代が高くつくから。電気代っていうのは、世界中どこでも重要な問題なんですね。「アメリカやヨーロッパに負けちゃうのか？」の答えは、次回、ライバルの話のところでお答えしましょう。
次の質問。

Q ビームを使って物質を破壊する研究はされていますか？

これはたぶん「兵器として」という意味だと思うんですが、表立ってはやってないはずです。ただ「物質を破壊する研究」というのは実際行われてまして、ひとつご紹介しましょう。

J-PARCの隣には、NUCEF《ニューセフ》という施設があります。何をしているかというと、放射性廃棄物ってありますよね。原子炉から出てくるわけですが、あれは寿命が1000万年とかすごい長さなんです。その間ずっと放射線を出し続けるので、今のところは地下に埋めるしかないんですね。子孫への負の遺産、というわけです。

その寿命を少しでも短くしようという研究です。放射性廃棄物に陽子ビームを当てて壊すと、少し寿命が短いものに変わる。「短くなる」と言っても1000年とかなんですが、それでも1000万年から考えると1万分の1ですから。そういう研究もやっています。

Q ニュートリノビームの作り方は、どうしてわかったんですか？「理論的にたぶんできるんじゃないか？」という予測で装置を作って「できた」となったんでしょうか？　これまで装置を作ってみたけどできなかった、という例はあるのでしょうか？

20世紀初めごろまでの物理の実験っていうのは、みんな自分の私財を投げ打ってやってましたので——SFに出てくる怪しい博士みたいな世界ですね——それだと、そういうことでもいいんですよ。好きにやってもらったらいいんですが、我々は一応税金を使ってやってますので、「できませんでした」って言ったらえらいことになるわけですね。1500億も使ってますから。

実験って、いきなりふっと思いついてやる、ということはなくて、だいたい過去の人の実験を踏まえた上で、それを発展させたかたちでやるんです。だから、それほど失敗は少ない。ところが、やっぱり初めてやることが多いので、「あれ？」っていうこともあるんですよ。「思ったのとぜんぜん違う」って。

その昔、「陽子崩壊」という現象を調べる実験施設を作りましょうとなって、数億円かけて作ったんですね。それが大失敗だったんですよ。陽子崩壊がぜんぜん見つからなかった。

と思ったらですね、実はその装置は後に、世界一のニュートリノ検出器に変わったんです。それがカミオカンデなんですね。だから、ある実験で失敗しても、次のときに再利用できる場合もあります。カミオカンデの話は次回しようと思います。

もちろん失敗はいっぱいありますよ。アイディアだけだったら、いくらでもありますから。科学の世界って、だいたい100万の石ころの中に1個の宝石があるくらいだと思ってもらうといいです。

では今日の本題に入りましょう。

前回は、加速器を使って、どうやってニュートリノを作り出すのかという話をしました。そこでこれから、そのニュートリノはどのように検出されるのか、300キロを飛んでいる途中で何が起きているのか、という続きの話をしていこうと思うんですが、ただその前に、基礎知識をインストールしておこうと思います。そのための資料を作ってみると、どうも今日はその部分だけで終わってしまいそうな……(笑)。では、さっそく始めましょう。

まず物質がどういう構造になっているのか、原子から順を追って、ニュートリノまで辿りついてみたいと思います。

原子の中がどうなっているのかという話は、僕は高校に行ってからやったんですが、最近は中学でやるらしいですね。だから皆さんすでに知っているかもしれませんが、復習のつもりで聞いてください。

加速器がなかった時代の原子を調べる方法

まず、「どうも世の中は原子というものでできているらしい」「化学反応でこれ以上は分割できない」ということがわかったのが、19世紀の終わりです。ドルトンという人が「原子論」を発表しました。アトム（原子）とは、「これ以上分割できない」という意味です。

ただ、「原子の中身がどうなってるか、調べる方法があるんじゃないか」と科学者たちは考え始めました。調べるにはどうしたらいいか？　前回授業に出ている人はわかると思いますが、壊してみればいいんですよね。ところがこのころは、まだ技術的に壊せなかったんです。

じゃあ壊さずになんとか中身を調べる方法はないかなって考えます。

大きさは相当小さくて、10のマイナス10乗メーター。1ミリの1000万分の1ですね。仮に1ミリメーターを10キロメーターに拡大したときの1ミリメーターです。想像力の限界を超えてますが……。

重さのほうは、10のマイナス24乗~マイナス22乗グラム。ゼロがあまりに長いので、これからはマイナス何乗という表記にしたいと思います。

原子の中身を壊さずに調べる方法を考えたのが、ラザフォード男爵です。ラザフォードは後に原子を壊すことに成功するんですけど、まずは壊さずにやってみた。

α《アルファ》線という電気を帯びた粒子（荷電粒子）があります。α線はどこにでもありまして、温泉からもバンバン出てます。そういう自然界にある放射線――放射線とは電気を帯びた粒子のことですが――を原子にぶつけてみるわけですね。

もちろん当時は加速器なんてありません。どうやるかというと、ラジウムという物質が自然に壊れたときに放出される放射性物質（α線）を利用したんですね。そのα線が、金の原子の膜（金箔）を通り抜けるかどうかを見るんです。

α線をぶつけた程度じゃ原子は壊れませんが、でももし原子の中身が均一に何かが詰まっている状態だとしたら、途中でゆっくりと減速されて向こうから出てくるんじゃないかと思ったわけです。速くて小さい粒子をプシュ!と入れたら、柔らかい――何かつぶつぶした果肉みたいなものを通る途中で減速されて、向こうからシュと出てくるんじゃないかなって。

ところがやってみたら、なんとそのまま通り抜けた（図15☞）。

図15＊原子の構造

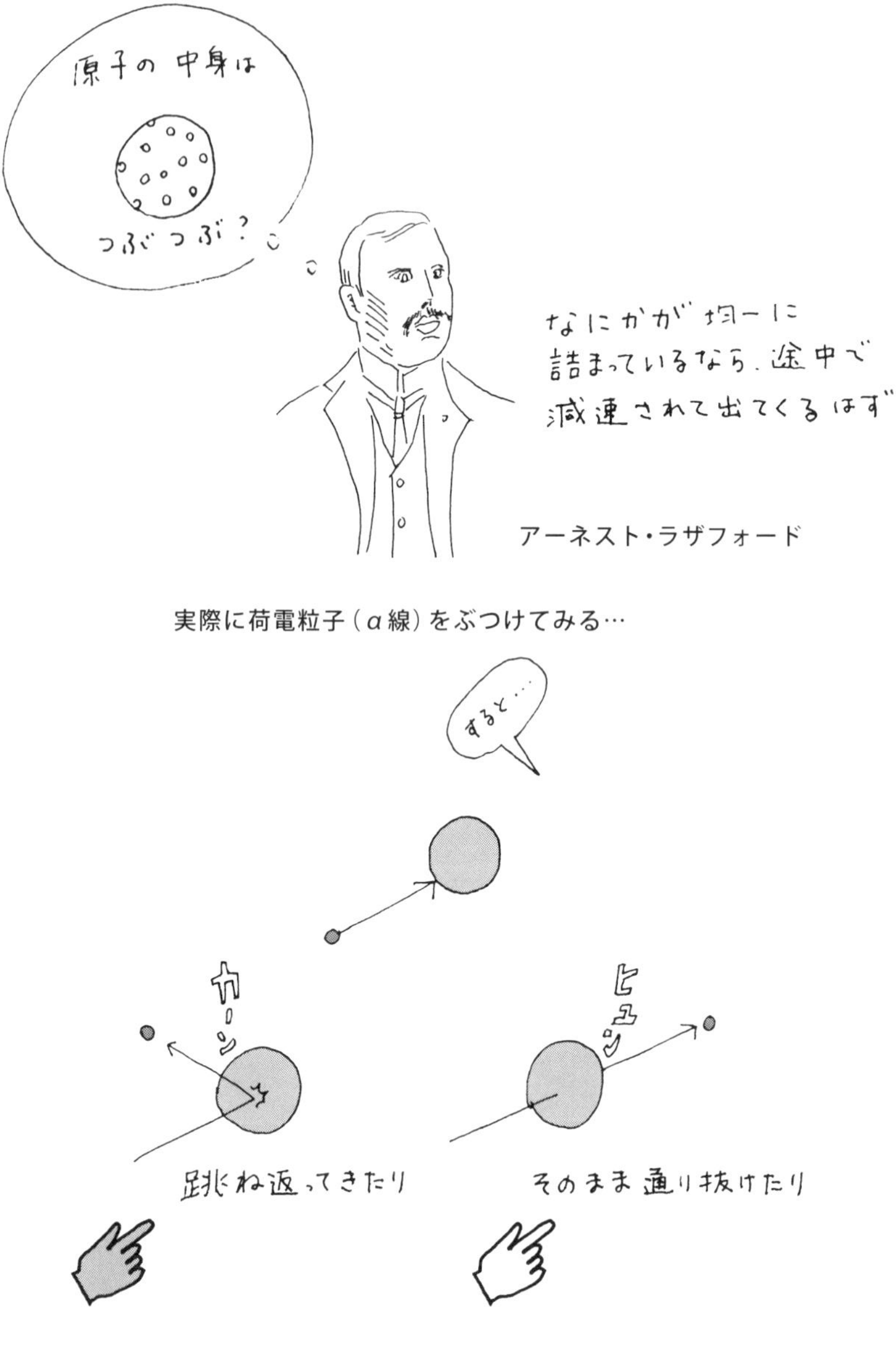

原子の中身は
つぶつぶ？
なにかが均一に
詰まっているなら、途中で
減速されて出てくるはず
アーネスト・ラザフォード
実際に荷電粒子（α線）をぶつけてみる…
すると…
カーン
ヒュン
跳ね返ってきたり
そのまま通り抜けたり

つまり「これ、中身ないんじゃないの？」ってくらいスカスカだった。しかしごくまれに、跳ね返ってきた（図15☛）。もし中身が、柔らかい均質な果肉みたいなものだったら、通り抜けたり跳ね返るようなことはないはずなんです。

つまりこれは、中身が均一に何かが詰まった柔らかいものではなくて、中心部に小さな塊があって、その周りはほとんど何もない空間なのではないか？　どうも太陽系みたいな構造らしい、ということがわかったんですね。で、真ん中のやつを「原子核」、周りを回ってるのを「電子」と呼んだわけです。

この模型を考えたのが、ボーアです（図16）。

実験そのものはラザフォードが行ったので、ラザフォードがこの絵を描けばよかったんじゃないか、という気もしますが、ラザフォードは電子がどういう軌道を描いているか、ということには言及していないのに対して、ボーアはラザフォードの実験結果を踏まえた上で、電子の軌道についても考察し、当時発見されていたすべての物理現象を矛盾なく説明できる理論体系を作り上げたんです。ここが大事なんですね。

たとえば相対性理論にしても、似たような理論って当時いっぱいあったんです。ただ、アインシュタインの理論だけが、すべての現象を説明できたんです。

理論家はいろんなことを考えるんですが、その中で全部を説明できる人が最後に勝ち残るんですね。

図16＊ボーアの原子模型

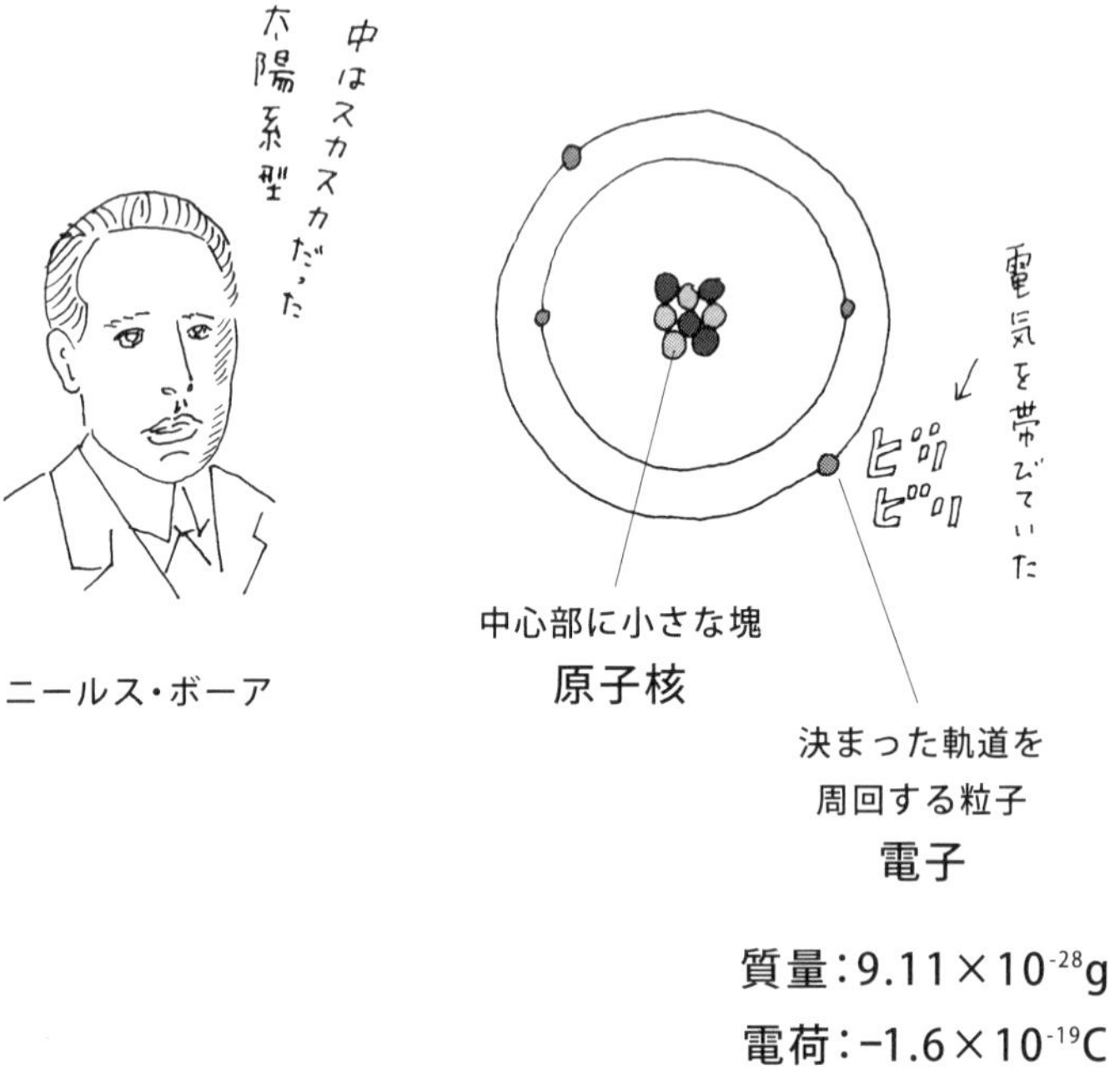
中はスカスカだった
太陽系型
ニールス・ボーア
電気を帯びていた
ピリピリ
中心部に小さな塊
原子核
決まった軌道を
周回する粒子
電子
質量：9.11×10^{-28}g
電荷：-1.6×10^{-19}C

たぶん 電子1個が 持っている電荷が この世界で
最も小さい電荷 なので これを「1」単位と決めよう

なぜ幽霊は物理学で扱えないのか？

物理学は、現象を説明する「理論」と再現性のある「実験」の両輪で初めて成り立ちます。理論だけだと駄目だし、実験だけでも駄目。「なんかこんな現象が起きるんですけど、説明がつきません」じゃ話にならないんです。ですからたとえば幽霊は物理学じゃありません。現象を説明できる理論もなければ、再現性のある実験も行えませんから。

ラザフォードのころは、一人で理論も実験も両方できたんですが、今はもう完全に分業になってますね。理論家の人が適当に……いや、すごく考えて作り上げた理論を（笑）、なんとか実験で検証できないか？ その実験方法を我々は考え、そして何千億もかけて装置を作って、そして何百人という人数で実験するわけです。

僕らのT２K実験は５００人でやってます。世界で一番大きな実験、ＬＨＣのアトラス実験は３０００人です。それくらいの規模になってきてるんですよね。

ノーベル賞ってだいたい理論の人に与えられることが多いんですけど、昔はともかく、今はちょっと不公平ですよね（笑）。日本人でも、素粒子物理学の分野で受賞された６人のうち、実験の人はカミオカンデの小柴先生だけで、他はみんな理論家ですから。最近はノーベル賞を個人にではなくグループに渡そうという方向にもなってるらしいんですけど、でもまあそもそもノーベル賞って私的な賞なので、公平性なんていらないんですよ。政治的に決められてぜんぜんOK。公平だと思っているのがおかしい。

えー、脱線しましたが、原子のモデルを作った理論家ボーアの話でした。

電子とは何か？

ボーアは「量子力学の父」とも呼ばれてまして、すごい人なんです。

このボーア模型を考え出したのが28歳のときで、ノーベル賞を取ったのが37歳という、あとに続く素粒子物理学者たちの先生になった人です。アインシュタインに比べて一般の知名度は低いですけど。

さっき僕は、原子は「中身スカスカ」って言いましたが、この絵（P88図16）だとそんなにスカスカでもないですよね。でも実際は、原子核は原子のだいたい10万分の1くらいの大きさ。ピンとこないかもしれませんが、たとえばこの教室が原子の大きさだったとしましょう。そしたら原子核は1ミリメーターくらいです。この大きな部屋の真ん中に1ミリメーターの核が置いてあるくらい。スカスカでしょ？　原子は実に不思議な構造をしていたわけです。

そんな原子核の周りを回っている電子は、重さがびっくりするくらい小さい。原子の何千分の1から何万分の1という重さです。

電子のもうひとつの特徴は、「電気を持っていた」こと。電気の大きさが、物理の単位で言うと、-1.6×10^{-19}クーロン（C）と言って、マイナス19乗とついていることからわかるように、ものすごいちっちゃな値なんで、一般には次のように表現します。

−1の電荷を持つ

つまり電子は、もっとも小さくて、これ以上どうせ砕けないんだから、これを1としたらいいじゃないか。これをひと単位と数えましょう、と決めたんです。

皆さんは化学でイオンって習ってませんか？　イオンとは、電気を帯びた物質（原子）のことですね。

通常、物質（原子）は、＋や－を帯びてません。常に中性です。ところが、電子（－）がいろんな原子に余計に1つ2つ加わることによって、その原子がマイナス化（＝マイナスイオン化）したり、あるいは、その原子から電子が1つ2つ減ることでその原子がプラス化（＝プラスイオン化）します。それがイオンです。

Na^+（ナトリウムプラス）とか、Ca^{2+}（カルシウム2プラス）とか、O^{2-}（酸素2マイナス）という表記の、この肩の部分。これがその「電荷」（電子の数）に相当するわけです。つまり、

Na^+というのは、電子が1つ減って、$+1.6\times10^{-19}$クーロンですよ
Ca^{2+}というのは、電子が2つ減って、$+3.2\times10^{-19}$クーロンですよ
O^{2-}というのは、電子が2つ増えて、-3.2×10^{-19}クーロンですよ

というわけです。

電子はこれ以上砕けない基本単位なので、この「-1.6×10^{-19}クーロン」を「1」として、1、2、3と数えましょう、と考えたわけですね。

さて、原子の構造が出てきたところで、前回もらったこの質問に答えてみましょう。

Q 和歌山カレー毒物事件でカレーにヒ素が入っていることをつきとめたSPring-8という加速器は、どうやってカレーを調べたんですか？ カレーの粒子を加速させたのでしょうか？

SPring-8というのは兵庫県の播磨にある円形の加速器です。構造はJ-PARCの

図17＊電子のシンクロトロンの特徴

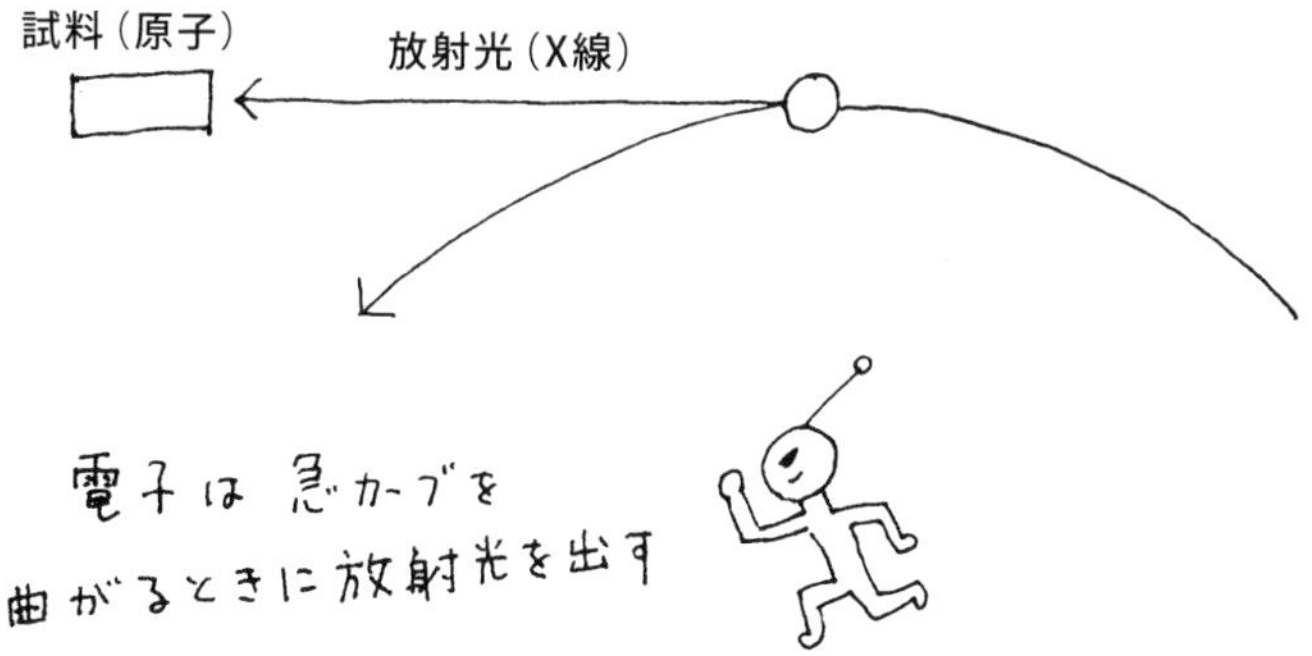
試料（原子）
放射光（X線）
電子は 急カーブを
曲がるときに放射光を出す

メインリングとまったく同じ。ただ、飛ばす粒子がJ-PARCは陽子でしたが、こっちは電子です。そこだけ違います。電子を飛ばすシンクロトロンの特徴は何か？

シンクロトロンとは、粒子を円形の軌道に乗せて、電磁石で軌道からずらさないようにコントロールしながら走らせる、という話を前回しましたね。これも同じです。電磁石で曲げながら軌道を走らせるんですが、ただ電子は陽子と違って、ある特徴を持ってるんです。

ものすごい速さでカーブを曲がったときに、「放射光」という光を出すんです（図17）。

ここが電子と陽子の違いです。電子はそういう性質があります。

＊毒入りカレーはいかにして分析されたのか?

©RIKEN/JASRI

SPring-8

放射光というのは、いわゆるX線と言われるもので、皆さんが骨折をしたときに撮るレントゲン、あれです。X線を当てて骨の状態を見るわけですね。あれのものすごく精密なやつ、と考えてください。その放射光をカレーに当てます。カレーの中に入っている原子に放射光（X線）が当たるとどうなるか？

先ほど、原子は原子核の周りを電子がぐるぐる回っている惑星のような状態だと言いましたが、こういう運動をしているのは、原子核と電子の間で、あるエネルギー（力）が吊り合ってるからなんですね。

これも物理でやったかもしれませんが、ひとつは、この電子のもっている「運動エネルギー」（回ってますから運動エネルギーがあります）。そして原子核からの引力による「位置エネルギー」。この2つが吊り合っているから、きれいな軌道を描いているわけです。

惑星の場合の「位置エネルギー」は重力ですよね。重力が引っぱる力（引力）となって、ぐるぐる回っている惑星（運動エネルギー）と吊り合っています。

それに対して、原子の場合の「位置エネルギー」は、重力ではなく電磁力です。電気を持っていますから、プラスの電気とマイナスの電気の力が引き合って（引力となって）、きれいにぐるぐると軌道を回っているわけです。

図18＊放射光を物質に当てると…

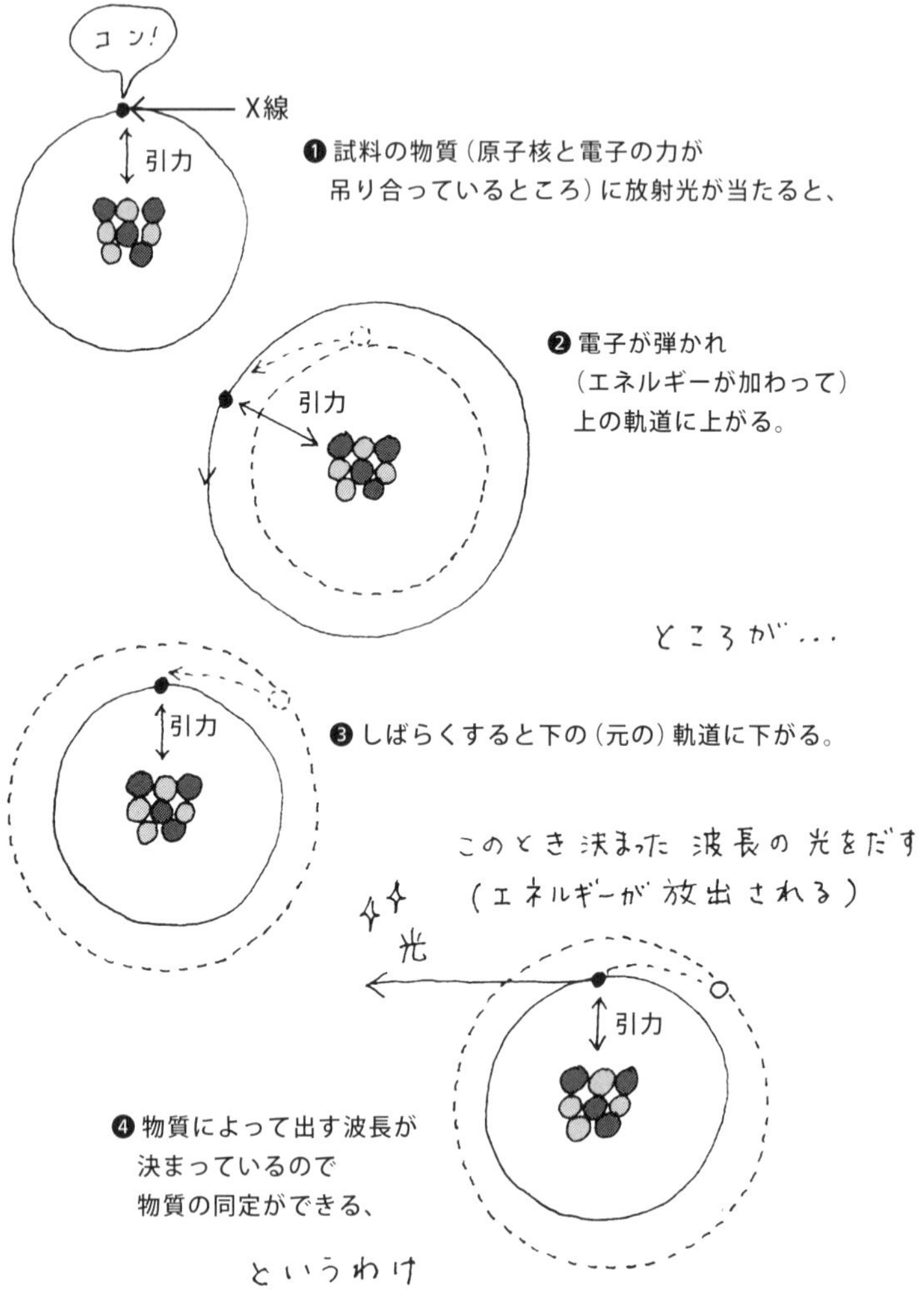

コン!
X線
引力
❶試料の物質（原子核と電子の力が
吊り合っているところ）に放射光が当たると、
引力
❷電子が弾かれ
（エネルギーが加わって）
上の軌道に上がる。
ところが…
引力
❸しばらくすると下の（元の）軌道に下がる。
このとき決まった波長の光をだす
（エネルギーが放出される）
光
引力
❹物質によって出す波長が
決まっているので
物質の同定ができる、
というわけ

毒入りカレーの原子が発する光とは？

で、うまいことバランスがとれていたそこ（原子）に、X線（放射線）を当てたらどうなるか？　X線が外側を回っている電子にコーンと当たって電子がエネルギーをもらってしまうわけです（図18-❶）。わかりやすく言うと、弾かれてしまう。

すると、ちょうどよく軌道を回っていた電子が加速されて、ひとつ上の軌道に上がるんですね（図18-❷）。もうひとつ上の軌道で吊り合いがとれる状態になります。ちょうど人工衛星が強めにエンジンを噴かしながら、ひとつ上の軌道を回り始める、そんなイメージです。

それで、上の軌道をずっと回っていられればいいんですが、やっぱり不安定なので、時間とともに元の軌道に戻ってしまいます（図18-❸）。元の軌道のほうが安定するんですね。原子の軌道というのは、中心に行けば行くほど安定しますから。

元の軌道に下がるとき、エネルギーが加わって上の軌道だったので、下に行くということは、エネルギー保存則から考えると、どっかにエネルギーを捨てないといけません。その捨てるエネルギーが「光」となって放出されるんです（図18-❹）。

どんな光を出すかというと、上と下の軌道の関係から決まってます。電子の軌道っていうのは決まったところしかとれないんです。２つの決まった軌道の間の値で、決まった波長の光を出す。その光の波長が物質によって全部決まっているんですね。ヒ素だったら何、水素だったら何、鉛だったら何って。ですから、その波長さえ測れば、「あ、これは何の物質だな」というのがわかる。

放射光をピンポイントでカレーの中の原子に当てると、その原子が発する光で、カレーに何の物質が含まれているかがわかる、というわけです。

犯人特定の決め手となった科学捜査の方法

ただですね、実際あの事件で「カレーにヒ素が入ってました」「じゃあ林眞須美が犯人だ」というような捜査はしてませんよ。ヒ素なんて入ってるかどうかは化学反応ですぐわかるんです。しかもヒ素が混じってることがわかっても、犯人が誰かなんてわからないじゃないですか。

そうじゃなくて、大事なのは不純物なんです。事件に使われたヒ素がどこで買われたものかによって、混じってる不純物は違うんですよ。

カレーの中には不純物がコレとコレとコレが入っていた、とわかり、それに対して、犯人とされた林眞須美の家からヒ素が見つかってるわけですが、そこに混じっていた不純物を調べる。すると不純物のリストがぴったり一致した。それで「カレーのヒ素は、この家のものだ、こいつが犯人だ」とわかったんですね。

ヒ素自体は、人を殺すくらいなのでたっぷり入ってるんですが、不純物は微量です。これまでの「試薬を使って化学反応で色が変わりました」とかではぜんぜん引っかからないくらい微量なんです。それを見つけるのが、原子一個一個を調べることができる、この放射光なんですね。

さて、では物の構造の話に戻りましょう。

陽《ポジティブ》な陽子と、中性《ニュートラル》な中性子

原子を砕かずに調べたラザフォードは、やがて原子を砕くことに成功します。さらに原子核を砕くと、そこには「陽子」と「中性子」というものが出てきました。実際には、陽子を取り出したのがラザフォードで、中性子を取り出したのがチャドウィックという人です。

調べてみると、陽子も中性子も質量はほとんど同じ。実際はほんの少し中性子が重いんですけど——ほぼ同じ。直径もほとんど同じ（図19）。

陽子と中性子は何が違うかと言うと、日本語の名前を見たらわかると思うんですが、電気を持っているかどうか、なんですね。陽子の「陽」っていうのは、＋っていう意味ですよね。プラスの電気を持ってます。

中性子は、電気を持っていません。ゼロです。だから中性子っていう名前が付いたんです。

ここで言う「電気を持っている」の「電気」は、先ほどの電子の「電気」とまったく同じです。ただし電子はマイナス1でしたが、陽子はプラス1（$+1.6 \times 10^{-19}$クーロン）です。

中学校で習ったと思いますが、原子にはいろんな種類がありますよね。周期表にあるような物質の違い――たとえば水素とヘリウムは何が違いますか？　ヒ素と金は何が違いますか？　鉄とアルミニウムは何が違いますか？　と言うと、実はこの原子核の中身が違うわけです。原子核の陽子の数と、中性子の数がそれぞれぜんぜん違っている。その種類によって原子が分かれてる、ということまでわかったわけです。

ところで、ここでちょっと不思議なことがあります。

「なぜ＋の電荷のもの（陽子）と、電荷のないもの（中性子）だけでくっついているのか？」

という疑問です。

ふつう電気は＋と－が引き合ってくっつくものですが、これ、陽子（＋）と中性子（電荷ゼロ）ですからくっつく力がないわけですよね。むしろ陽子（＋）同士がたくさ

図19＊原子核の構造

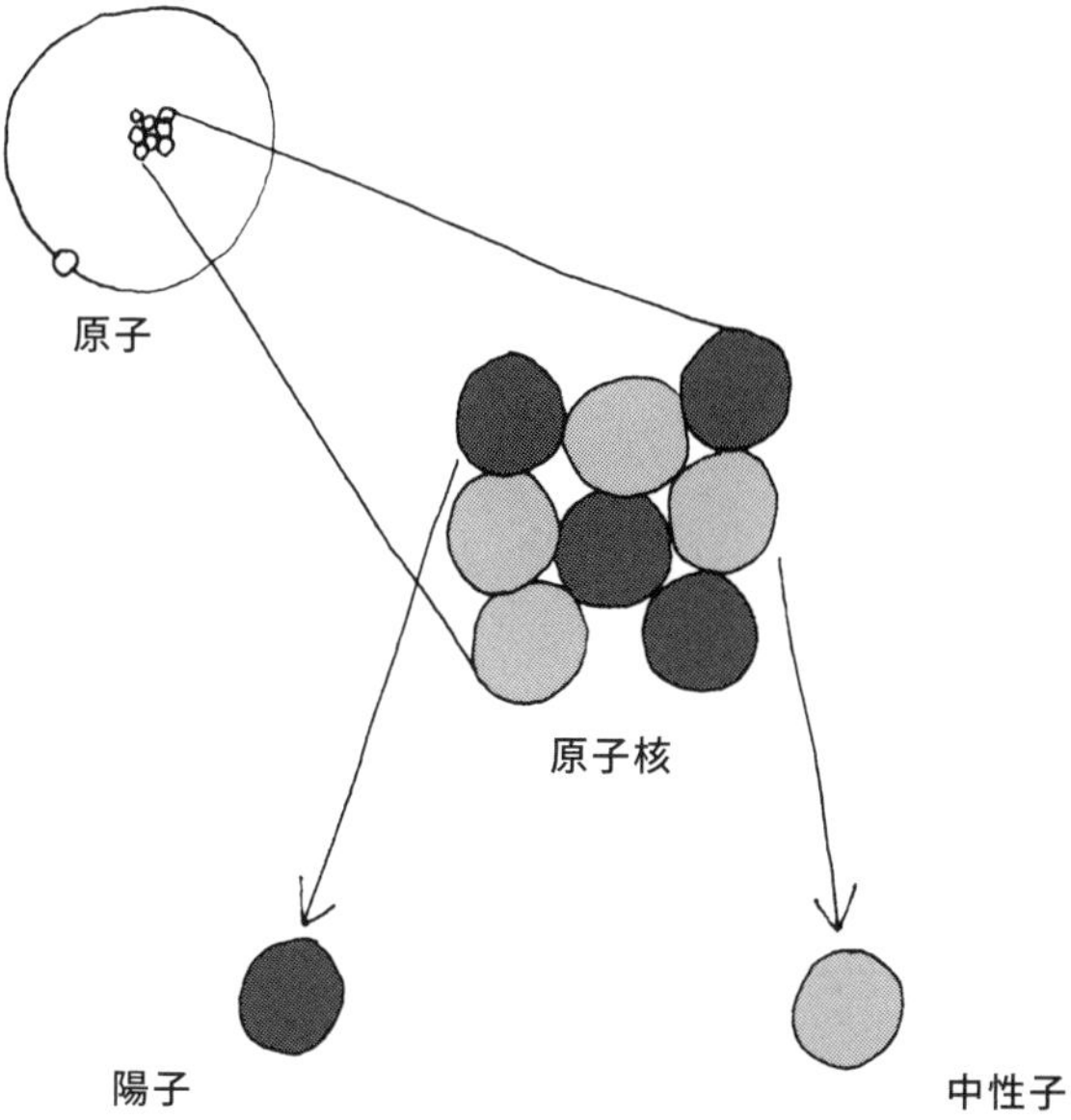

陽子	中性子
質量：1.67×10^{-24}g	質量：1.67×10^{-24}g
直径：10^{-15}m（1fm）	直径：10^{-15}m（1fm）
電荷：1.6×10^{-19}C ＝ ＋1の電荷を持つ	電荷：0

ん集まっているので、反発し合ってもよさそうですよね。

ところが、原子核はものすごく硬くがっちりとくっついている。さっきのラザフォードの実験でも言いましたように、α線をぶつけても跳ね返ってくるくらいですから、かなり硬く固まっています。なぜか？

これは、何らかの力が働いているとしか考えられない。しかもその何らかの力は、電気の力（電磁力）よりも強いはずである。＋のものと＋のものを無理やりくっつけているわけですから。

そこで、これまで発見されていた「重力」「電磁力」に続く、3つ目の力として命名されたのが、「強い力（Strong Interaction）」です。

もうちょっとネーミング考えろよ、という名前ですけども、「強い力」……。真ん中に「い」って入ってるのが嫌ですね。「強い力」と呼ばずに、「核力《かくりょく》」と呼ぶ場合もあります。そのほうがかっこいい感じですが。

ともあれ、これを最初に提唱したのは日本人です。湯川秀樹。理論家ですから発見ではなくて、提唱なんですけど、「何らかのそういう力が働いているはずだ」と。

そこまで説明したところで、今度はこの質問に答えてみましょう。

Q 加速器に入れて回す粒子（陽子）はどうやって作って入れるんでしょ

うか？

前回、加速器に陽子を入れて加速させる、という話をしましたが、そもそもその陽子はどうやって作ってるんですか？　そういう質問です。

では、一番簡単な陽子の作り方をお話ししましょう。

原子核の陽子の個数によって、元素の種類が決まってるって話をしましたね。ここで一番単純な形の原子を持ってきます。この世でもっとも軽くて、もっとも単純な構造をしている原子——水素原子です。元素番号1番。水素原子は、陽子1個に対して、電子1個がくるっと回っているだけです。こいつをもってきます（図20☞）。

そして、なんらかの方法でこの電子を取ってしまえば、陽子だけになりますよね。電子を取る方法は、意外に簡単なんです。

プラスイオンとマイナスイオンの作り方

先ほど「X線を当てて電子を弾く」という話をしました。弾くとひとつ上の軌道に行くわけですが、もしそこで、ものすごい勢いで弾いたら、上の軌道どころか、どっかに飛んでいってしまいますよね。その方法を使えば、この1個の電子は取れるはずです。原子核の引力を振り切って出て行くくらい強いエネルギーを当てて弾いてしまえばいい。

その方法でもいいんですが、エネルギーを与えるもっと簡単な方法があるんです。フィラメントってありますよね。白熱電球の中に入っている細いタングステンの線条ですが、このフィラメントを温める（=電流を流す）と、電子がバラバラと出てきます。フィラメントから飛び出した電子が、水素原子の電子をポーンと弾くんです。

すると電子（マイナスの電荷）が1個なくなりますから、水素はH^+イオンになり、H^+イオンっていうのが要するに、電子がまったくない状態=陽子1個だけの状態、つまり陽子なんですね。

フィラメントを熱して、電子をぶつけて水素の電子を飛ばしたら陽子ができます。簡単でしょ？

H^+イオンの作り方を説明したので、ついでにH^-イオンの作り方も説明しましょう。つまり、原子から「電子（−）」を飛ばすのではなく、外から電子をもってきて入れるとどうなるか。ちょうどうまい具合に入ると、こんな感じで（図20☚）、電子が2つ回るような軌道になるんですね。これだと電子が−2で、陽子が+1ですから、差し引き−1で、H^-イオンになるわけです。

どうやって電子を入れるのかというと、実はこれもフィラメントを温めることでで

図20＊陽子の作り方

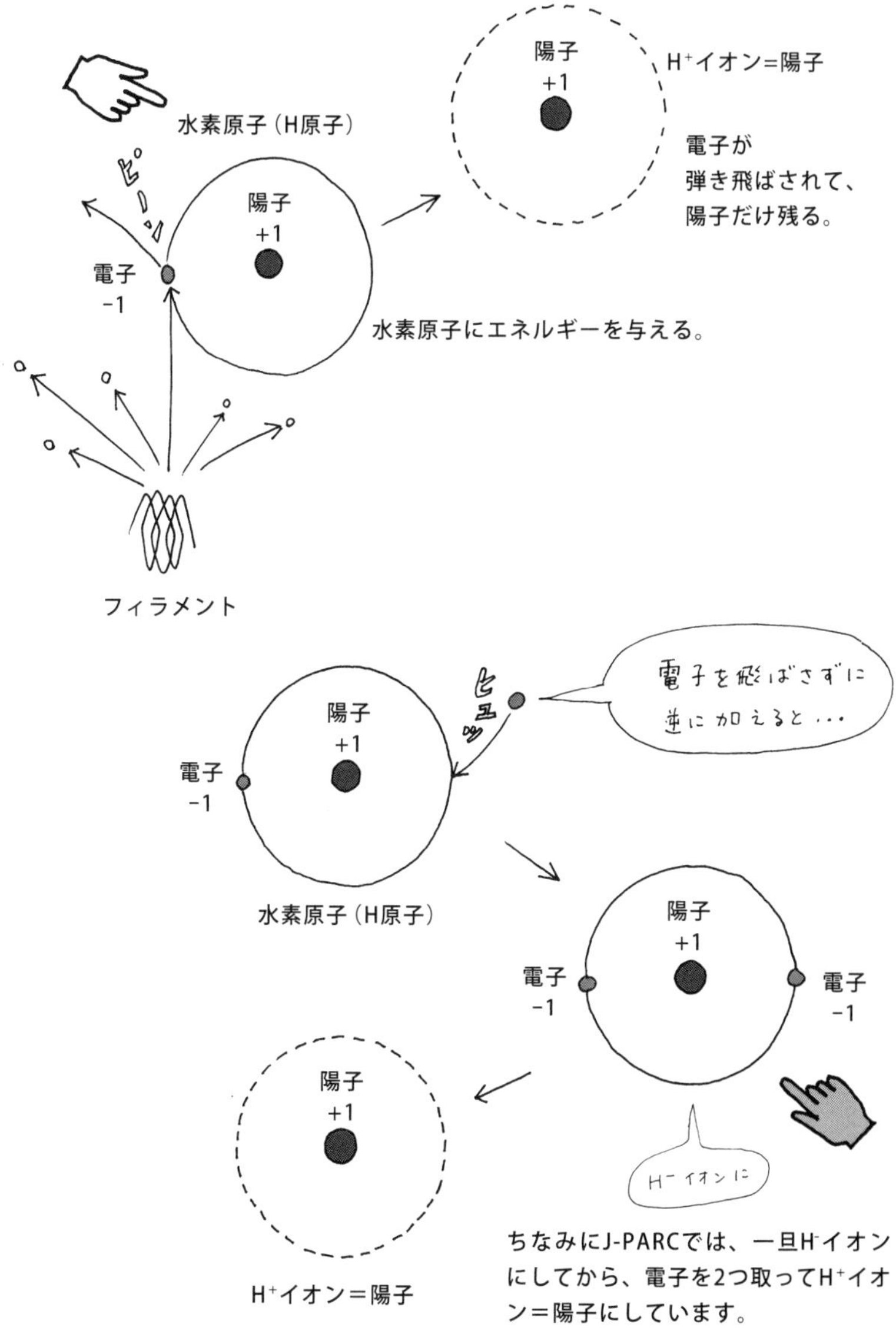

水素原子（H原子）
ピーッ
陽子
+1
電子
−1
陽子
+1
H⁺イオン＝陽子
電子が
弾き飛ばされて、
陽子だけ残る。
水素原子にエネルギーを与える。
フィラメント
ヒュッ
電子を飛ばさずに
逆に加えると…
陽子
+1
電子
−1
水素原子（H原子）
陽子
+1
電子
−1
電子
−1
H⁻イオンに
陽子
+1
H⁺イオン＝陽子
ちなみにJ-PARCでは、一旦H⁻イオンにしてから、電子を2つ取ってH⁺イオン＝陽子にしています。

きます。

　フィラメントから発生する電子が、原子の周りを回っている電子を弾き飛ばすのか、あるいは、すっとそこに加わってしまうのか、それは原子の種類によって異なります。原子にはそれぞれ仕事関数（work function）というのがありまして、電子をもらいやすいか、あるいは飛ばされやすいか、性質が決まっているんです。

　そういう原子の性質に加えて、フィラメントを熱する強さ（発生する電子の勢い）によっても違ってきます。フィラメントを強く熱して、電子をビューンと飛ばせば（運動エネルギーによって）弾きやすいですし、もわっと温めれば、電子をもらいやすい。

　ちなみに水素の場合は、性質的に電子をもらいやすい（マイナスイオンになりやすい）ので、プラスイオンを作る場合は、一般的にはフィラメントを温めるのではなく、プラズマを使います。さっきと言ってること違いますが（笑）。

　そうやって、プラスイオンやマイナスイオンを作ります。

　よく「マイナスイオンが体にいい」とかってテレビなどで耳にしますよね。何の原子のマイナスイオンかもよくわからないことが多いですが、別に体にいいことはありませんよ。

イオン源と荷電変換装置

J-PARCでは一旦電子を1つ加えて、H^-イオンを作ってから、電子を2つ取って、H^+イオン（陽子）を作っています。なんでそんな手間のかかることをしているかっていうと、今言った水素がマイナスイオンになりやすいことと、あと「加速のしやすさ」からなんですけどね。

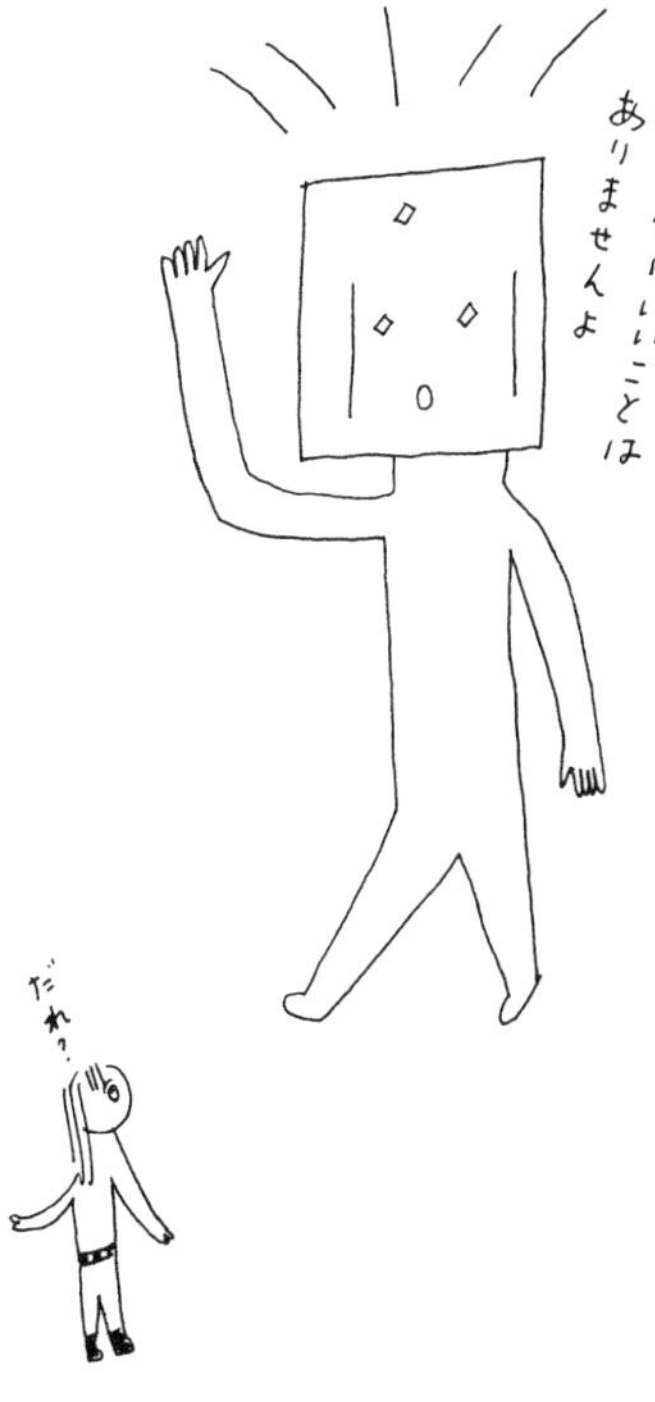

図21＊J-PARCでの陽子の作り方

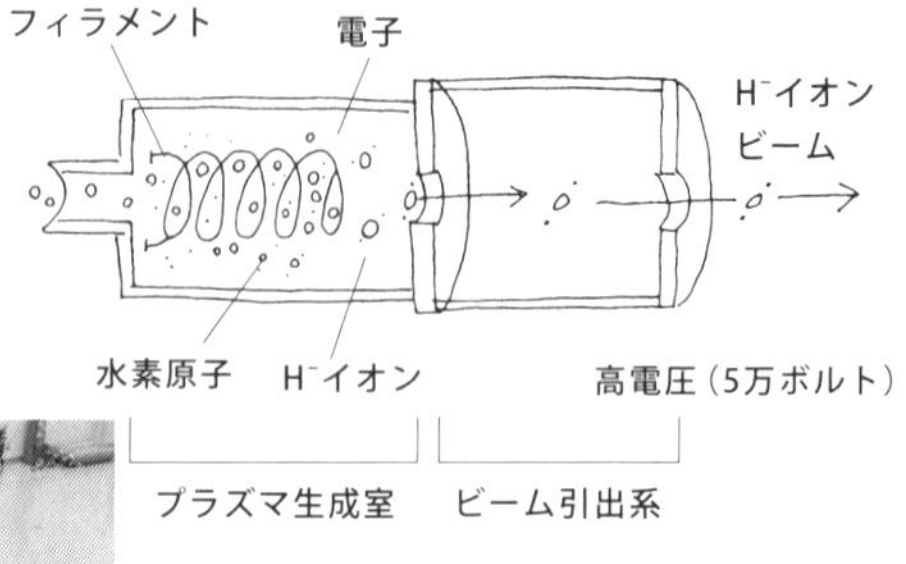

©KEK

J-PARCのイオン源

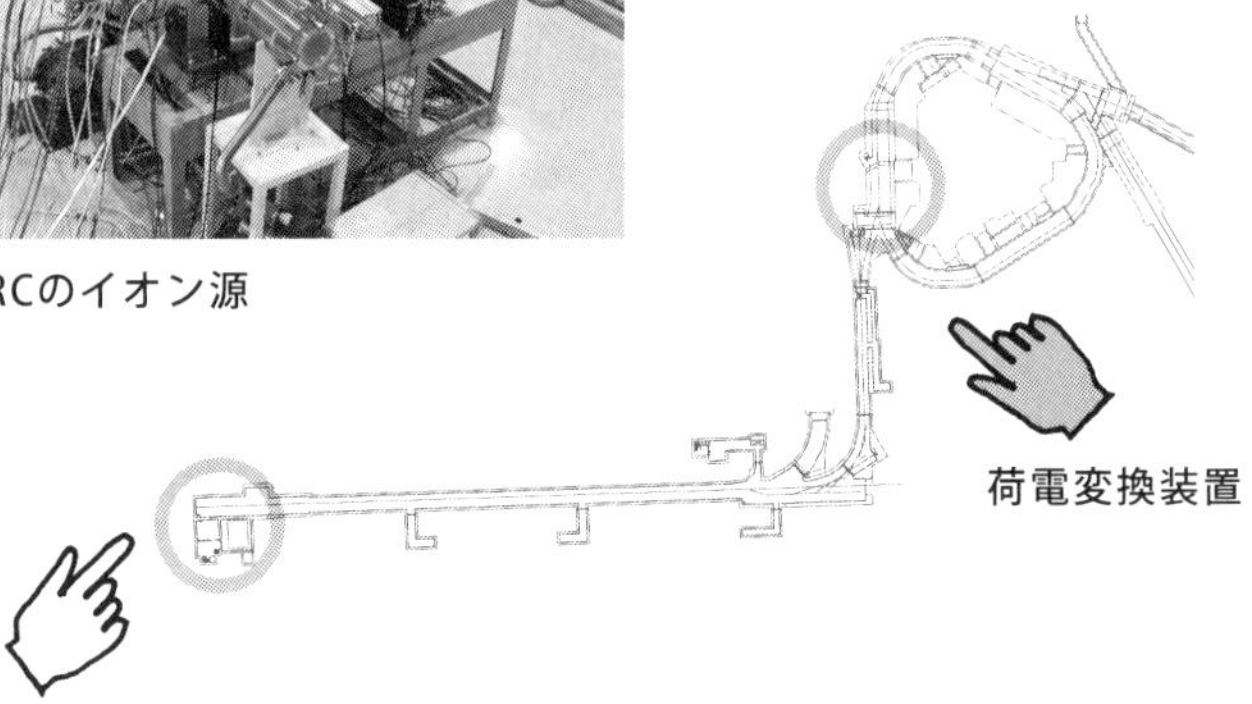

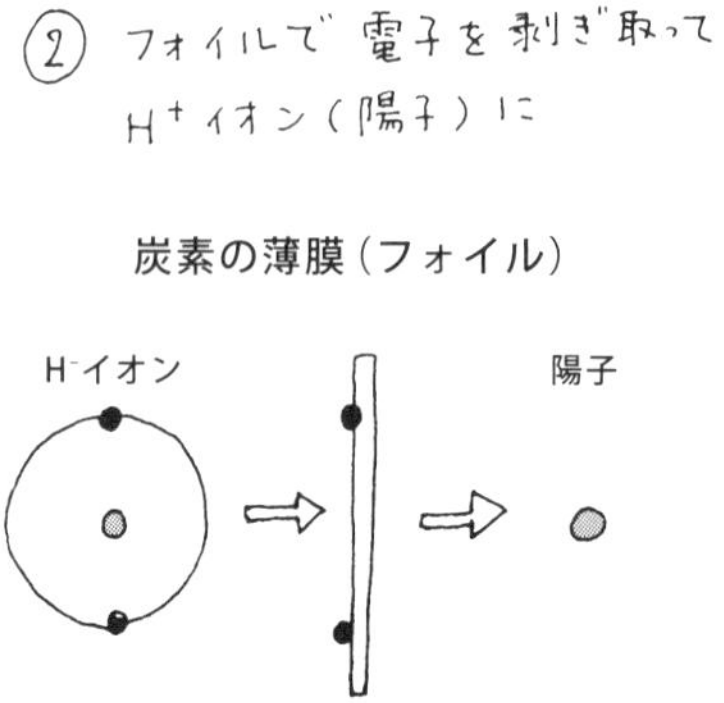

これがJ-PARCの陽子を作る装置です（図21☞）。「イオン源」と呼ばれてまして、今言ったように、ここでまずマイナスイオンを作ります。

本当にフィラメントに電流を流して温めたら、先ほど言ったように、電子がバラバラ出てくるんです。そこに水素（ガス）をシュッと吹き付けると、水素が電子を拾っていって、次々とマイナスイオンになる、というすごく簡単な原理なんですね。

マイナスイオンになった水素は電荷を帯びてますから、電圧をかけてやると、電気に引かれてピュッと飛び出す。あとは加速器でどんどん加速していく、というわけです。

ただ、最終的に我々が欲しいのは、このH^-イオンではなくて、そこから電子を2個取って陽子にしたものです。どうやって2個取るかと言うと「荷電変換装置」というものを使います（図21☞）。名前からしてすごそうな機械ですが、ぜんぜんそんなことはなくてですね、単なる炭素の薄い膜です。フォイルって言うんですが、本当にアルミフォイルみたいなものが張ってありまして、そこにH^-イオンをぶつけると、なんと陽子は通り抜けて電子だけが捕まるんですね。

以上が、加速するための陽子の作り方です。

さて、質問に答えたところで、もう一度戻りましょう。

天才パウリが予言したニュートリノの存在

原子核から陽子と中性子を取り出すところまでお話ししました。ではその陽子と中性子を更に砕いてみましょう。

ただ中性子はあえて砕かなくても、放っておいても自分で壊れてくれるんですね。寿命が15分くらいしかないんです。15分って短いと思うかもしれませんが、素粒子の世界では、ものすごく長い時間です。

それで壊れたのを見たら、なんと陽子に変化しました。そのときに電子もポロッと生まれてたんです。陽子と中性子は、さっきほぼ同じ大きさだけど、微妙に中性子のほうが大きいと言いましたが、それはこの電子の分だったわけですね。

たしかに、「中性子＝陽子と電子」だったら、陽子が＋で電子が－ですから、プラスマイナスゼロになって中性子、「あ、よかったね」ということになるはずなんですが、実はですね、これを最初に発見した人がいろいろ調べてみると、ちょっとおかしなことに気づいたんですね（図22）。

もともとその中性子が持ってた質量と、陽子と電子に分かれてからの質量が合わなかったんですよ。厳密には、単なる重さだけでなく、動いている速さも含めた質量とエネルギーの合計ということですが。

図22＊中性子のベータ崩壊

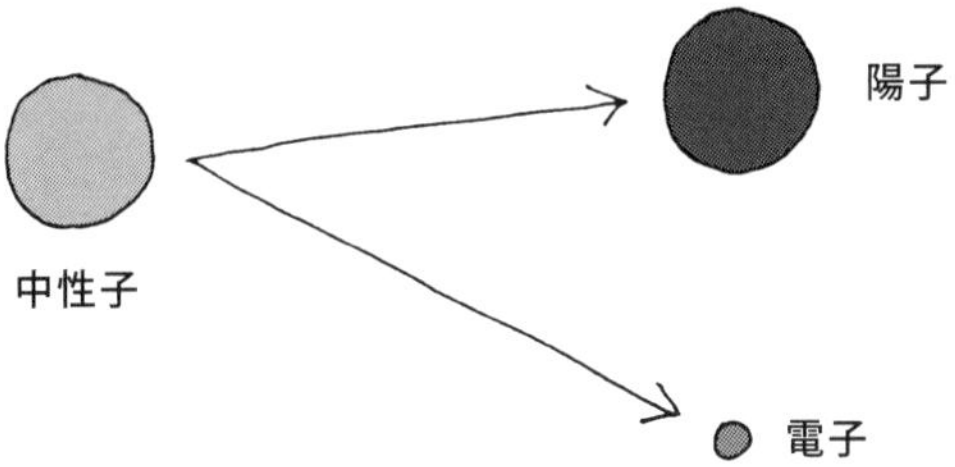
中性子
陽子
電子

中性子は15分の寿命で自然に壊れると、
陽子に変化。そのとき電子も発生。

しかし

質量（とエネルギー）の合計が合ってない。

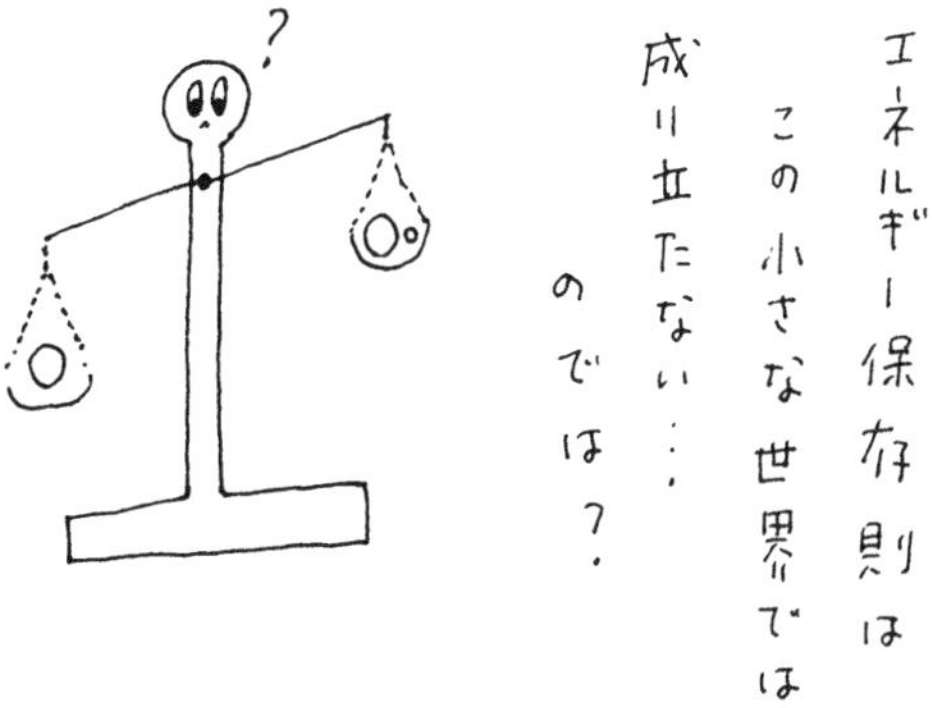
?
エネルギー保存則は
この小さな世界では
成り立たない…
のでは？

「エネルギー保存則が破れてる初めてのケースだ！」って大騒ぎになったんです。「たぶんこんな小さな世界では、エネルギー保存則なんて成り立たないんじゃないの？」って。

ところがここに、またすごい偉い物理学者が現れます。さっきのボーアの弟子で、パウリという人です。彼が、

「エネルギー保存則のような基本法則を、軽々しく疑うべきではない！」

と言ったわけです。

「でも実際、破れてるじゃないか」と反論されます。「じゃあこの現象はどうやって説明するんですか？」って。

すると、パウリはこう答えました。

「まだ見つかってない粒子が存在していて、それがエネルギーを持ち去っているに違いない」と（図23）。

大胆ですよね。見つかってもいないものがあるはずだ、と言ったわけです。

つまり、中性子が壊れて、陽子と電子に変わったが、目に見えない粒子がもう1個出てるはずだと。そしてそれを足したら、エネルギーは吊り合う——そういう説を立てたんですね。

「ほんまかいな」と思いますよね。数式を成り立たせるために適当なこと言ってるん

図23＊ニュートリノの発見

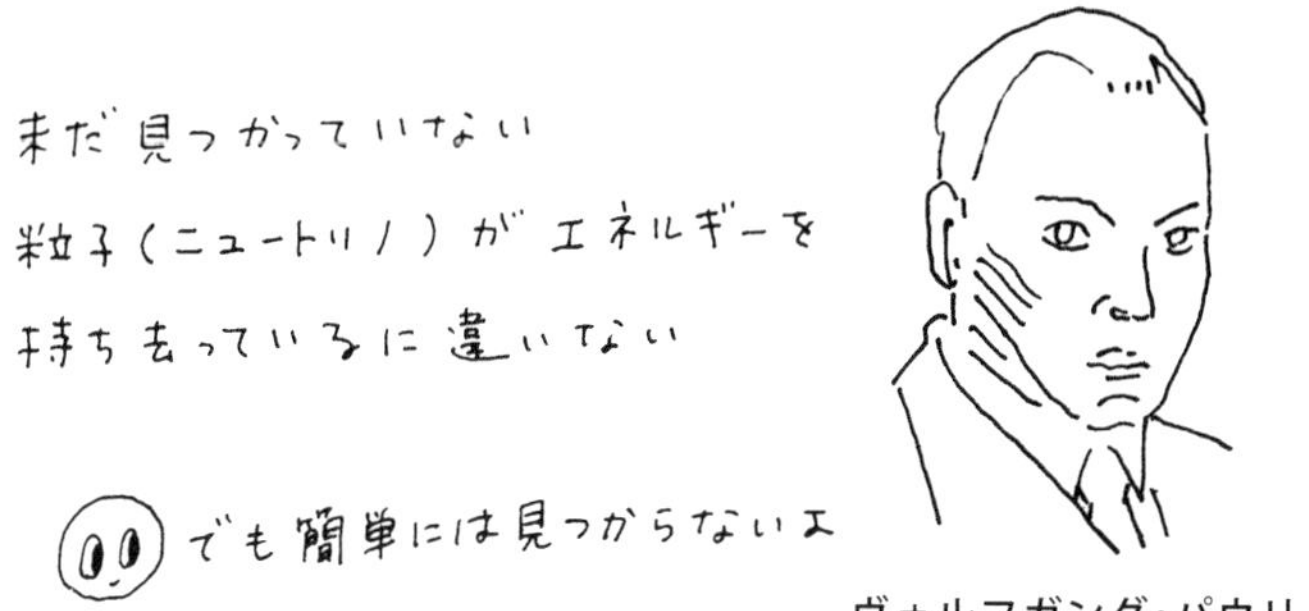
まだ見つかっていない
粒子（ニュートリノ）がエネルギーを
持ち去っているに違いない
でも簡単には見つからないよ

ヴォルフガング・パウリ

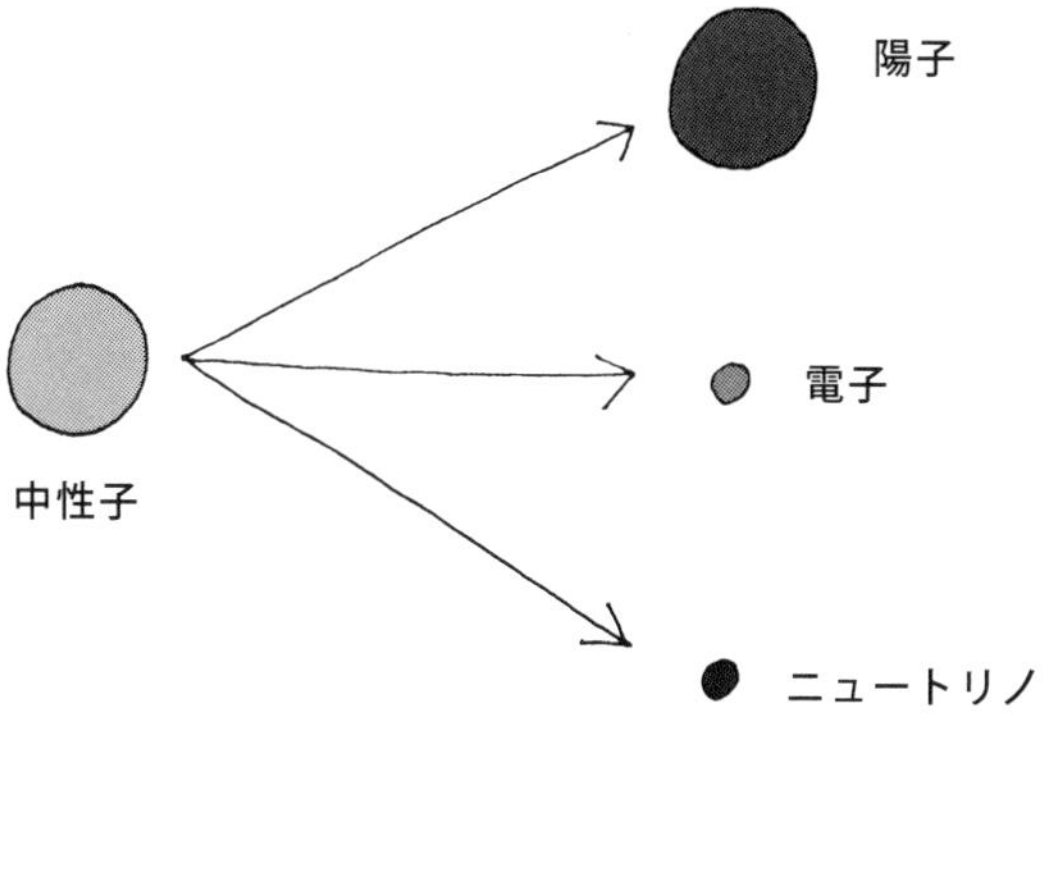
陽子
中性子
電子
ニュートリノ

ところが!

じゃないかという気もしますが、このパウリが提唱した粒子は、４年後にエンリコ・フェルミという人によって「ニュートリノ（正確には反電子ニュートリノ）」と名付けられます。

しかもパウリは「このニュートリノはそう簡単には見つからないよ」とまで言い切ったわけです。「なんか吹かしてるだけなんじゃないの？」って感じですよね（笑）。「こんなんがある！」と言っておきながら、「でもなかなか見つかりませんから」って。

ところがなんと！　驚くべきことにですね、26年後に本当に見つかったんです。ニュートリノが発見されたんです。

そしてそのニュートリノの持ち去ったエネルギーを測ると、ぴったり合ってました。世界はびっくりしたわけです。「パウリ凄え!!」となったわけです。本当にパウリ凄いですよね。

自然界を支配する４つの力

話を戻しますと、中性子が15分経ったら自然に壊れる、という現象を見たわけですが、この「粒子が自然に壊れる」という現象は、これまで見たことがなかったんです。無理矢理ぶつけて壊すのではなく、自然に壊れる、という現象です。

これまで考えられていた重力とか電磁力とか、先ほどの陽子と中性子をぎゅっと固めてる「強い力」では説明がつかない。これはきっと、「重力」「電磁力」「強い力」に次ぐ、第四の力に違いない。

これが、「弱い力（Weak Interaction）」なんですね。壊れるときに働く力です。いわゆる押し引きする「力」と違うので、イメージしにくいですが。これだけ他の3つの力とは違うので、違和感があるかもしれませんが、ひとまずそういうものかと思っておいてください。

これもネーミングの理由は、電磁力より弱かったから。「強い力」がいいんだったら、「弱い力」もいいんじゃないの？って付けたんですよ。もうちょっと考えろよって感じですよね。

これを提唱したのは、ニュートリノの名付け親でもあるエンリコ・フェルミです。自然界に存在する4つの力がこれで出揃いました。この4つが、今現在、自然界に存在する力のすべてです。

では、陽子と、それから（15分経って自然に壊れる前の）中性子を砕いてみると、中身はこうなっていました（図24）。

3つの粒子からできていたんですね。

中性子って自然に壊れたら陽子と電子になるから、壊れる前の中身も陽子と電子が詰まっているんじゃないの？って思いますよね。違うんです。中性子は自然に壊れるときに、変化するんです。詳しくはまたあとで説明します。

前の時代はいつも恥ずかしい間違いをしている？

陽子と中性子は、「アップクォーク」「ダウンクォーク」と呼ばれるものからできていました。

「クォーク」ってどういう意味かというと、語源は鳥の鳴き声です。ジェームス・ジョイスという作家の小説『フィネガンズ・ウェイク』から取られたらしいです。「クォーク」って鳴くんですかね？

なんでこんな名前が付いたかというと理由がありまして、このひと世代前に、陽子とか中性子が発見されたとき、「これは世の中でもっとも基本的な粒子、素粒子だ！」と言ってしまったわけですね。「素の粒子、これ以上はもうない！」と言ったら、「実はその中身がありました」となったので、そのうちクォークの中身も発見されるんじゃないの？ そしたらここで「基本粒子」みたいな名前を付けてたら、ちょっと恥ずかしいよな、というわけで、「クォーク」という意味のない言葉が付けられました。

図24＊陽子・中性子の構造

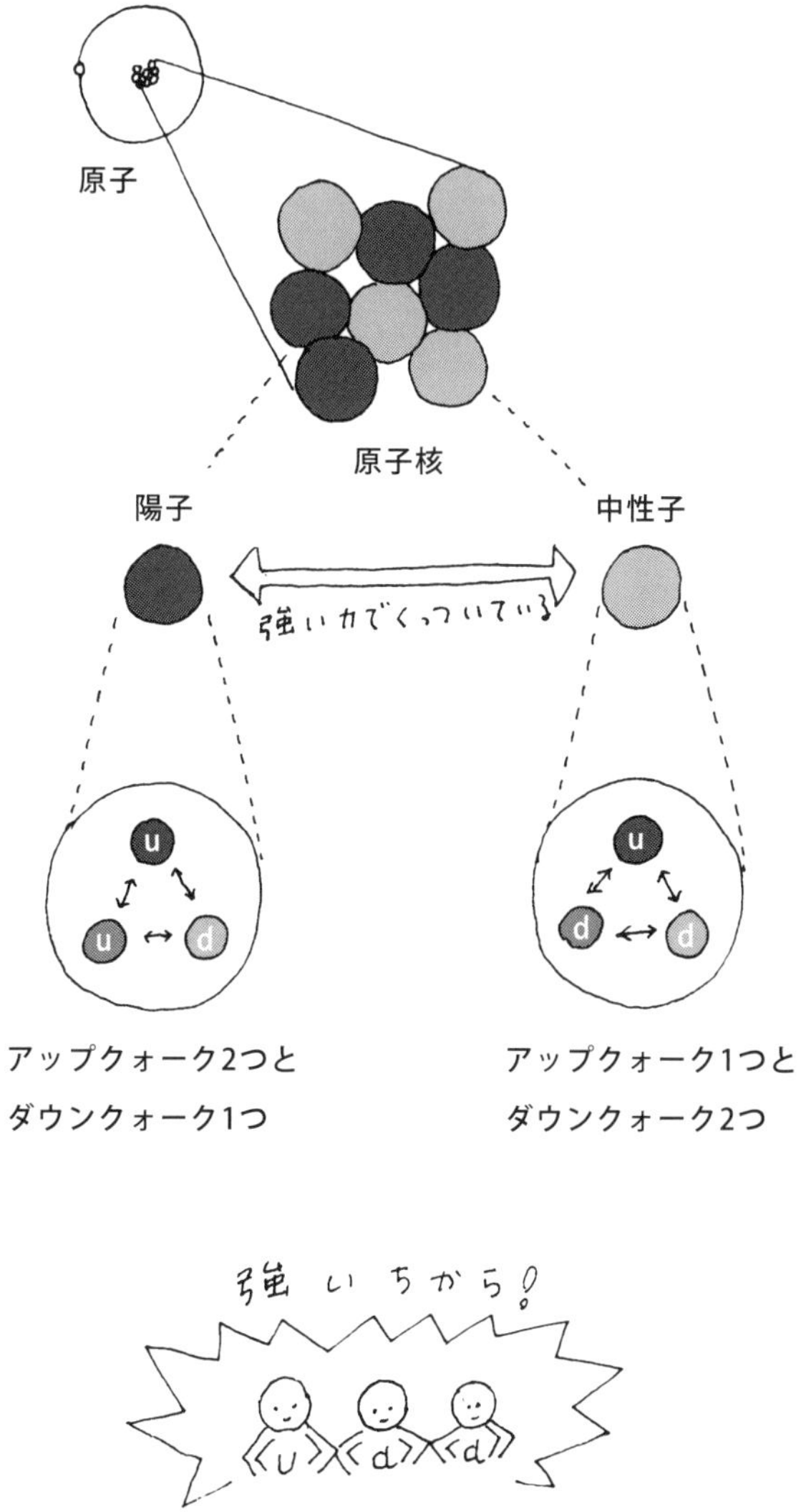

陽子と中性子は、それぞれ3つの粒子からできていた。

陽子はアップクォークが2つ、ダウンクォークが1つ。中性子はアップクォークが1つ、ダウンクォークが2つからできています。それぞれ電荷を持っているんですが、ご覧のとおり、ここで電荷が1じゃないのが出てきましたね（図25☜）。

さっき1が一番基本的な単位――つまり-1.6×10^{-19}クーロン（C）を基本単位として「1」にしたのに、実は、$\frac{2}{3}$とかがありました。ぜんぜん基本じゃなかった（笑）。どうしてもあとの時代になると、「あれ？」っということが出てくるんですね。

陽子は、$+\frac{2}{3}$と$+\frac{2}{3}$と$-\frac{1}{3}$ですから、足すとちょうど$+1$になりますよ。中性子は、$+\frac{2}{3}$と$-\frac{1}{3}$と$-\frac{1}{3}$ですから、ちょうど0になりますよ。これでうまいこと説明できますね、となりました。

プラスとマイナスではなく、赤・青・緑と命名

先ほど、陽子と中性子は強い力でくっついてると言いましたね。だから電気的に＋同士のやつでもくっついているわけですが、その強い力がどのように働いているのか、それをちょっと考えてみましょう。

電磁力と比べてみるとわかりやすいかもしれません。

図25＊クォークの電荷と色荷

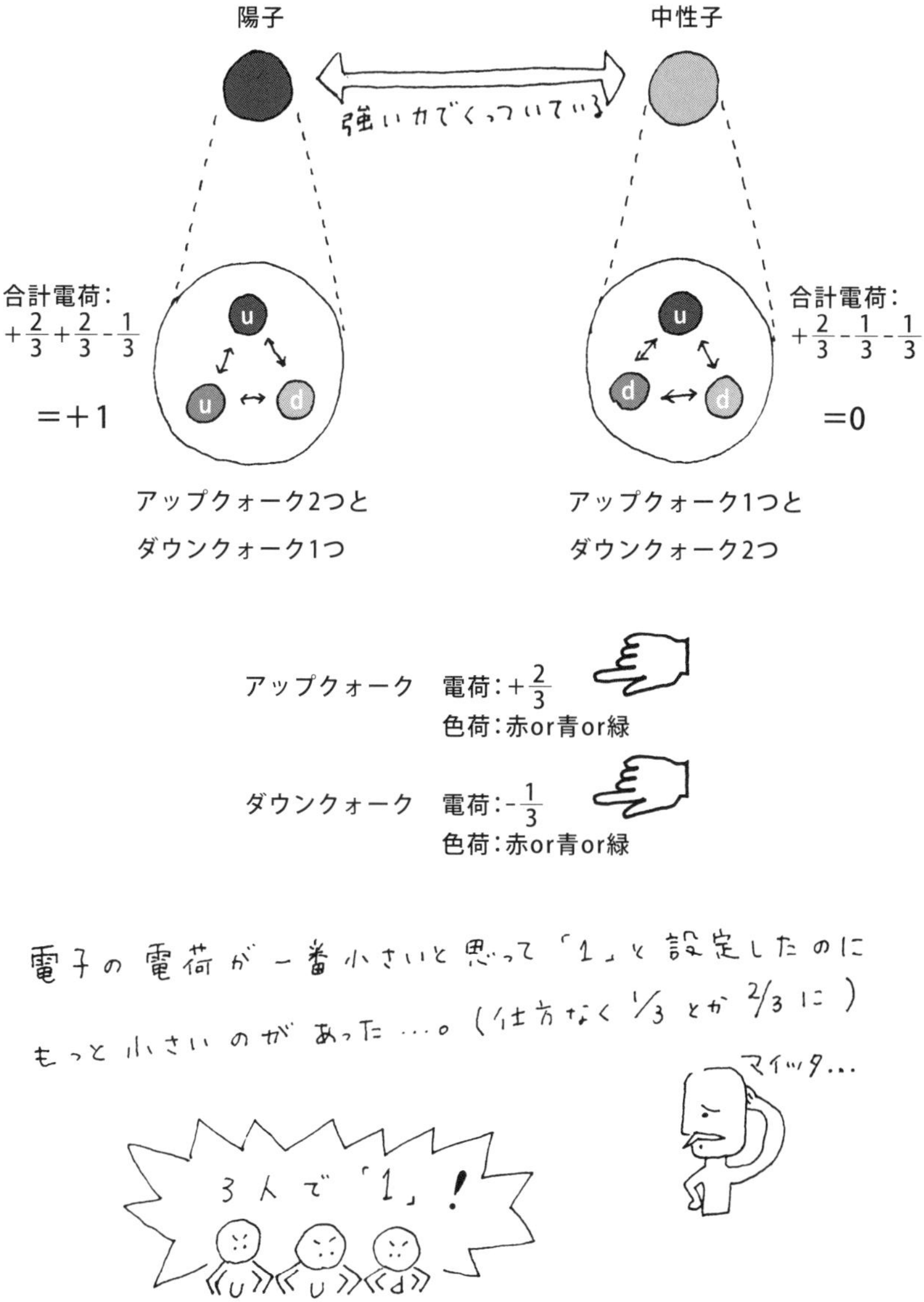
陽子
中性子
強い力でくっついている
合計電荷：$+\frac{2}{3}+\frac{2}{3}-\frac{1}{3}$
$=+1$
合計電荷：$+\frac{2}{3}-\frac{1}{3}-\frac{1}{3}$
$=0$
u
u
d
u
d
d
アップクォーク2つと
ダウンクォーク1つ
アップクォーク1つと
ダウンクォーク2つ
アップクォーク　電荷：$+\frac{2}{3}$
色荷：赤or青or緑
ダウンクォーク　電荷：$-\frac{1}{3}$
色荷：赤or青or緑
電子の電荷が一番小さいと思って「1」と設定したのに
もっと小さいのがあった…。（仕方なく1/3とか2/3に）
マイッタ…
3人で「1」！
u
u
d

電磁力は何に対して働くかと言うと、「電荷」というものに働くわけですね。＋の電荷を持つものと、－の電荷を持っているもの同士のあいだで力が働きます。＋同士は反発し合って、－同士も反発し合って、＋と－は引っぱり合う。電磁力とは、電荷（＋と－）に対して働く力のことです。

では、強い力で「電荷」に相当するものは何かというと、それが「色荷《しきか》」というものです。変な言葉ですけど、「カラー・チャージ」を日本語に無理矢理訳したらこうなったんですね（ちなみに「電荷」は、「エレクトリック・チャージ」の訳です）。

どういうものかと言うと、2種類だったら電荷のように、＋と－って言うことができたんですね、ネーミング的には。ところが3つあるから、＋と－みたいに付けられない。そこで、何を思ったか――まあ、ある理由からなんですが――「赤」「青」「緑」という名前を付けたんです。色の3原色ですね。

たとえば、皆さんの家のテレビも、よーく見たら、この3つの色の素子からできているわけですね。それぞれの赤、青、緑の光の強さの具合で、すべての色を作り出しているんですが、この3原色の3という数字の機能を利用して、「赤」「青」「緑」と付けたんです。実際にこういう色をしているわけではありません。

ひとまず、「そういうものか」くらいの感じで憶えておいてください。あとでまた登場しますので。

素粒子のまとめ

さあ、ここまで出てきた粒子をまとめてみましょう（図26）。

クォークは、陽子と中性子だけを見る限り、アップクォークとダウンクォークのみでよかったんですが、その後違う種類のクォークが出てきたんです。現在のところ6個見つかってます。

アップクォークとダウンクォーク以外の4つは、宇宙ができたばかりの頃にだけ存在していて、今の世界（冷えた宇宙）にはもうありません。エネルギーが高すぎるので、冷えるとすぐに壊れちゃうんですね。

「クォークが6個あれば、すべての物理現象を説明できる」と言ったのが、2008年にノーベル賞を受賞した小林誠先生と益川敏英先生です。お二人は20代の頃にこの理論を作ったんですが、すべてのクォークが実験によって観測されるまでに、時間がかかったんですね。KEKBでほんの一瞬だけ——ピコ秒とかそれくらいの短い時間に作り出したクォーク（を含む粒子）を観測することに成功し、ようやくノーベル賞が与えられました。

図26＊物質を構成する素粒子の一覧

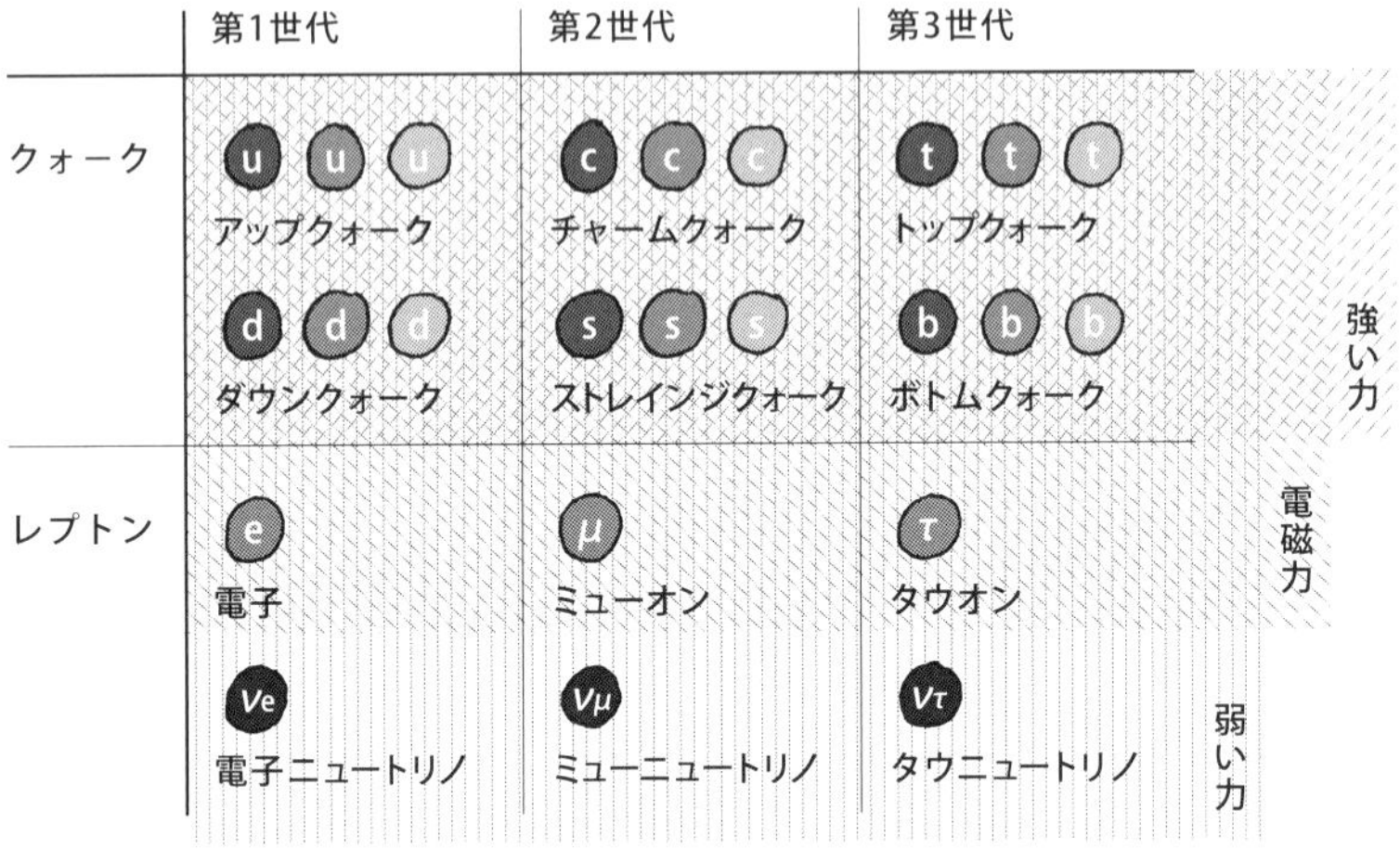

	第1世代	第2世代	第3世代	
クォーク	u u u アップクォーク d d d ダウンクォーク	c c c チャームクォーク s s s ストレインジクォーク	t t t トップクォーク b b b ボトムクォーク	強い力
レプトン	e 電子 ν_e 電子ニュートリノ	μ ミューオン ν_μ ミューニュートリノ	τ タウオン ν_τ タウニュートリノ	電磁力 弱い力

「クォーク」とは別に「レプトン」というグループがあります。これは何かと言うと（「レプトン」は「軽い」という意味なんですけども）、「電子」というのが最初からずっと出てきてましたね。その友だち、同じ仲間のグループです。

レプトンは、クォークと違う分類になってるんですが、何が違うかというと、クォークには強い力は働くんですが、レプトンには働かない。その違いがあります。そこでバスッと切ったんですね。グループを2つに大きく分けました。

電磁力でも分けてみますと、クォークのすべてと、レプトンの電子、ミューオン、タウオンまでは電磁力がかかります。地がのところですね。

そして先ほど出てきた弱い力は、ここに出てきたすべてのものに対してかかります。「弱い力がかからないものはあるんですか？」って言ったら、実はあります。次回説明しますが、光。フォトンですね。光は弱い力がかからないんです。

ただし重力は、ありとあらゆるすべてのものにかかります。

そのように、4つの力のどれがかかるか（あるいは、かからないか）で素粒子はグループ分けされています。

という感じで素粒子をまとめてみましたが、もう相当疲れてきてますね（笑）。

最後にこれだけ、「ハドロン」の分類だけしておきましょう（図27）。

物理学者が考えた「できない」理由

ハドロンって何かと言うと、「クォークでできているもの」です。ですから陽子も中性子もハドロンに入ります。

ハドロンの中でも、陽子や中性子みたいに3種類のクォークからできているものを「バリオン」と呼んでます。一方、2種類、もしくは4種類といった、「偶数のクォークからできているもの」を「メソン（中間子）」と呼んでます。

メソンの中に怪しいものが出てきました。$\bar{d}$（ディーバー）と書いてあるんですが、「反ダウンクォーク」。ダウンクォークの「反粒子」です。反粒子が何かというのは次回以降ご説明します。メソンはこのように「アップクォーク」と「反ダウンクォーク」が対になっています。

実は、クォークって単独で取り出すことには誰も成功していません。いろんな実験を試みたんですが、今でも成功していない。アップクォークだけを取り出すとか、ダウンクォークだけを取り出すとか、未だにできないんです。

レプトン（電子やニュートリノ）は単独で取り出すことができますよね。電気（電子の流れ）は毎日我々使ってますし、ニュートリノも加速器で作り出せますから。その違いは何かというと、強い力がかかっているかどうかです。強い力がかかっているもの

図27＊ハドロンとは?

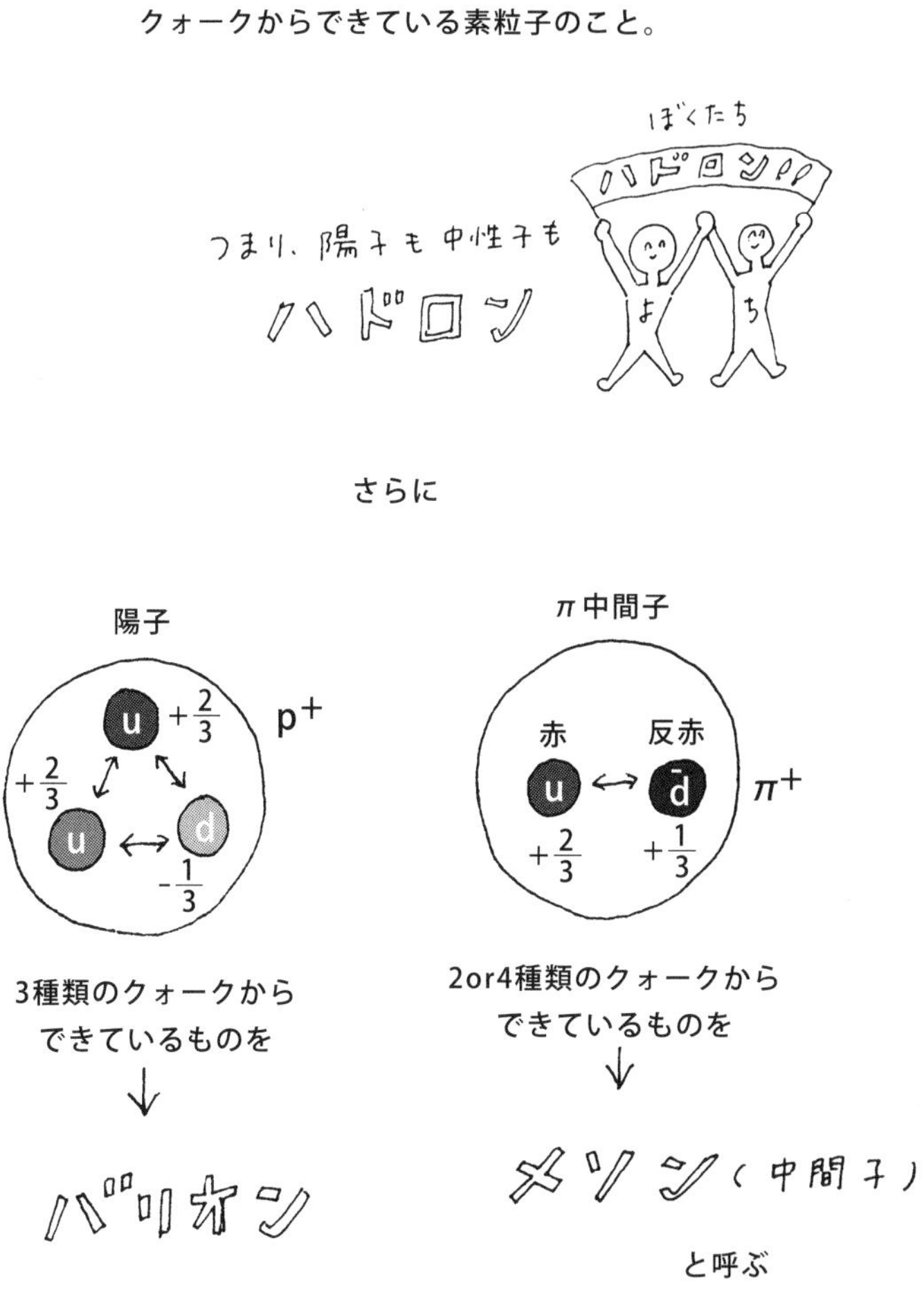
クォークからできている素粒子のこと。
ぼくたち
ハドロン!!
つまり、陽子も中性子も
ハドロン
よ
ち
さらに
陽子
u
+2/3
u
d
-1/3
p+
π中間子
赤
反赤
u
d
+2/3
+1/3
π+
3種類のクォークから
できているものを
↓
バリオン
2or4種類のクォークから
できているものを
↓
メソン（中間子）
と呼ぶ

は今のところ単独では取り出せない。本当に強い力ですよね。上手にベリッと引き剥がせないんです。

たとえば陽子を砕きます。すると、変な塊で斜めにギザギザと割れてしまうんですね。どうしても単独では取り出せない。

そのとき物理学者はどう考えるかと言うと、「これは自分たちの力が足りなかったからだな」と殊勝なことは考えません。物理学者はこう考えるんです、「もともと、クォークは単独では絶対取り出せないようになってるんだ」と。自然界はそうなっていて、自分たちが失敗したわけじゃないんですよと。

ここで、さっき「赤」「青」「緑」と名付けた理由が明らかになります。

つまり「赤とか青とか緑という色を、我々人間は観測できないんだ」と言ったわけです。我々の目は白黒のセンサーしか持っていない。白黒テレビしか見ることができない。だから青い色のもの、赤い色のもの、緑の色のものを、単独で感知できない。だからアップクォークとかダウンクォークみたいに色が付いているものを我々は見られない（取り出すことができない）。

でも、赤青緑がちょうど1個ずつ揃って混ざっていると、3原色の効果で白くなって、これだったら我々の目にも見えますよ。白黒テレビだから。

というふうに説明したんですね。うまい理屈を付けますよね。

＊クォークはなぜ3色か?

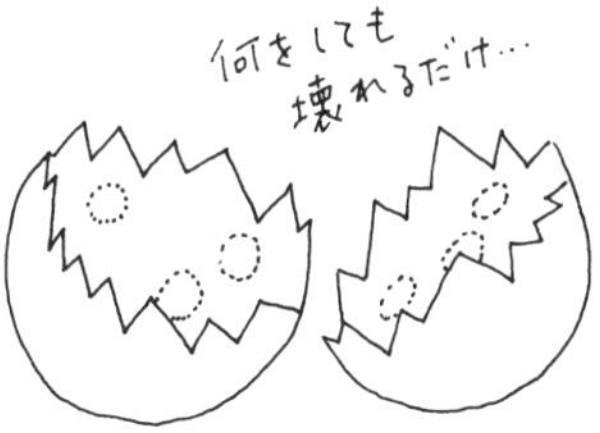
何をしても
壊れるだけ…

クォークは単独では取り出せない。
観測できない。

なぜだ…

それは 我々の実力不足ではなく
たぶん、自然は そうなっているから

例えて言うと、我々人間は
白黒テレビしか見ることができない。

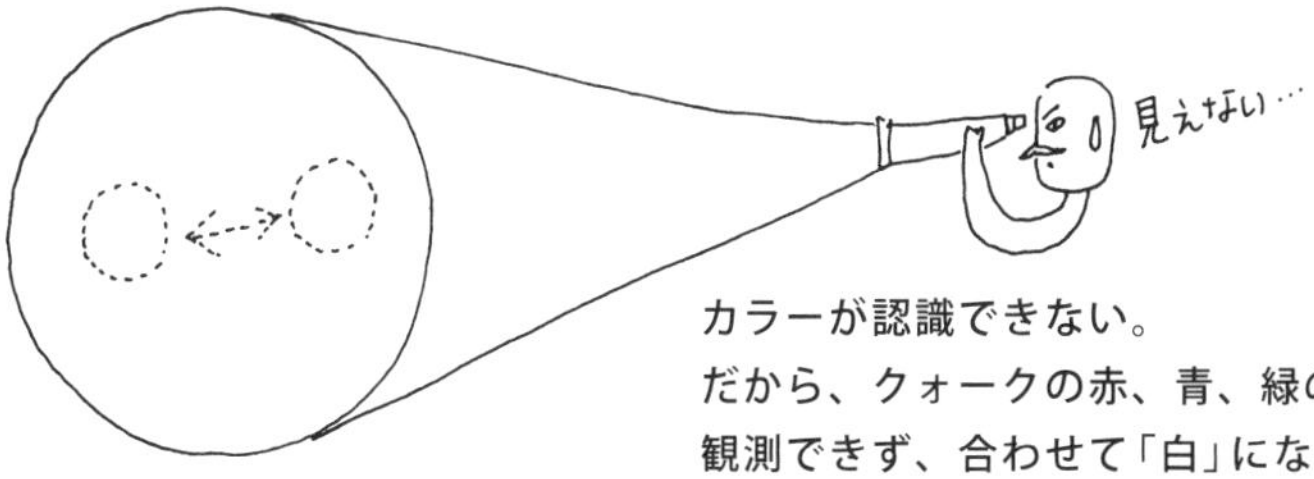
見えない…

カラーが認識できない。
だから、クォークの赤、青、緑の単色は
観測できず、合わせて「白」になるか、
「黒」にならないとわからない。

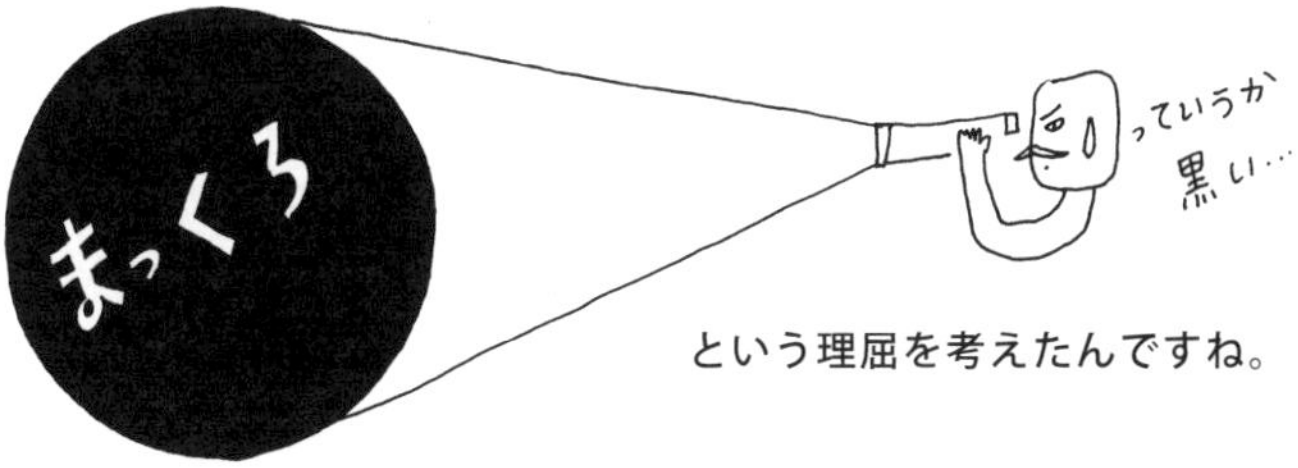
まっくろ
っていうか
黒い…

という理屈を考えたんですね。

一方で、「じゃあ、クォークが3種類じゃないもの、メソンのほうはどうなんですか？　3原色の理屈が通じないでしょ？」と言うと、これは「赤と反赤《はんあか》ですよ」と言ったんです。「反赤って何やねん？」って話なんですが（笑）、赤と反赤だったら補色の関係で＋と－を足したみたいにゼロになると考えたわけです。つまり、真っ黒になります（光の世界では、色がなくなる、というのは白ではなくて黒のことです）。黒くなってるから、これも白黒テレビの我々の目には見える。白と黒はわかる。でも色の付いているものは、赤も反赤も見ることができない、という理屈です。

物理学者っていうのは何か新たなものが発見されると、その理由を考えて理論を作るんですが、こういうふうに発見できない場合も、なんで発見できないかっていう理由を付けるんですよね。それで「ああ、なるほどね」ってわかった気になって安心する。はい、だいぶん長くなって眠くなってきた人もいますので（笑）、今日はここで終わりましょう。

原子から始まって、クォーク、レプトンという階層まで説明しました。完璧にわからなくても、大まかなイメージさえ踏まえてもらえれば大丈夫ですので、次回は今日の話を元に、ニュートリノについて話したいと思います。

第三章

「知」が切り拓かれる瞬間

スーパーカミオカンデはニュートリノをいかに捕らえるか？

おはようございます。今回も最初は皆さんからの質問にお答えして、それから本編に入りましょう。最初の質問——

Q　J-PARCのイオン源で、一旦H^-イオンにしてからH^+イオンにすると加速しやすいというのは、どうしてですか？

前回、加速器で加速するための陽子の作り方についてお話ししましたね。最初、H^-イオンを作って、低速の加速器に乗せて走らせ、ここ（図28☞）で合流させて、炭素の膜《フォイル》を通すことによってH^+イオン（＝陽子）を作る、という話でした。

すでに周回軌道をぐるぐる回っているビーム（＋の電荷を持った陽子）に、新たに発生させた粒子をうまいこと合流させるわけですが、周回ビームは時計回りですから右に、これから合流するビームは左に、同じ磁石を使ってそれぞれ逆方向に曲げないといけないことから、合流するときは電荷を逆にしておく必要があるんです。

そういうわけで、一旦H^-イオンにして合流させて、電子（－）を２つ取ってH^+（＝陽子）にしてるんですね。

図28＊H^-イオンにしてからH^+イオンにすると加速しやすいのはなぜか?

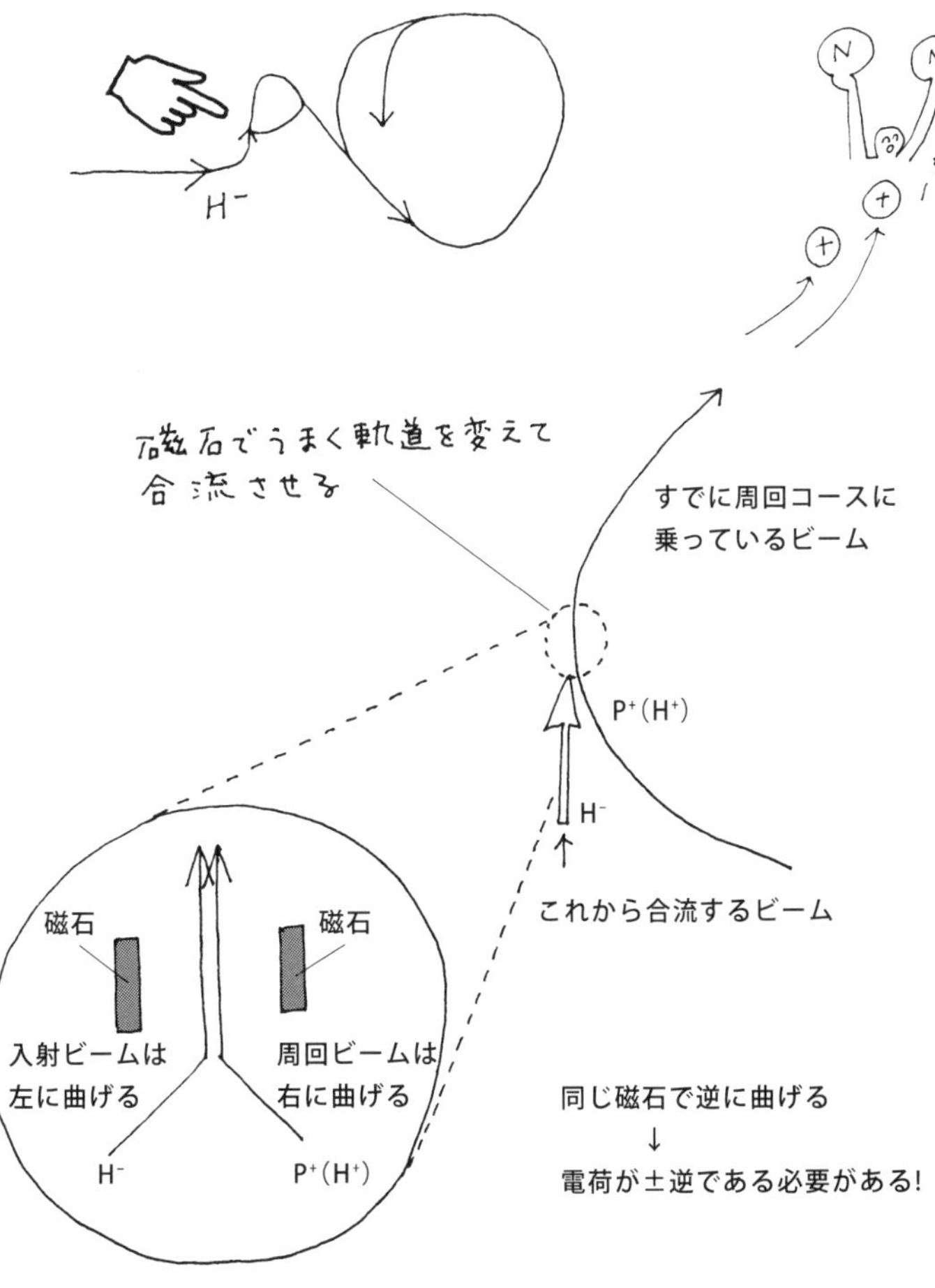
H⁻
N
N
こっちこっち!
磁石でうまく軌道を変えて合流させる
すでに周回コースに乗っているビーム
P⁺(H⁺)
H⁻
これから合流するビーム
磁石
磁石
入射ビームは左に曲げる
周回ビームは右に曲げる
H⁻
P⁺(H⁺)
同じ磁石で逆に曲げる
↓
電荷が±逆である必要がある!

Q HIMAC《ハイマック》についてもっと詳しく知りたいです。シンクロトロンには陽子や電子以外の種類があるのでしょうか？

HIMACというのは日本で一番大きな医療用加速器です。ビームによってがん細胞を破壊するわけですが、ここでは陽子でも電子でもなく、炭素イオンを使ってます。

まず知っておいてもらいたいのはですね、飛ばすビームの種類によって――つまり重い粒子を飛ばすか、軽い粒子を飛ばすかによって、対象の壊れ方は違ってくるんです（図29）。

重いビームの場合は、ビームの到達距離の直前で、エネルギーがぐわっと放出されて止まります。つまり急ブレーキのイメージです。反対に軽いビームの場合は、均一にエネルギーを放出しながらゆっくり止まります。こちらはゆっくりとブレーキをかけて止まる、というイメージです。

HIMACは、ビームの粒子に、陽子や電子よりもかなり重い炭素を使ってます。なぜ重い粒子を使うかというと、急ブレーキをかけて、がん細胞だけにぐわっとエネルギーを与え、そこだけ局所的に壊したいからです。そうすれば他の健康な細胞を壊さずに済みますから。

あらかじめビームの速さを調整しておけば、ビームの到達距離がコントロールでき

図29＊臓器の奥にあるガン細胞をどう壊すか?

軽いビームの場合

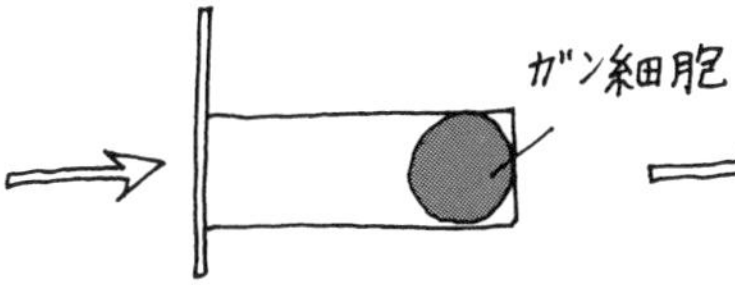

ビームが止まるまで、
一定のエネルギーで進むので、
途中の細胞も壊れてしまう。

重いビームの場合

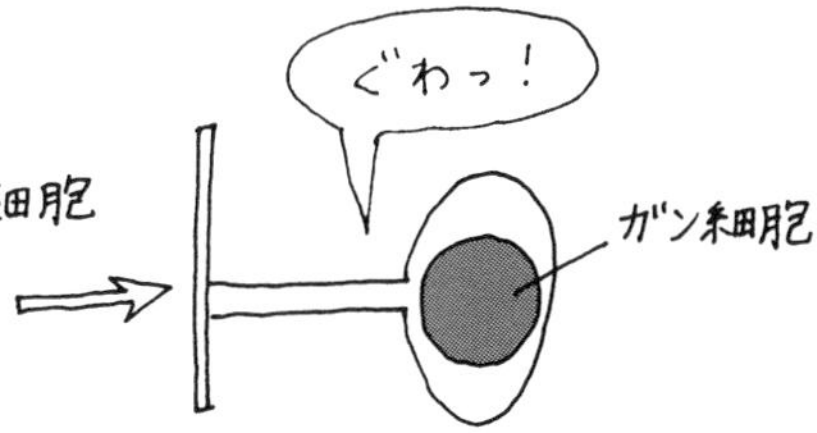

重いビームなら、止まる直前に、
一気にエネルギーが放出される。
途中の細胞も比較的無事。

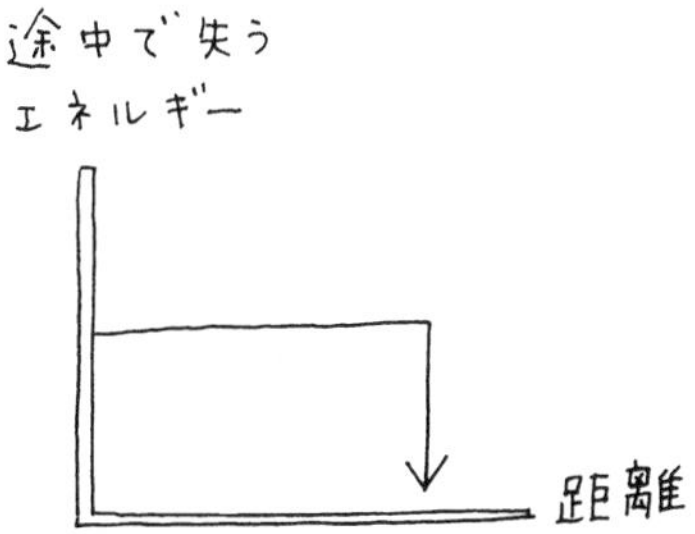

ゆっくりブレーキを
踏んで止まる。

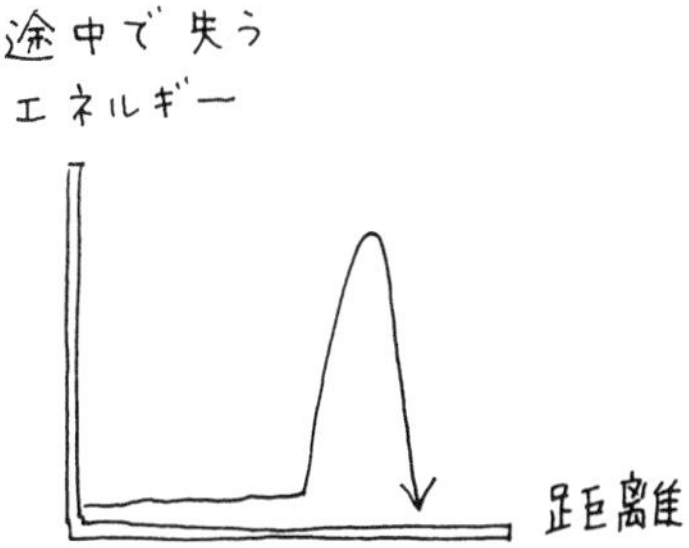

急ブレーキで止まる!

ます。そうやって、ガン細胞のある深さで止まるように、重いビームを当てるわけですね。

Q がん細胞を中性子を使って壊す方法を知りたいです

こういう感じです（図30）。けっこう大胆でしょ？ 僕も実際に見に行ったことがあるんですが、本当に原子炉の真横に部屋があって、患者さんが炉心に頭を向けて寝るんです。「大丈夫か？ これ」って思いましたけど（笑）。で、こういうことをします。ここに「ホウ素」という物質があります（図30☞）。原子番号でいうと4番目。ホウ素は、中性子を非常によく吸収するんですね。他の物質とはケタ違いによく吸収します。で、中性子を吸収したホウ素は、ヘリウムとリチウムに分離します。

ここが重要なんですが、このときヘリウムは電荷をもったヘリウムイオンの状態で飛び出します。荷電粒子がある速さでまとまって飛んでいる状態をビームと言いますので、これもある意味ビームなんです。

ビームなので、飛んでいる途中に細胞があったらそれをガンガン壊しながら進んでいくわけですが、ヘリウムビームがすばらしいのはですね、あんまり遠くまで飛ばないことです。細胞の大きさ《ミクロンオーダー》くらいしか飛びません。

図30＊中性子を使ってガン細胞を破壊する方法

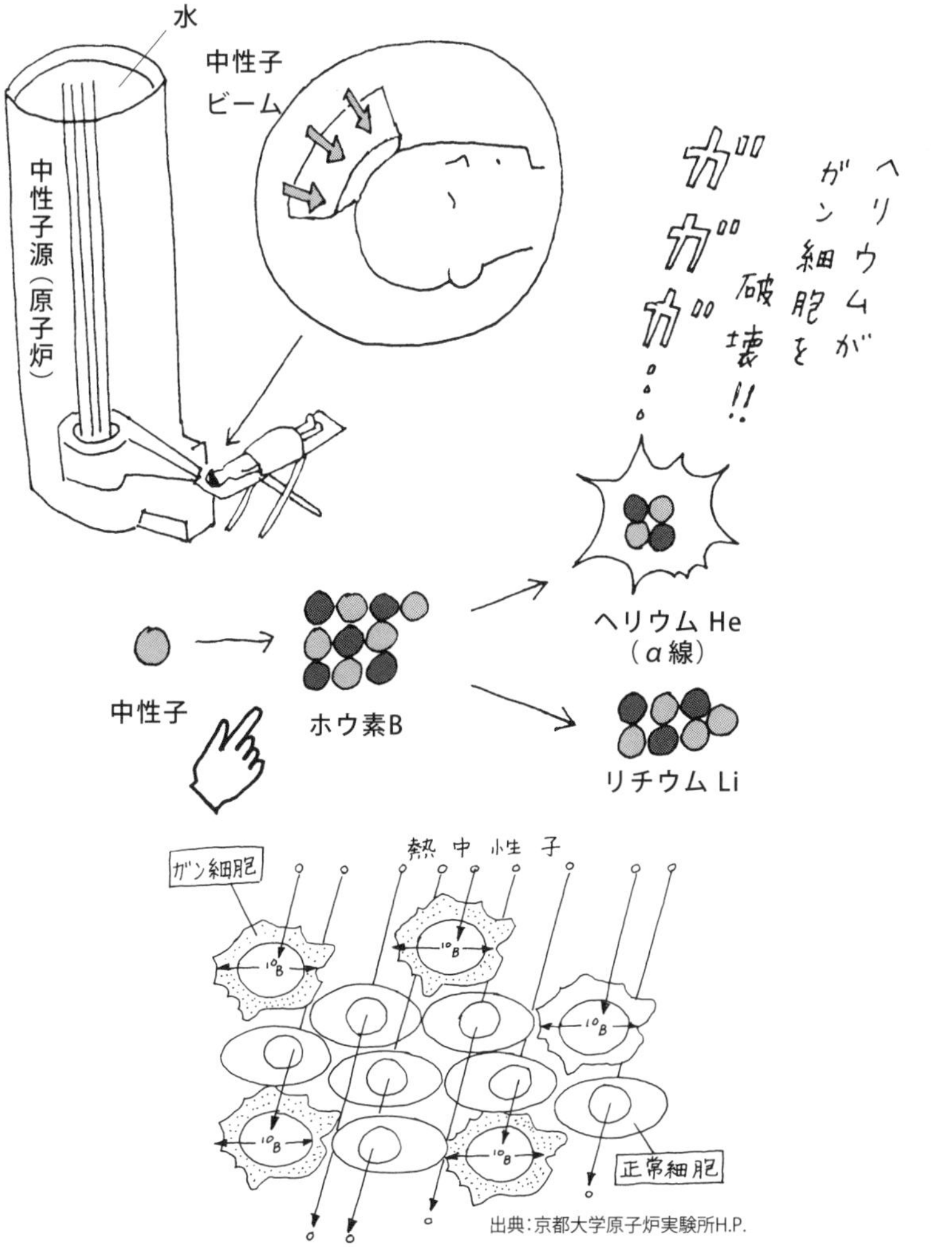

出典：京都大学原子炉実験所H.P.

ヘリウムビームの飛距離は細胞の大きさ。
つまりがん細胞にだけホウ素を含ませておいて、
そこに中性子を当てれば、
がん細胞だけ破壊できる!（正常の細胞は無事）

なので、もし仮にホウ素が、壊したい目的のもの――がん細胞に含まれているとしたら、そこに中性子を当てさえすれば、ホウ素がヘリウムビーム化して、がん細胞をガガガッて壊すことができるわけです。ビームの距離が短いので、他の健全な細胞は無事で済む。

じゃああとは、どういう工夫をして実用化すればいいか？

ホウ素を、がん細胞にだけ吸収させるような薬を――逆にふつうの細胞には吸収されないような、そんな薬を開発して患者に飲ませればいいわけです。「そんな薬が作れるのか？」って思いますけど、できるそうです。うまいこと考えますよね。

この方法は、脳腫瘍以外でももちろん可能です。

ただ脳腫瘍は他のがんと違って、外科的に摘出するのが本当に難しいんですね。他の臓器のようにがんの部分をごそっと切ってしまったら、その人じゃなくなってしまいますから。細胞一個一個を摘出したいわけですが、そんなことブラック・ジャックでも無理ですよね。ですからこの方法が開発され、脳腫瘍の治療で発達したわけです。

はい、では次の質問です。

Q 電子が急カーブで放射光を出すのはなぜですか？

前回、和歌山毒物カレー事件でSPring-8の話をしたときに、電子が急カーブを曲がると放射光を出す、という話をしました。それは何でですか？　ということですが、これは結論を言っちゃうとですね、ふつうに電磁気学の数式をガーッと解けば答えが出てきます。でも「数式を解くだけ」って言うのは、この授業の目的ではないので、イメージで捉えましょう。

まず電子は電荷を持っていますね。マイナスの電荷です。なので、周りに電磁場が発生します。

電磁場と光は同じものです。光は粒子でもあり、波でもありまして、電磁気学では光は波として扱います（素粒子物理学では粒子＝光子として扱います）。「電磁場が発生する」ということは、「周りに光がいっぱいある」と同じ意味です。電子の周りには光がまとわりついている、と思ってください。

その状態で電子が飛びます（図31）。加速も減速もしないで、一定の等速直線運動をすると、光も一緒にくっついてきます。

急に曲がります。すると、電子のほうは電荷を持っているので、磁場によってキュッと曲がるんですが、光は電荷を持ってませんので取り残されてしまいます。それが、X線（放射光）なんです。イメージとしてはそういう感じです。実際には数式をガリガリ解いて……ということで出てくるんですけどね。

図31＊電子が急カーブで放射光を出すのはなぜか?

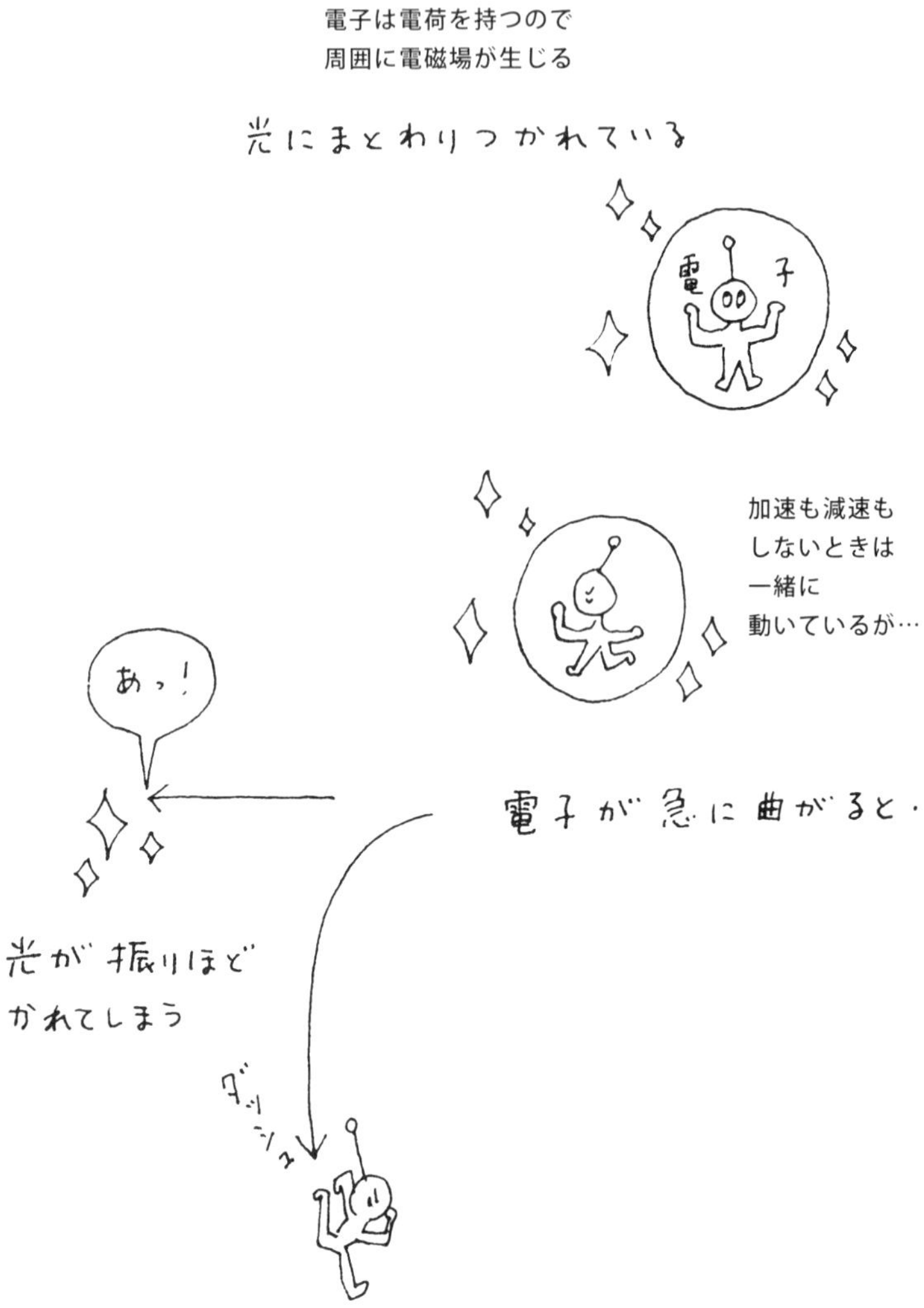
電子は電荷を持つので
周囲に電磁場が生じる
光にまとわりつかれている
電子
加速も減速も
しないときは
一緒に
動いているが…
あっ!
電子が急に曲がると・
光が振りほど
かれてしまう
ダッシュ

Q 電子は原子核の周りを1秒間に何周しているんですか？

前回、ボーアモデルという古典的なモデルを描きましたが、これで計算してみましょう。

一番内側の軌道は決まっていて、0.106ナノメーター（nm）です。ここを回る計算をすると、これは1、2年生はまだやってないかもしれませんが、3年生になると、等速円運動というのをやりますので、それで計算できるはずです。その運動方程式は一応書いておきますが、3年生になってからやってください（図32）。電卓があったらささっとできますが、計算してみますと、なんと1秒間あたり、2200キロっていうとんでもない距離になります。

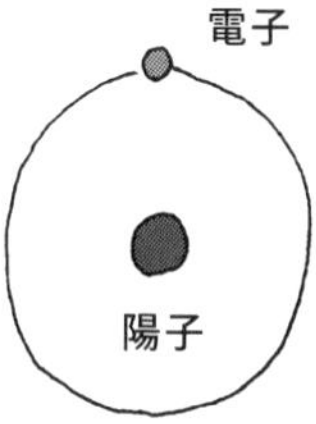

0.106nm（ナノメーター）

1秒間にこの狭い軌道を何周するか？　割り算するだけなんですが、6600兆回……。とんでもない回数ですね。

ただ、実際に回っているかと言うと、そうではないんです。このモデルはボーアが頭でイメージしやすいように考えたものなので、じゃあ本物はどうなっているかというと、こうなってます（図32☞）。

図32＊電子は原子核のまわりを1秒間に何周しているか?

$$\frac{1}{4\pi\varepsilon_0}\cdot\frac{e^2}{r^2}=m\frac{v^2}{r}$$

等速円運動の運動方程式で計算すると、
1秒間に2200km!

1周0.106nm×πで割ると、

2200km/sec÷（0.106nm×π）
＝6,600,000,000,000,000Hz

6600兆回
回っている!!

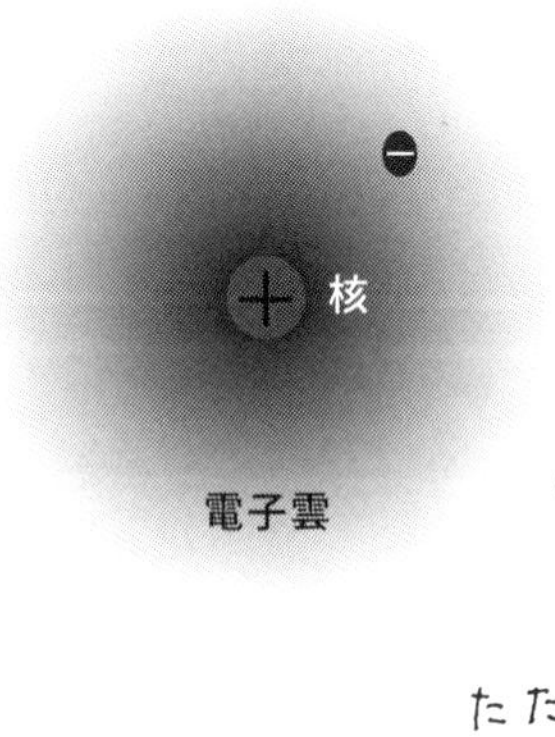

ただ　実際は速すぎて
位置が特定できない。
残像だけ…。

電子は1個なんですが、それがぼわーっと広がったみたいになっています。難しく言うと、「不確定性原理」という量子力学の話になるんですが、さっきの古典モデルとつなげて考えるとですね、要するに「めちゃくちゃ速く回ってるから残像が見えてる」くらいに思っておいてください。あまりにも速いから、「どこにいる」っていう瞬間が見つけられないんですね。

では次です。

Q 陽子と中性子を組み合わせて物質を作り出せますか？

できます。自在に作れます。前回、陽子と中性子が合わさって原子核を作っているって話をしました。

原子核の陽子が1個だけの場合は水素（H）。陽子が2個と中性子が2個の場合はヘリウム（He）、陽子が3個と中性子が4つだとリチウム（Li）……というような感じで、陽子が増えていくに従って、違う物質になる、という話でしたね（図33☞）。

その昔「原子論」が考え出されたときに、「錬金術は嘘だ」ってことが証明されたんです。錬金術というのは、薬品を混ぜ合わせたりして、化学反応を使って金を作り出そうとする試みですけど、当時は詐欺によく使われたんですよね。

どこかの偉い権力者や金持ちに取り付いて、「私に研究費をくれたら、水銀から金を作って差し上げますよ」とか言うわけですよ。そんなことできないのに、実は隠し持ってた金を見せて、「ほら、できましたよ。もっと大量に作りたいのであれば、もっとお金を出してもらわないと……」って言ってお金を騙し取ってたのが錬金術の歴史です。

皆さんが中学のときにやった化学では、金を作るのは無理だってわかりますよね。「元素は決まってるんだから、水銀が金に変わるわけないじゃん」っていうのが原子論でした。

ところがその後、「原子は、陽子と中性子の組み合わせからできている」とわかったので、この組み合わせを変えさえすれば、ぜんぜん違う元素を作ることができる――つまり錬金術って実は可能だったんです。

ただし、化学的な手法（化学反応）を使ってはできません。ですからこれは化学の世界でなく物理の世界になりまして、しかも原子核を壊して作るので非常にコストがかかる。金1グラムが、市価の何十倍、何百倍のお金をかけても作れませんから、僕だったらクレディ・スイスで金を買いますね、ふつうに（笑）。

周期表を見ると、原子の種類は今117くらいまであるらしいです。僕が子供のころは103くらいまででした。自然界に存在するのは、92のウランまでで、そこから

図33＊錬金術は可能か？

中学校で習った化学レベルでは無理。
なぜなら元素（物質）は、周期表のように決まっているから。

しかし、素粒子物理学では可能！

1 H 水素																	2 He ヘリウム
3 Li リチウム	4 Be ベリリウム											5 B ホウ素	6 C 炭素	7 N 窒素	8 O 酸素	9 F フッ素	10 Ne ネオン
11 Na ナトリウム	12 Mg マグネシウム											13 Al アルミニウム	14 Si ケイ素	15 P リン	16 S 硫黄	17 Cl 塩素	18 Ar アルゴン
19 K カリウム	20 Ca カルシウム	21 Sc スカンジウム	22 Ti チタン	23 V バナジウム	24 Cr クロム	25 Mn マンガン	26 Fe 鉄	27 Co コバルト	28 Ni ニッケル	29 Cu 銅	30 Zn 亜鉛	31 Ga ガリウム	32 Ge ゲルマニウム	33 As ヒ素	34 Se セレン	35 Br 臭素	36 Kr クリプトン
37 Rb ルビジウム	38 Sr ストロンチウム	39 Y イットリウム	40 Zr ジルコニウム	41 Nb ニオブ	42 Mo モリブデン	43 Tc テクネチウム	44 Ru テルニウム	45 Ru ロジウム	46 Pd パラジウム	47 Ag 銀	48 Cd カドミウム	49 In インジウム	50 Sn スズ	51 Sb アンチモン	52 Te テルル	53 I ヨウ素	54 Xe キセノン
55 Cs セシウム	56 Ba バリウム	57 La ランタン	72 Hf ハフニウム	73 Ta タンタル	74 W タングステン	75 Re レニウム	76 Os オスミウム	77 Ir イリジウム	78 Pt 白金	79 Au 金	80 Hg 水銀	81 Ti タリウム	82 Pb 鉛	83 Bi ビスマス	84 Po ポロニウム	85 At アスタチン	86 Rn ラドン
87 Fr フランシウム	88 Ra ラジウム	89 Ac アクチニウム															

58 Ce セリウム	59 Pr プラセオジム	60 Nd ネオジム	61 Pm プロメチウム	62 Sm サマリウム	63 Eu ユウロピウム	64 Gd カドリニウム	65 Tb テルビウム	66 Dy ジスプロシウム	67 Ho ホルミウム	68 Er エルビウム	69 Tm ツリウム	70 Yb イットリウム	71 Lu テルチウム
90 Th トリウム	91 Pa プロトアクチニウム	92 U ウラン	93 Np ネプジウム	94 Pu プルトニウム	95 Am アメリシュウム	96 Cm キュリウム	97 Bk バークリウム	98 Cf カリホルニウム	99 Es アインスタイニウム	100 Fm フェルミウム	101 Md メンデレビウム	102 No ノーベリウム	103 Lr ローレンシウム
104 Rf ラザホージウム	105 Dd ドブニウム	106 Sg シーボーギウム	107 Bh ボーリウム	108 Hs ハッシウム	109 Mt マイトネリウム	110 Ds ダルムスタチウム	111 Rg レントゲニウム	112 Uub ウンウンビウム	113 Uut （未発見）	114 Uuq ウンウンクアジウム	115 Uup （未発見）	116 Uuh ウンウンヘクシウム	117 Uu （未発見）

原素番号92

天然の元素はウランまで。
ここから後ろはぜんぶ人工的に作った原子。

元素の原子核（陽子と中性子の数）を操作すればいい。

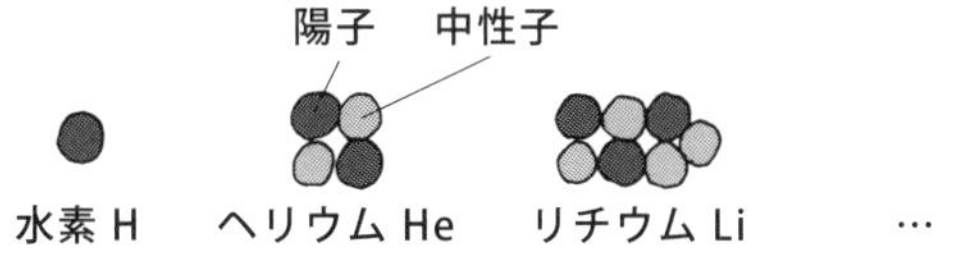

しかし 金 1gが 市場価格の
何百倍。意味ない…。

先は、人工的に作った元素です。「ウンウンビウム」とか「ウンウンクアジウム」とか「ウンウンヘクシウム」とか、とても真面目に考えて付けたとは思えない名前が並んでますけど(笑)。

ただ人工的に作った原子は、プルトニウム(94)やアメリシウム(95)くらいまではまだ安定してますが、そこから先になると、作ってもすぐ壊れてしまいます。安定して存在し続けられない。でも一瞬でいいんだったら作ることは可能です。

Q どうして陽子、中性子などの重さがわかるのですか?

そうですよね。秤りに乗せられないですからね。まず素粒子の質量を一覧にしてみました(図34)。

キログラム(kg)で書くと、ものすごいちっちゃな数字になって読みにくいので、エレクトロンボルト(eV)を使いましょう。素粒子の世界では、エネルギーの単位と質量の単位って同じなんですね。1メガエレクトロンボルト=1.78×10^{-30}キログラムです。それぞれの素粒子を比べるだけだったら、これが見やすいでしょう。

陽子は938メガ、中性子は940メガ。ずいぶん正確に決められてますけど、これ、どうやって調べたの?

図34＊素粒子（バリオンとメソン）の質量

1MeV＝1.78×10^{-30}kg
（単位は、メガエレクトロンボルト）

バリオン	
陽子	938MeV
中性子	940MeV
Λ粒子	1120MeV
Σ^+粒子	1190MeV
Σ^0粒子	1190MeV
Σ^-粒子	1200MeV
Ξ^0粒子	1310MeV
Ξ^-粒子	1320MeV
Ω^-粒子	1670MeV

メソン	
π^+中間子	140MeV
π^0中間子	135MeV
π^-中間子	140MeV
η中間子	547MeV
K^+中間子	494MeV

実はこのような式がありまして（図35☞）、質量と運動量とエネルギーは互いに相関関係があります。

あと、質量と運動量と速度にも相関関係がありますので、それぞれ3つのうちのどれか2つがわかれば、残りの1つは計算式から出せるわけですね。

測定するのには質量が一番難しいので、ふつうは運動量と速度を測ります。

運動量はどうやって測るか？ということなんですけども、こうやります（図36-❶）。荷電粒子──つまり電気を帯びている粒子は、磁場をかけるとくるっと回るんでしたよね。

この、曲がるときの回転半径を求めてやるんです。回転半径がわかれば、そのとき加えている「磁場の強さ」、「粒子の電荷の大きさ」、「回転半径」から運動量が計算できます。

次に速度の求め方ですが、こっちは簡単で、直線上をただ飛ばすだけ。ある決まった距離に、カウンターを2つ置いておいて、そのあいだを通すだけで簡単に求められます。

電気を持っている粒子の場合は、そうやって質量を求めることができます。

問題はですね、電気を持っていない粒子の場合です。中性子は電気をもってませんので、今のやり方では質量を求められません。なので、こういうやり方をします。一

図35＊なぜ陽子や中性子の重さがわかるのか?

質量と運動量とエネルギーの関係

質量：m

運動量：p ⟷ エネルギー：E

$$E^2=p^2c^2+m^2c^4$$

Cは光の速さ

質量と運動量と速度の関係

質量：m

運動量：p ⟷ 速度：v

$$p=\frac{mv}{\sqrt{1-\left(\frac{v}{c}\right)^2}}$$

つまり、質量以外の2つの値がわかれば計算式から出せる!

番最初にこれをやったのは、チャドウィックという人です（図36-❷）。

重陽子というものを使います。重水素（デュウテリウム）と言われているものですが、この重陽子は、γ《ガンマ》線を当てると、陽子と中性子に壊れます。

壊れたうちの、陽子のほうは電気を帯びてますから、さっきのやり方で運動量を求めることができますね。

一方で、γ線も、あらかじめ運動量やエネルギーがわかったものを当ててますから、この2つがわかると、あとは運動量保存の法則、あるいはエネルギー保存の法則から、問題の中性子の運動量とエネルギーがわかるわけです。

そうやってひとつずつ順を追って、わかるものからパズルを解くみたいに求めていくんですね。

Q なぜ素粒子の世界で15分は長いのですか？

タイムスケールというのは大きさに比例します。宇宙みたいに大きな世界だと、1億年なんて短い時間なんです。それに対して、素粒子の世界では、何分がめちゃくちゃ長い時間なんですね。

図36＊運動量の求め方

❶電気を帯びている粒子（電子や陽子）の場合

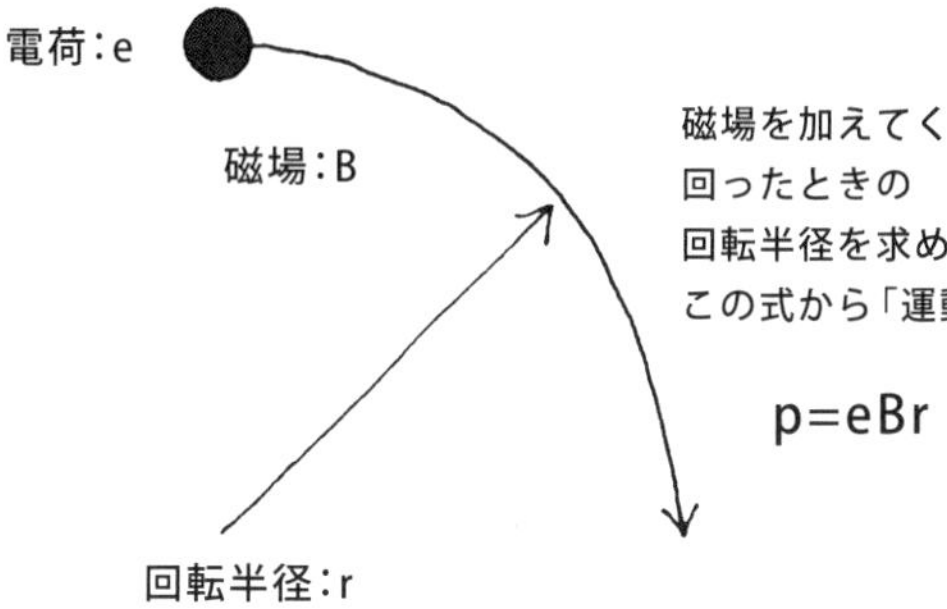

磁場を加えてくるっと
回ったときの
回転半径を求めれば、
この式から「運動量」がわかる。

$$p=eBr$$

❷電気を帯びていない粒子（中性子）の場合

γ線と重陽子を用意。

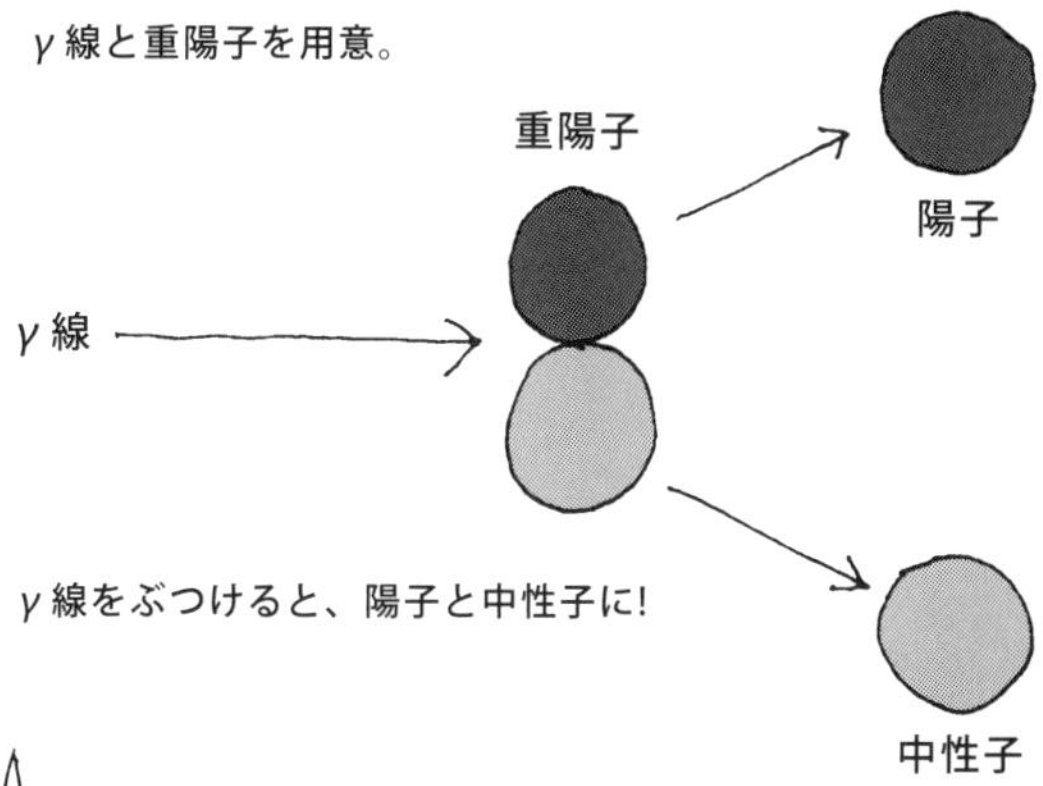

γ線をぶつけると、陽子と中性子に！

γ線や陽子の情報など、わかる数値と関係式から
1個1個求めて、式を使って計算していけばいい！

ここに素粒子の寿命を書いてみました（図37）。中性子の15分っていうのは、887秒です。他のやつは全部0.00000…とかですよね。ゼロが強調されるように、わざと秒で書いてみたんですけど、桁がぜんぜん違うでしょ？　ほんとに中性子は寿命が長いんですよ。

ところが、陽子と電子はもっと途方もなく長い。陽子と電子って実は寿命がまだ測定されていません。人類の中で、この2つが自然に壊れるのを見た人は一人もいないんです。陽子と電子は、皆さんの身体を作っている重要な要素ですので、簡単に壊れてしまったら困ります。皆さんが明日朝起きたらいなくなってた、ってことになりかねませんから、そう簡単には壊れない。

というように、壊れないやつを除けば、中性子の寿命はすごく長いんですね。

Q プラズマは素粒子と関係ありますか？

プラズマって、皆さん何のことかご存知ですか。気体がイオン化した（電荷を帯びた）もの、これがプラズマです。自然界ではオーロラが有名ですね。一番きれいなプラズマでしょう。オーロラは大気を構成している分子がイオン化したものです。それから雷もそうですね。電離した電子や陽イオンがバリバリと空気中を走るのが雷です。

図37＊素粒子の寿命

バリオン

陽子	宇宙年齢以上
中性子	887秒
Λ粒子	0.000000000263秒
Σ^+粒子	0.0000000000799秒
Σ^0粒子	0.000000000000000000074秒
Σ^-粒子	0.000000000148秒
Ξ^0粒子	0.000000000290秒
Ξ^-粒子	0.000000000164秒
Ω^-粒子	0.000000000822秒

メソン

π^+中間子	0.0000000260秒
π^0中間子	0.000000000000000084秒
π^-中間子	0.0000000260秒
η中間子	0.00000000000000000025秒
K^+中間子	0.0000000124秒

レプトン

電子	宇宙年齢以上
ミューオン	0.00000220秒
タウオン	0.000000000000290秒

中性子の寿命は
素粒子の世界では
ものすごく長い
万年？
千年？
陽子と電子は
長生きすぎてわからん

プラズマは人工的に簡単に作れます。一番身近にあるのは、皆さんの頭の上にある蛍光灯ですね。フィラメントに電流を流して温めたら、電子なんていくらでも出てくるっていう話を前回しましたけど、その原理をそのまま使ってます（図38☞）。

蛍光塗料を塗ったガラス管の中にフィラメントが入ってます。ガラス管の中は真空ではなくて、ガス（水銀など）が入ってまして、フィラメントを温めると電子がばんばん出てきて、ガスの原子にコンと当たります。当たるとその衝撃で、紫外線が飛び出します。前にお話しした、電子がひとつ上の軌道に行って、また元の軌道に戻るときに出てくる光ですね。

そうして水銀の原子から飛び出した紫外線が、蛍光塗料に当たると、可視光になる、というわけです。

蛍光塗料を塗ってなくて紫外線がそのまま出てくるものが、日焼けサロンなどにあるブラックライトですね。可視光じゃないので、光ってるように見えないですけど、あそこからは紫外線がバリバリ出てます。

蛍光灯の原理を利用したのが、プラズマテレビです。テレビって近づいて見ると、細かい素子がいっぱい集まって絵を作ってるわけですが、プラズマテレビはその細かい素子１本１本が蛍光灯でできていると思ってください。ただし色のついた蛍光灯です。「赤」「青」「緑」のちっちゃい蛍光灯がいっぱい並んでいて、それを順番に点《とも》して

図38＊プラズマとは?

気体がイオン化したもの

天然のプラズマ

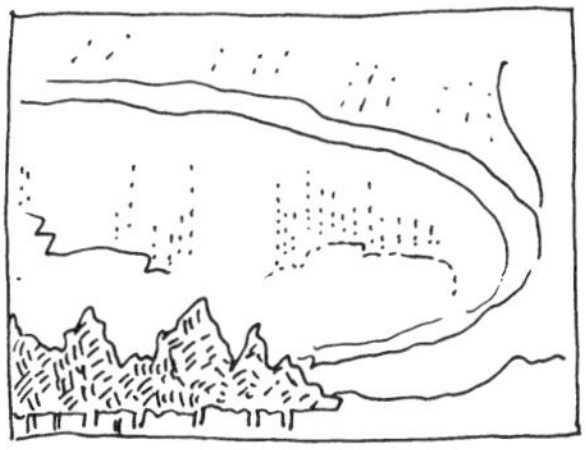

オーロラ

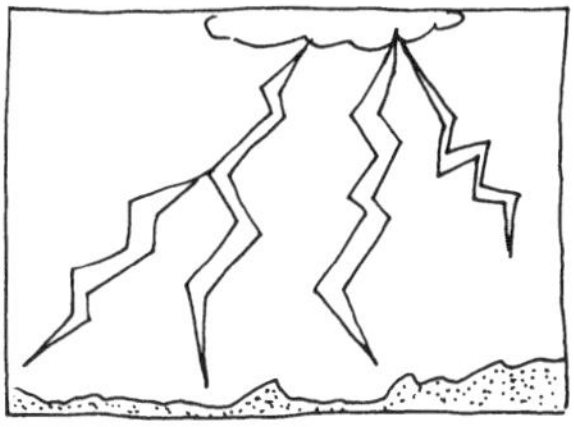

雷

人工のプラズマ

蛍光灯の原理

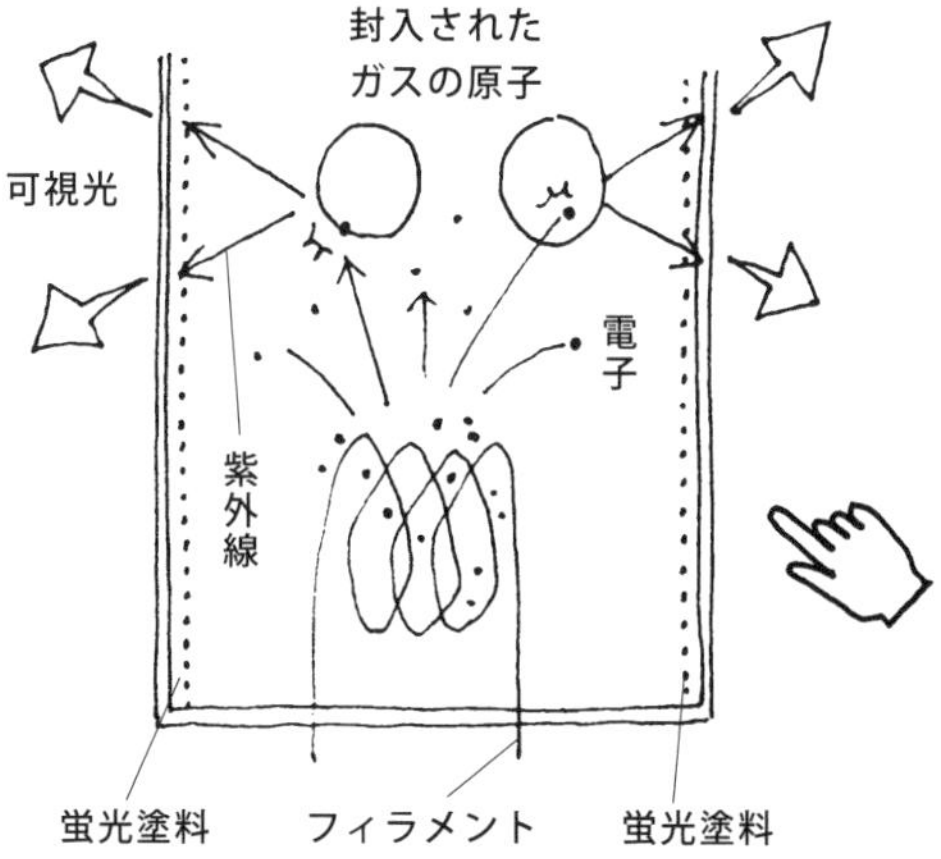

プラズマテレビは
蛍光灯が
たくさんあつまったもの

いくだけなんです。

あと、人工のプラズマを使ったもので、プラズマ溶断という鉄板などを切るバーナーがあるんですが、これは次の質問の中でお答えしましょう。

Q 『ガンダム』のビームサーベルや『スターウォーズ』のライトセイバーを作ることは可能ですか？ 可能ならば、どういう原理ですか？

どんな原理なんでしょうね。僕が訊きたいです（笑）。

もし、それぞれが名前どおりの仕組みだったとしましょう。つまりビームサーベルはビームを飛ばしていて、ライトセイバーはライト（光）、すなわちレーザーを飛ばしていているものだとしましょう。ビームとレーザーって違うものだって知ってますか？よく混同して使う人もいるんですが、基本的には、

ビーム	粒子を飛ばす
レーザー	光を飛ばす

こういう違いがあります。レーザー《LASER》というのは、Light Amplification by Stimulated Emission of Radiationの頭文字です。直訳しますと、「輻射における誘導放出による光の増幅」です。レーザーはあくまでも「光」を飛ばしているんです。一方ビームは、加速器の例のように粒子を飛ばしています。

粒子や光だったら、刀みたいに途中で止まったりしないんです。ずーっと先まで飛んでいってしまいます。

ウィキペディアを見たら、ガンダムのビームサーベルは、アイフィールドという磁場を使ってビームを閉じ込めてる、って書いてありましたが、それだと磁石で周りを覆わないといけない。でも覆っちゃうとこれ、切れないですよね。ライトセイバーも光を閉じ込めるなにかを作ればできます。

渡辺隆行氏提供

というわけで、役に立たないビームサーベルやライトセイバーなら作れます。

ところがですね、「ビームサーベル」とか「ライトセイバー」といった名前にこだわらないのであれば、実はこんなものがあるんですね。それがさっきちらっと言いました、プラズマを使ったもの、プラズマトーチです。

これ、ちゃんと途中で切れてるでしょ？

気体が電離して拡散されるので、途中で止まるんです。これだったらいい感じですよね。しかもプラズマトーチは、今最強のやつで数百キロワットらしいんです。ビームサーベルの出力もだいたい数百キロワットなので、これは本当にいい線いってます。

では、今日の授業の本題に入りましょう。

ものが壊れるとき、ニュートリノは生まれる

加速器がニュートリノをどうやって作っているのか、その仕組みを第1回でやりました。前回は、予備知識として物質について話しているうちに終わってしまいました（笑）。

ということで今回は、その予備知識を使って、ニュートリノをいかに検出するのか、それによってニュートリノの何がわかるのか、という話をしていきたいと思います。

前回最後のほうで左の図をお見せしました。世の中にある物質は、どんどん細かくしていくと、こういうものに行き着くわけです。たとえば陽子は、アップクォーク2つとダウンクォーク1つからできている――そういう話をしました。

その中で、ニュートリノは特殊でして、強い力は効かないし、電気も帯びていないので電磁力も効かない。効くのは、弱い力と重力だけ。非常に特殊な粒子です。どれ

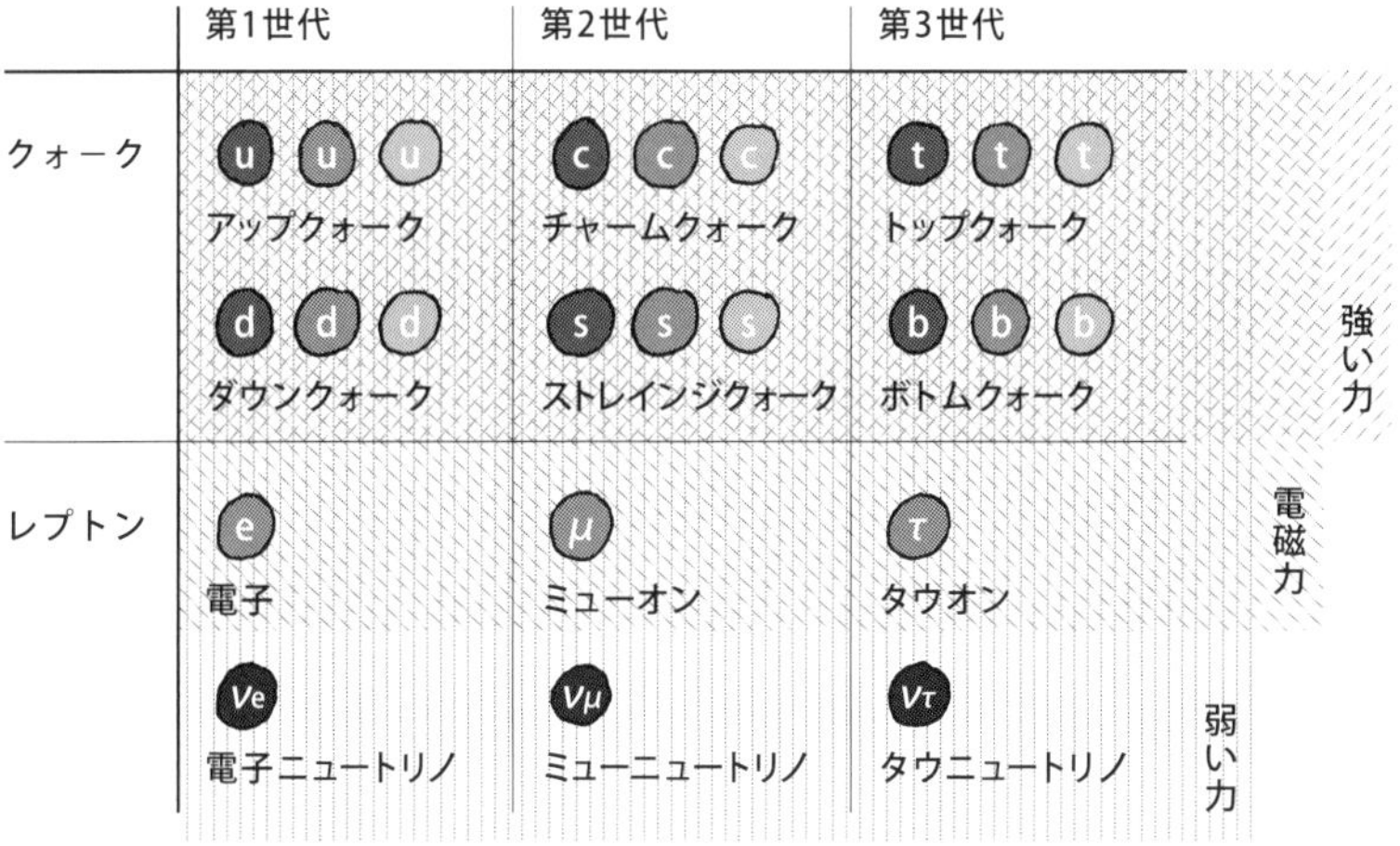

くらい特殊かという話をしていきましょう。

この図も前回お見せしましたよね（図39）。中性子が壊れたときに、「エネルギーを持ち去っている粒子が存在するはずだ」とパウリが予言し、そして26年後に本当に見つかった、って話でした。

これを見るとわかるように、ニュートリノは世の中のいろんなものに含まれています。「中性子に含まれている」ということは、すべての原子に含まれているわけですから。ありとあらゆるものに含まれていて、それが壊れたときにバラバラと出てくる。ニュートリノとは、「物が壊れたときに出てくるもの」と思ってもらってけっこうです。

図39＊ニュートリノの発見（復習）

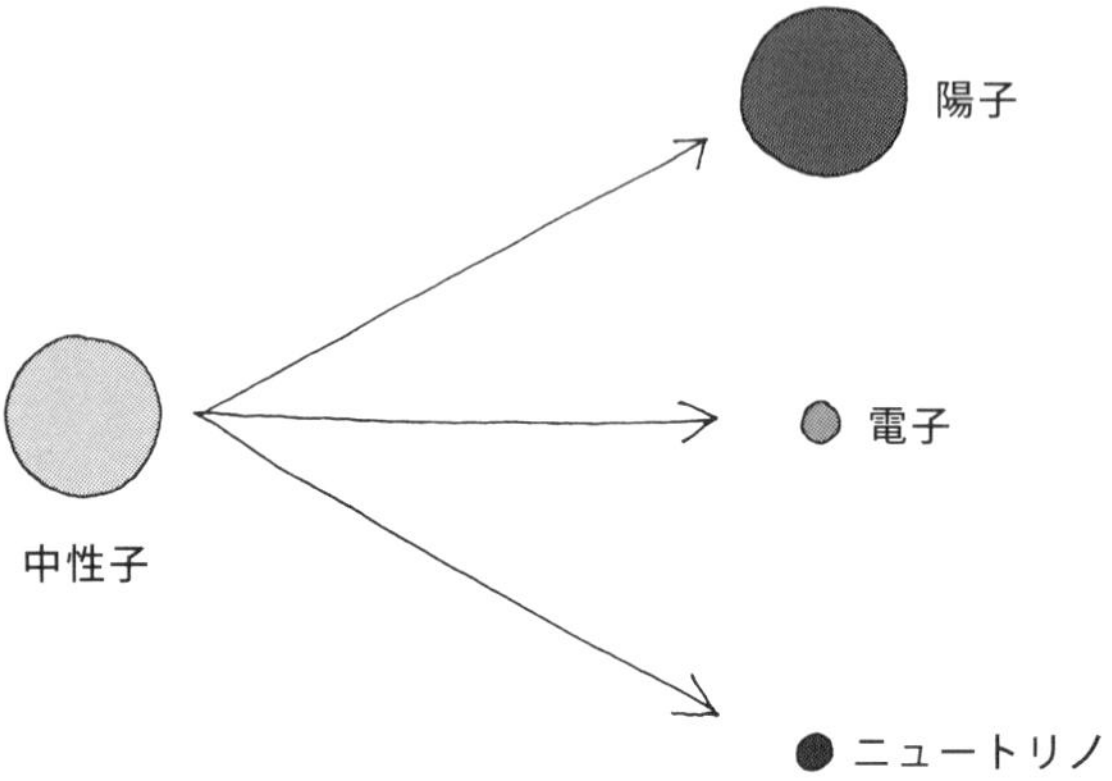
陽子
電子
中性子
ニュートリノ

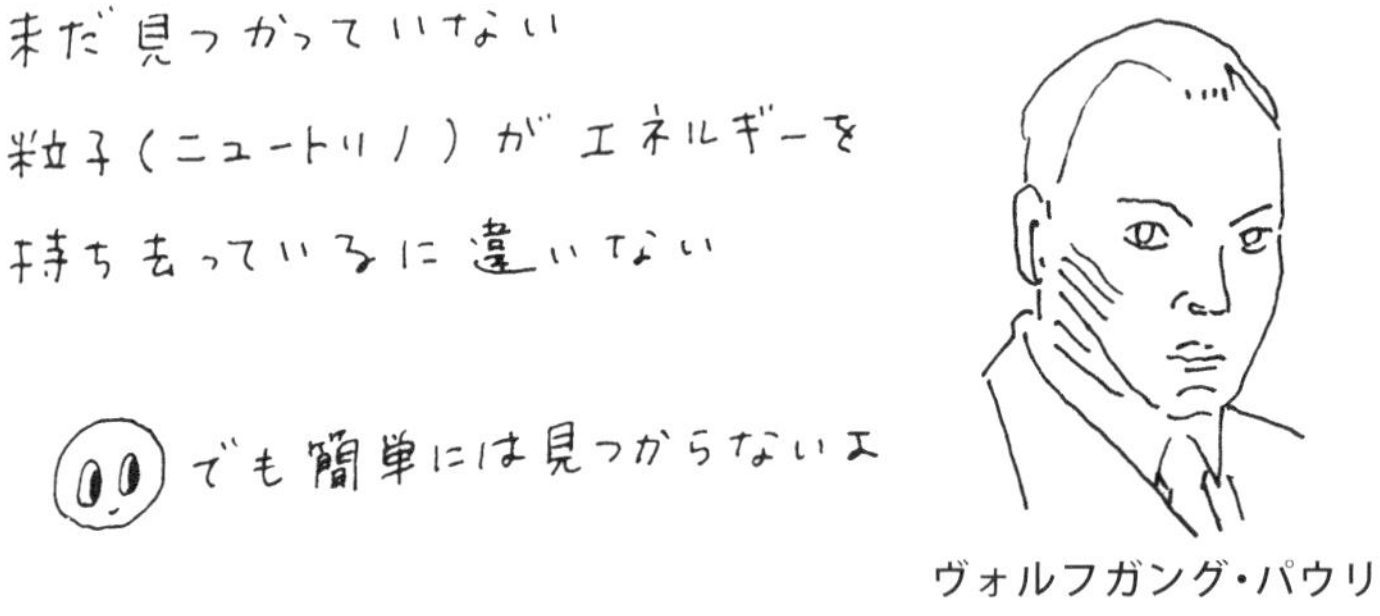
まだ見つかっていない
粒子（ニュートリノ）がエネルギーを
持ち去っているに違いない
でも簡単には見つからないよ
ヴォルフガング・パウリ

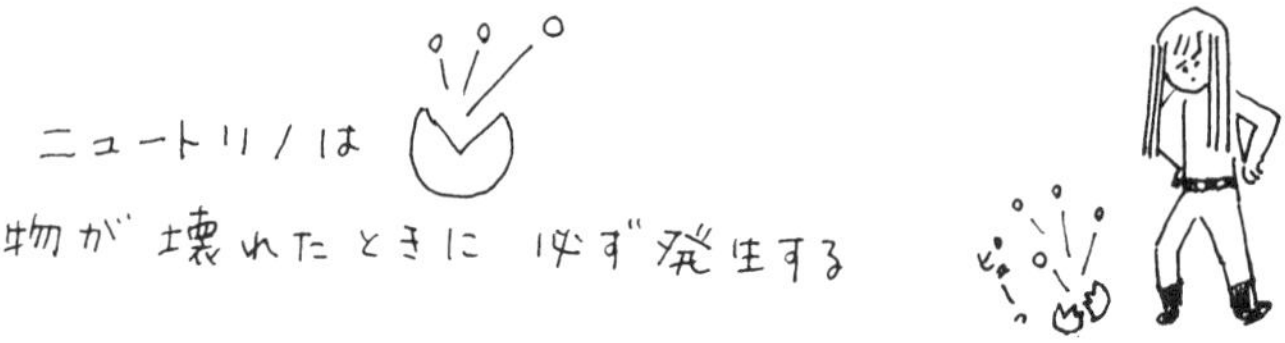
ニュートリノは
物が壊れたときに必ず発生する

なぜニュートリノを浴びてる感がないのか？

さて、ここに太陽があります（図40）。

太陽は今現在もメラメラ燃えています。「燃えている」ということは、物理的な反応が起きているということです。そうした反応からも、ニュートリノは大量に出てくるんです。

太陽は、陽子（水素原子核）を燃やしてヘリウム原子核を作っています。ヘリウムが燃えカスだと思ってください（燃えカスですが、もう一回燃えるんです）。陽子をヘリウムにしたとき、副産物として「陽電子」――これは次回お話しする反物質というやつです――と「電子ニュートリノ」を一緒に出します。副生成物をバラバラ出すんですね。

というわけで、太陽は光と共にニュートリノも大量に出しますので、地球にも当然、光と同じようにニュートリノがバンバン降り注いでいます。

皆さん、光が地球にどれくらい降り注いでいるか、知ってますか？ 1平方メーターあたり1.37キロワット（kW）です。こういう数字を覚えておくと便利ですよ。エコの話で役立ちますから。単位をワット（W）ではなく、光子の個数でいくと、

光子　1,000,000,000,000,000,000,000個

こんなに多いんです。ゼロが21個。「兆」を超えているので、呼び方がわかりませんが、それに対して、ニュートリノは、

電子ニュートリノ　600,000,000,000,000個

1平方メーターあたり600兆個来てるんです。けっこう多いですよね。ちなみに皆さんの身体の表面積は、だいたい2平方メーターくらい。人間は前後に薄い形をしていますから、太陽に向かって寝転ぶと、だいたい1平方メーター。ですから、まさにこの1平方メーターあたりの値と同じ――人間の身体は、1秒あたり600兆個のニュートリノを浴びています。

光だったらけっこう浴びてる感があるんですけど、ニュートリノって浴びてる感ないですよね？「あー今日は天気がよくて、ニュートリノがきついわ～」って思わないですよね。それはなぜか？　なんでこんなに浴びてるのに、ぜんぜん浴びてる感がないのか？　この問いを徐々に明らかにしていきましょう。

図40＊太陽から地球に、光とニュートリノはどれくらいやってくるか?

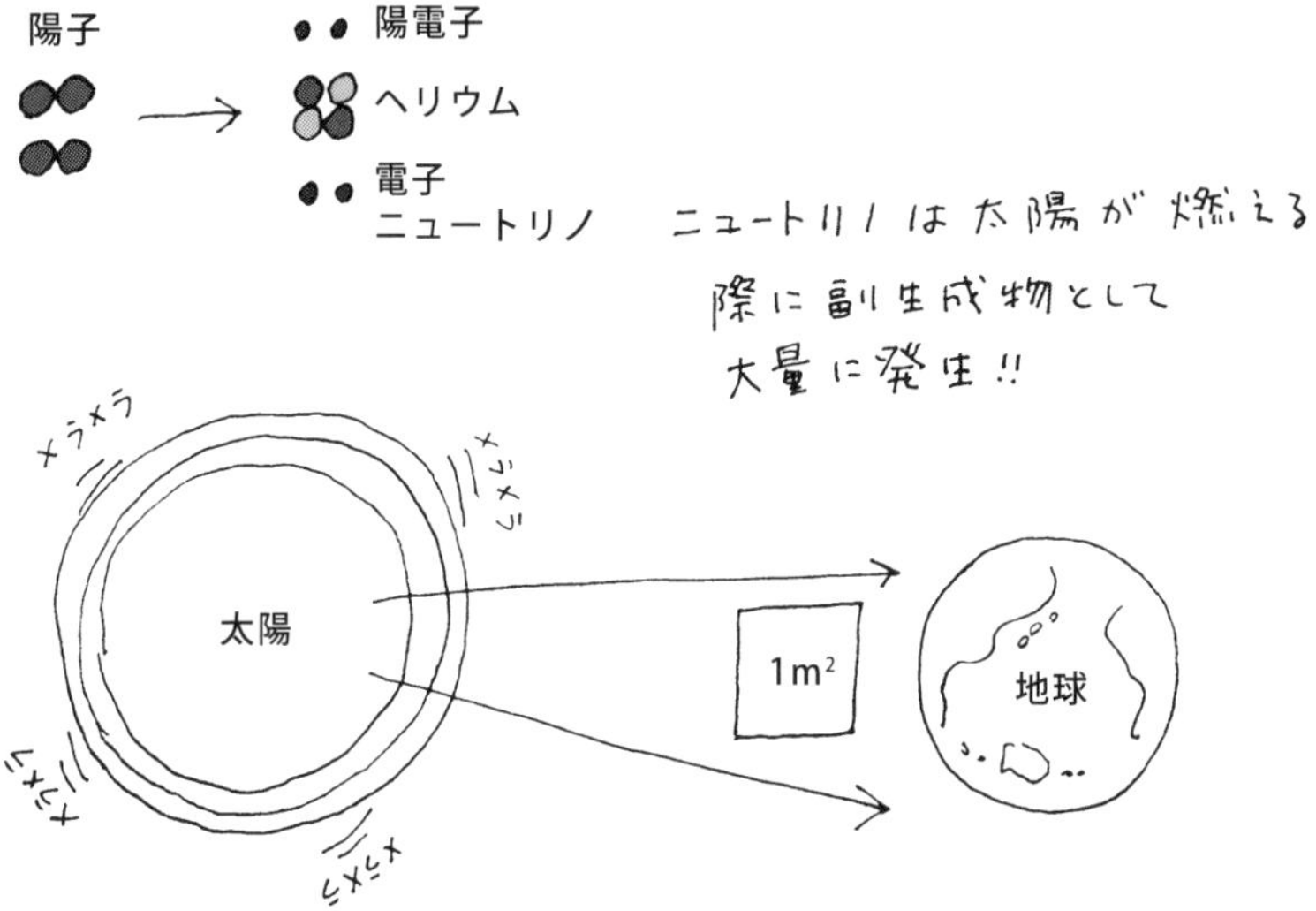

地球表面に降り注ぐ量（1m²、1秒あたり）

光（光子）	1,000,000,000,000,000,000,000個（＝1.37kW）
電子ニュートリノ	600,000,000,000,000個

光に比べたら少ないが
それでも相当な量!

光は「浴びてる感」があるのに
ニュートリノは「浴びてる感」がない。
なぜか？

宇宙は光とニュートリノで溢れている

ニュートリノの性質に行く前に、ちょっとこういうことを考えてみます。先ほども言ったように、ニュートリノはいろんなものに含まれているので、宇宙には実はものすごく大量にあるんですね。

これは宇宙空間の平均密度です（図41）。仮に、全宇宙にある星などを全部砕いて均《なら》した状態から1立方メーターを切り取ってきたら、その中に、どれだけの物質が入っているかを表したものです。

光は10億個入ってます。さっきの太陽から地球に降り注いでいる量と比べると、一応数えられるくらいに落ち着きましたね。それでも相当多いです。

陽子や電子は、なんと1個ずつくらいしか入ってません。1個以下ですけどね。非常に少ない。宇宙空間ってほとんど物質のない状態、スカスカなんですね。我々にはちょっと実感しづらいですけど……。

じゃあニュートリノはどれくらいかと言うと、3種類のニュートリノがそれぞれ1億個くらいずつ。光の3分の1くらい――これ、かなり多いですよね？

実はニュートリノってこの世の中で、光の次に多いんです。

そんなに多いのに、なぜニュートリノは身近でないのか？　ニュートリノを浴びて

図41＊宇宙の粒子密度

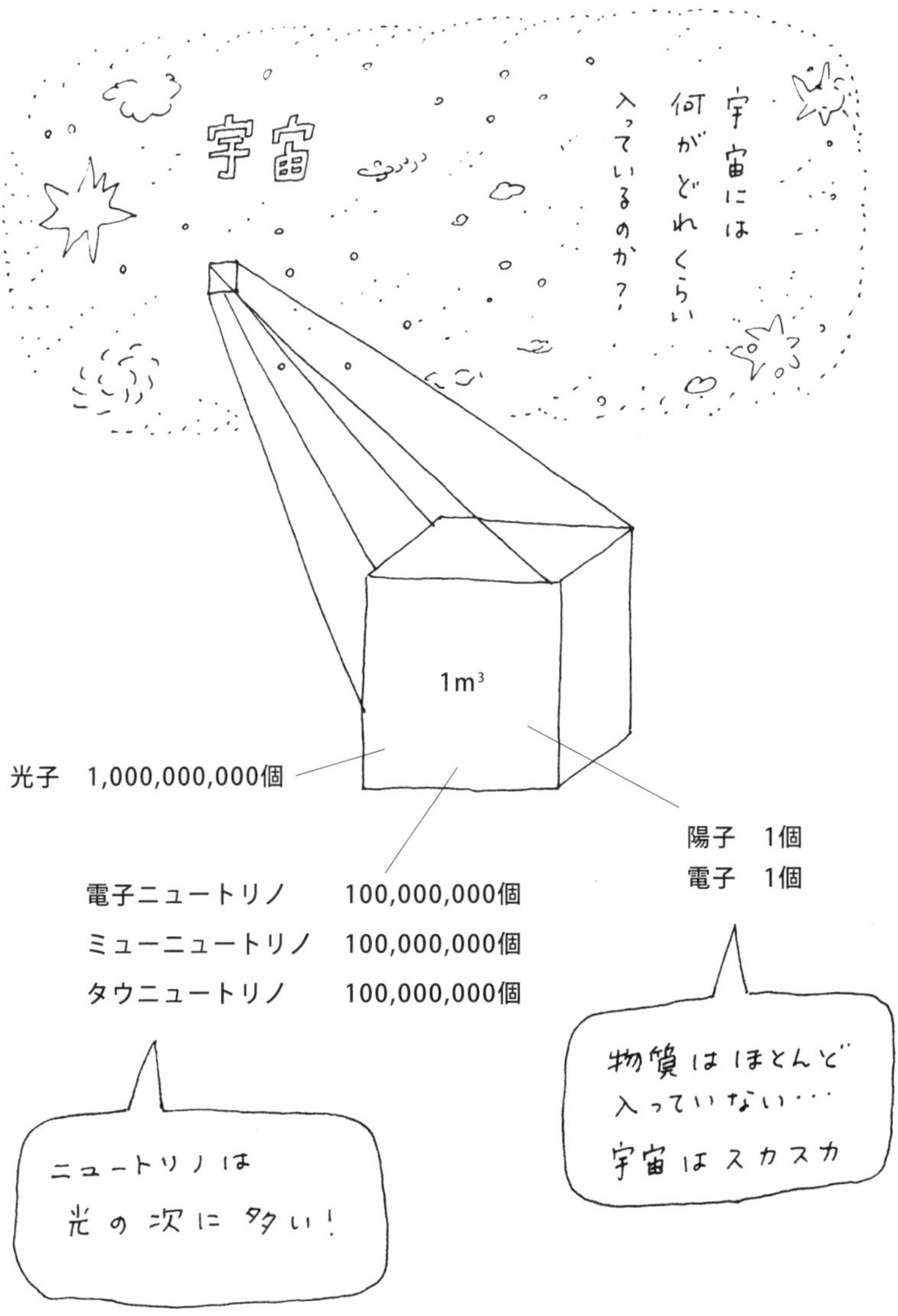
宇宙
宇宙には何がどれくらい入っているのか？
1m³
光子　1,000,000,000個
陽子　1個
電子　1個
電子ニュートリノ　100,000,000個
ミューニュートリノ　100,000,000個
タウニュートリノ　100,000,000個
ニュートリノは光の次に多い！
物質はほとんど入っていない…宇宙はスカスカ

いるのを感じないし、ニュートリノを利用した「ニュートリノ製品」もない。電子を利用した電化製品なんていくらでもあるのに、ニュートリノを利用したものってまったくない。電子の1億倍くらい溢れているのに、なぜ利用しないのか？

ニュー・トリノでなく、ニュート・リノ

まず、ニュートリノという名前からいきましょう。

ニュー／トリノ、つまり「新しいトリノ」だと思ってる人が多いんですね。トリノってオリンピックも開かれましたし、みんなだいたいそう思ってしまうんですが、間違いです。切る場所が違っていて、ニュート／リノです（正確には、リの途中で切ります）。

Neutr（ニュート）＋ino（イノ）なんです。イタリア語です。

「ニュート」は、ニュートラルのニュート。車でどこにもギアが入っていないのをニュートラルの状態と言いますが、「中性の」ということで、ここでは、電気を帯びていない、という意味です。「イノ」はイタリア語で「小さい」を表す接尾語です。「なんとかイノ」は「小さいなんとか」という意味です。

名前を付けたエンリコ・フェルミがイタリア人だから、イタリア語になってるんですね。フェルミはムッソリーニが台頭したころに、イタリアからアメリカに亡命して、

プルトニウム型原子爆弾を開発したことでも有名です。
実はニュートリノは、この名前がほとんどすべてを表しているんです。

ニュートリノの性質

1 電気的に中性
2 極端に小さい（軽い）
3 非常に反応性に乏しい

＋も－もなくて、非常に小さい。どれくらい小さいか、ちょっと重さで見てみます。これはクォークとレプトンの質量です（図42）。もし陽子や中性子を砕いて、クォークの状態で測ったとしたら……というものです。さっきお見せしたのは（P145図34）バリオンとメソンの質量でしたが、こちらは更にその下の階層というわけです。
これを見ると、クォークは数メガのものから、非常に巨大なものまである一方、ニュートリノ（電子ニュートリノ）は、0.000002MeV以下。しかも「以下」なので、まだ測定されてない。理論的にこれ以上大きかったらいけない、ということで上限値が決められているだけで、実際にはこれより小さいのは明らかです。

図42＊素粒子（クォークとレプトン）の質量

1 MeV=1.78×10^{-30}kg

クォーク

アップ	1.7〜3.3MeV
ダウン	4.1〜5.8MeV
チャーム	1270MeV
ストレインジ	101MeV
トップ	172000MeV
ボトム	4190MeV

レプトン

電子	0.511MeV
ミューオン	106MeV
タウオン	1780MeV
電子ニュートリノ	0.0000022MeV以下
ミューニュートリノ	0.17MeV以下
タウニュートリノ	15.5MeV以下

ミューニュートリノとタウニュートリノは、電子ニュートリノよりは重いです。それがなぜかはまだ解明されてません。クォークもそうですが、なぜか「世代」が上にいくと重くなります。

実はですね、僕が大学生のときの物理の教科書には、「ニュートリノには重さがない」と書いてありました。重さなしで計算しても、不都合がないくらい小さいんです。

さて、前回こんな質問をいただいてました。

Q ニュートリノは電子よりも小さいんですか？

ニュートリノも電子も、寸法に関しては、ある大きさより小さい、ということまでしかわかっていません。ですから重さで比べますが、それだと、電子よりも圧倒的にニュートリノのほうが小さいです。電子は0.5メガ（エレクトロンボルト）。に対して、電子ニュートリノは、0.000000022メガ以下ですから。圧倒的にニュートリノのほうが軽いことがわかります。

想像を絶する「捕らえにくさ」

そして性質の3つ目、「非常に反応性に乏しい」。ニュートリノは強い力も電磁力も効きません。作用するのは弱い力と重力。ただ質量がこのように非常に小さいので、重力もほとんど受けないと考えて構いません。

どれくらい反応性に乏しいのかを想像してもらうために、こんなことを考えてみましょう。

先ほど、ニュートリノが太陽から地球に1平方メーターあたり600兆個来てるって言いましたね。そんなバンバン来ているニュートリノが、地球に当たる確率——つまり地球を通り抜けようとして地球の岩石に当たる確率はどれくらいでしょう。

地球の岩石ってけっこう巨大で、直径が1万3000キロメーターくらい、岩石の平均密度が5.5g/cm^{3}くらい。相当がっちりした巨大な岩です。ふつうに考えれば、ニュートリノが飛んできても、表面でコーンコーンって100%当たると思いますよね。ところがですね、ニュートリノが地球に突っ込んできて、途中で岩石に当たる確率は、

0.000000002%

つまり、ほとんどのニュートリノが地球を通り抜けてしまうんです。だいたい50億個のニュートリノのうち1個が当たるくらい。あとは全部通り抜けちゃう。想像できますか？　ものすごく反応性に乏しい粒子なんです。それがニュートリノの特徴です。ニュートリノにとっては、地球すらスカスカの物体なんです。

先ほど皆さんの身体にはニュートリノがバンバン当たってるのに、ニュートリノを浴びてる感がないって言いましたが、答えはこれなんです。要するに、地球ですらこれですよ。50億個が通り抜けようとしてようやく1個当たるくらい。皆さんの身体は地球よりも随分小さいですよね。ですから、皆さんは一生のうちに、何個当たるかっていう程度だと思ってください。

電化製品のようにニュートリノ製品が作れない理由

そういうわけで、我々の周りにニュートリノを利用したものが何ひとつない理由はこれなんです。反応性があまりにも乏しいため、調べようがなかったんです。どんな性質を持っているか、まったくわからなかった。

先ほど、僕が大学生だったときの教科書には「質量がない」って書いてあったと言いましたけど、「質量がどうもあるらしい」とはっきりしたのは、21世紀になってからです。物に重さがあるかどうか——重さがいくらか？じゃなくて、重さがあるかないか、ですよ。それすらわからなかった。

周りにこんなに溢れている、宇宙にも膨大にある。にもかかわらず、ぜんぜん利用方法がわからないから、全部捨ててるんですね。

原子炉からもいっぱい出てくるんですよ。原子炉から出てるエネルギーは、熱エネルギーが一番多いんじゃなくて、ニュートリノが一番多いんです。でも使い方がわからないから捨ててます。ですからその性質を調べて、利用方法を考えてみましょう、というのが、僕らの研究なわけですね。

でもこれ、どうやって調べたらいいと思います？

弱い力を使ってニュートリノを見る方法

強い力も電磁力も使えません。ふつう何かを調べるときは、光（＝電磁力）で「見る」ことから始めますが、それができない。使えるのは、弱い力と重力だけ。しかし重力はさっきも言ったように、ニュートリノはめちゃくちゃ軽いので感じないのと同じ。となったら、弱い力を使う以外手がないんです。

弱い力がどんな力だったか、前回の授業を思い出してください。ものを壊す力ですよね？　粒子を壊す力が弱い力です。つまり、直接ニュートリノを見ることはできないので、ニュートリノによってものを壊れさせて観測するんです。「どういうこと？」って思いますよね。ニュートリノが弱い力でぐっと押して壊すってこと？　そうではなくて、弱い力は非常にイメージしづらいんですが、「壊れさせる＝力を加える」ではなく、「壊れる状況を作り出す」というイメージです。

何が壊れるのかというと、中性子です。何かの原子の、原子核の中にある中性子。陽子とがっちり強い力で結びついている中性子に、ニュートリノをぶつけるとしましょう。

さっきも言ったように、ニュートリノはほとんどのものを通り過ぎてしまいます。地球の大きさの塊があっても、50億分の1ですから、ぶつけようと思ったってほとんど無理。しかしごくごく低い確率で、まれにコンと当たります。

当たると、弱い力が働いて中性子が壊れてしまいます。中性子が（15分経って自然に壊れるみたいに）陽子と電子に分離するわけです。ちょっとここ、いまいち実感できないと思いますが、次回の授業でまた出てきますので、ひとまずそういうもんか、くらいに思っていてください。

そして、今日はここが重要なんですが、ニュートリノには種類が3つありましたね。実はそれぞれのニュートリノが中性子に当たったときに、飛び出る粒子の種類が違うんですよ。

電子ニュートリノの場合は、中性子に当たると、中性子から電子が出てくる。ミューニュートリノの場合は、中性子からミューオンが出てくる。タウニュートリノの場合は、中性子からタウオンが出てくる。あの表（図43☞）にあるように、それぞれ対応した粒子が飛び出てくることがわかります。

なぜ光より速く走れるのか？

電子とかミューオンとかタウオンが中性子から飛び出してきました。するとこれらは、幸いなことに電磁力を感じるんです（あの表の電磁力の枠に入ってますね）。これだったら測定できます、ってことです。

つまりニュートリノを直接見ることはできないんですが、この反応を起こさせて、それぞれに対応した「電気を帯びた粒子」を飛び出させ、それを測る——間接的に測る。で、その「電気を帯びた粒子」をいきなり捕まえてもいいんですが、さらに間接的なやり方をします。こういう方法です。

その粒子というのは、ものすごい速さで飛び出すわけです。なんと、光の速度よりも速いんです。こう言うと「光の速度を超えることはないはず」って思うかもしれま

図43＊ニュートリノが中性子にぶつかると…

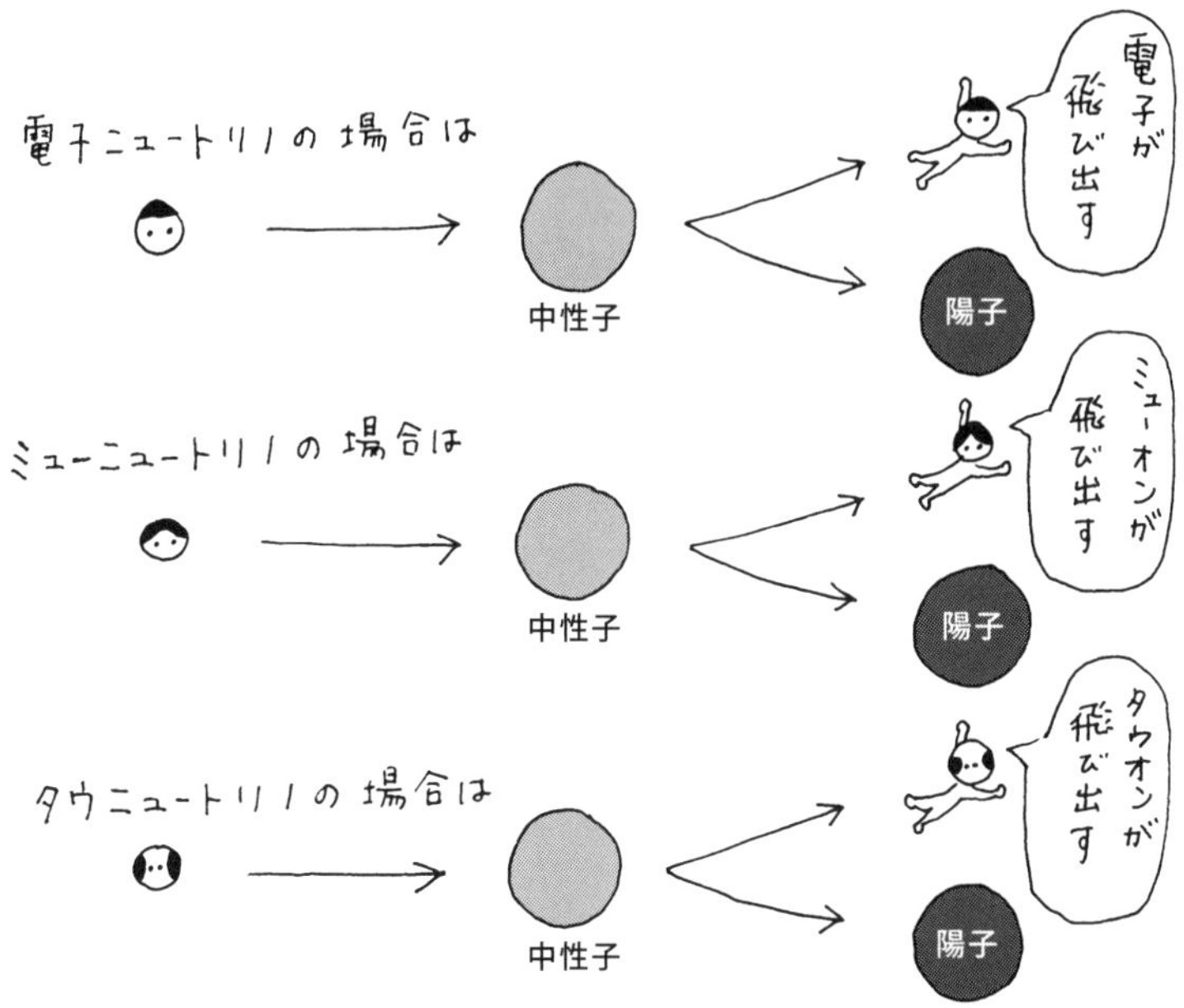
電子ニュートリノの場合は
中性子
電子が飛び出す
陽子
ミューニュートリノの場合は
中性子
ミューオンが飛び出す
陽子
タウニュートリノの場合は
中性子
タウオンが飛び出す
陽子

この表と対応している!

	第1世代	第2世代	第3世代	
クォーク	u u u アップクォーク	c c c チャームクォーク	t t t トップクォーク	強い力
	d d d ダウンクォーク	s s s ストレインジクォーク	b b b ボトムクォーク	
レプトン	e 電子	μ ミューオン	τ タウオン	電磁力
	νe 電子ニュートリノ	νμ ミューニュートリノ	ντ タウニュートリノ	弱い力

せんが、たしかに真空中では光の速度を超えることはできません。絶対にできません。ところが、物質中では光は速度が遅くなるんです。

皆さん、「屈折」って習ってませんか？　たとえば、水の中にある物体が曲がって見えたりしますよね。屈折という現象は、物質中を光が通るときに、速度が遅くなるために起こるんです。

水の屈折率はだいたい1.3くらい。4/3って覚えておくといいです。すると粒子の速さは、「屈折率分の1」になりますから、光が水の中を通った場合は3/4、つまり速度は75％になります。遅くなるんです。そのため、この粒子（電子）は水の中では光を追い越してしまうんですね。

するとですね、「光の衝撃波」なるものが出るんです（ちょうど音の世界で、音の速さを追い越したらその瞬間に衝撃波＝ショック・ウェイブが生じるのと同じです）。それがチェレンコフ光と呼ばれるものです。チェレンコフさんという、いかにもロシア人っぽい名前ですが、その人が発見しました。円錐状の光が出ます。このチェレンコフ光を捕らえるんですね（図44）。

ニュートリノを直接捕らえるのは無理なので、最初に中性子に当てて電子（あるいはミューオン、あるいはタウオン）を飛び出させます。そいつを物質中で走らせて、そいつが発するチェレンコフ光をキャッチする。2段階で間接的に捕らえるわけですね。

図44＊光の衝撃波：チェレンコフ光

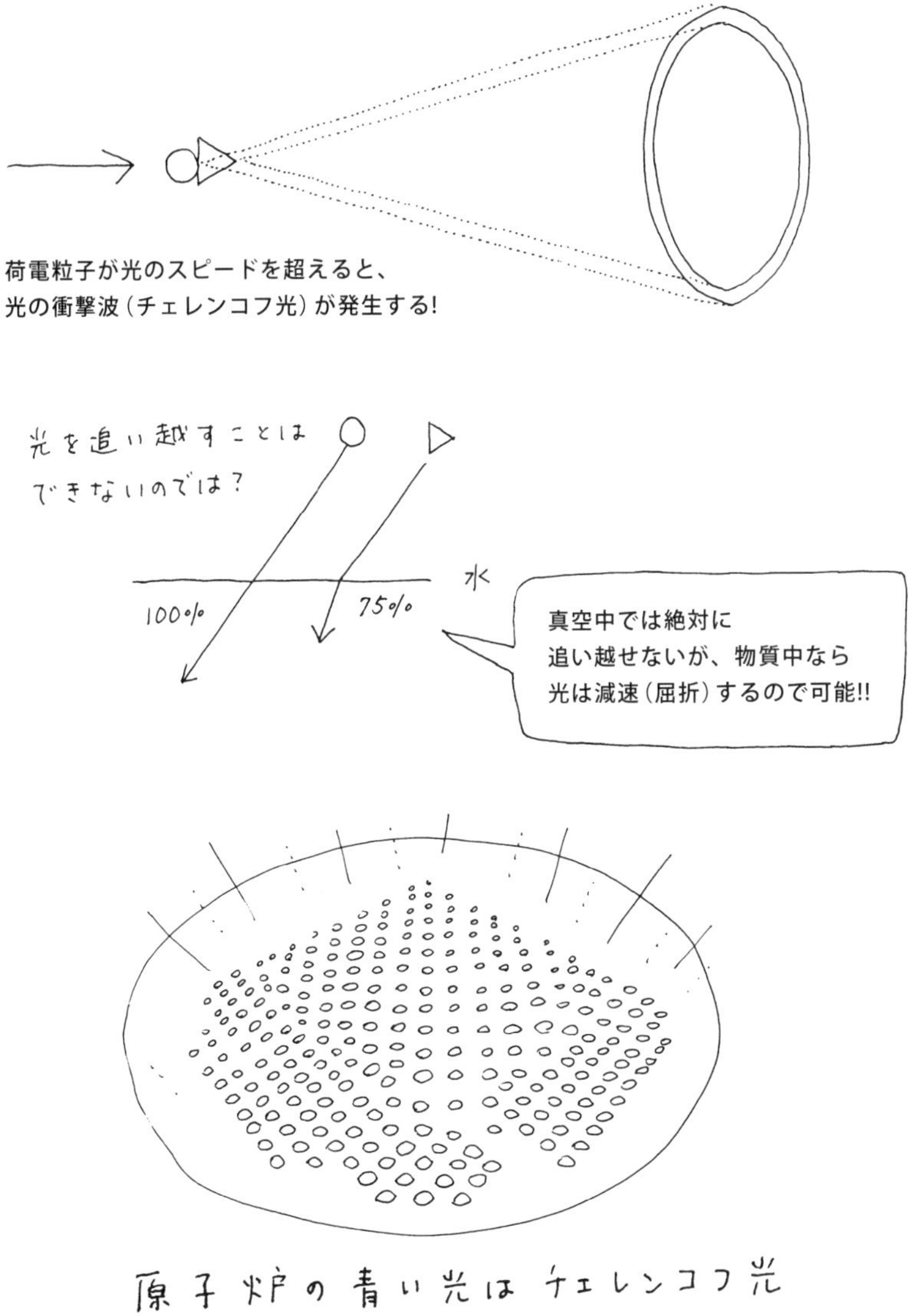
荷電粒子が光のスピードを超えると、
光の衝撃波（チェレンコフ光）が発生する！
光を追い越すことはできないのでは？
水
100%
75%
真空中では絶対に
追い越せないが、物質中なら
光は減速（屈折）するので可能!!
原子炉の青い光はチェレンコフ光

神の映像の正体はチェレンコフ光だった？

テレビで原子炉の資料映像を見たことありませんか？ 青白く光ってますよね。あれは、実は炉心の冷却水の中で電子がものすごい速さで泳いでるおかげで見えてるチェレンコフ光なんですね。青い光です。

あと、これは事故の話なので痛ましいんですが、1999年に、東海村JCO臨界事故というものが起きました。核燃料精製中に核爆発のようなことが起きてしまったんです。そのときに被害に遭われた方は亡くなられたんですけど、事故が起こった瞬間に、青い光を見たらしいですね。これも、何かが青く光ってるのを見たんじゃなくて、眼球の中を放射線がばーっと走ったときに発したチェレンコフ光だったんです。

あと、宇宙飛行士がよく、宇宙で「神を見た」と言って、ちょっと宗教がかっちゃう人もいるんですが、彼らが実際見たものの正体は、このチェレンコフ光が脳内を走ったときの映像らしいです。宇宙には、星や太陽から出ている天然のビームがありまして、宇宙線と言いますが、その荷電粒子が脳内を光速で走ったときに、チェレンコフ光が発生し、その信号を脳がキャッチしてしまう。脳に直接光が走るので変な映像として見えてしまう。

そのように、物質の中を光速で粒子が通ったときには、青い光が出ます。

ノーベル賞をもたらした画期的な実験装置

では、そんなチェレンコフ光を検出するための装置はどうやって作ったらいいのか？っていうと、実は既に答えを言ってしまってるんですが、まず第一に光を見るわけですから、透明じゃないといけません。透明だったら、プラスチックでもアクリルでもいいわけです。

あともうひとつ重要な点は、安くないといけない。なぜか？ニュートリノは反応性が非常に乏しく、地球くらいのサイズで、ようやく50億個のうち1個あたるくらいですから、だったら検出器もそれなりにでかくないといけない。とりあえず体積を稼いで、ちょっとでも捕まえよう、ということです。透明でかつ安い材質を大量に使って作った検出器。それがこれ、カミオカンデです（図45）。

小柴昌俊先生が考え出された実験装置です。これによってノーベル賞を受賞されました。

要は水のタンクです。3000トン、つまり3000立方メーター。めちゃくちゃでかいです。

内側につぶつぶしたものが並んでますよね。拡大したのがこれです（図46☞）。

図45＊カミオカンデ

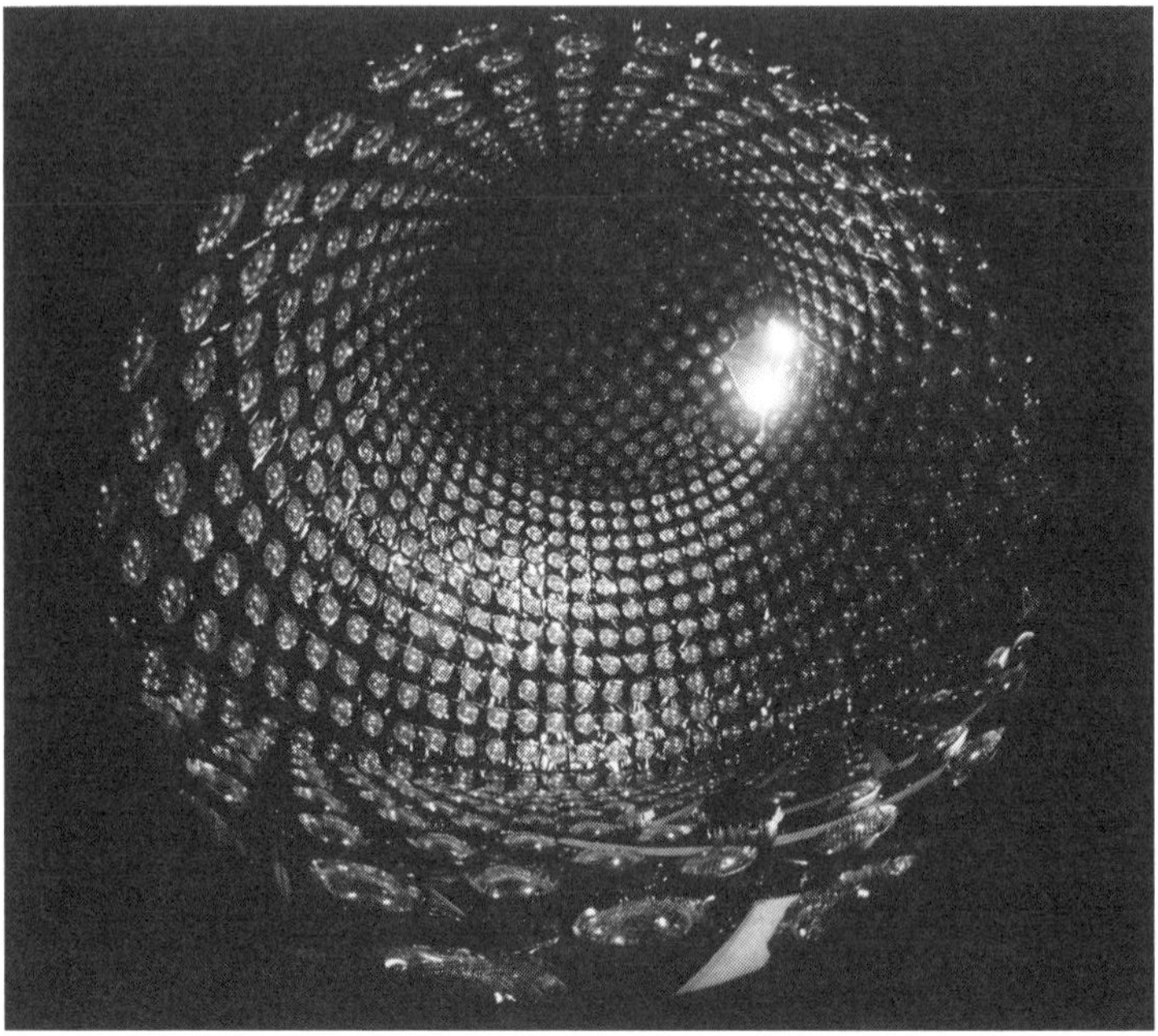

写真提供：東京大学 宇宙線研究所
神岡宇宙素粒子研究施設（P179、P180の写真も）

3000トンの水を
1000本の光電子増倍管で囲む。

©creative commons / Jnn

図46＊光電子増倍管

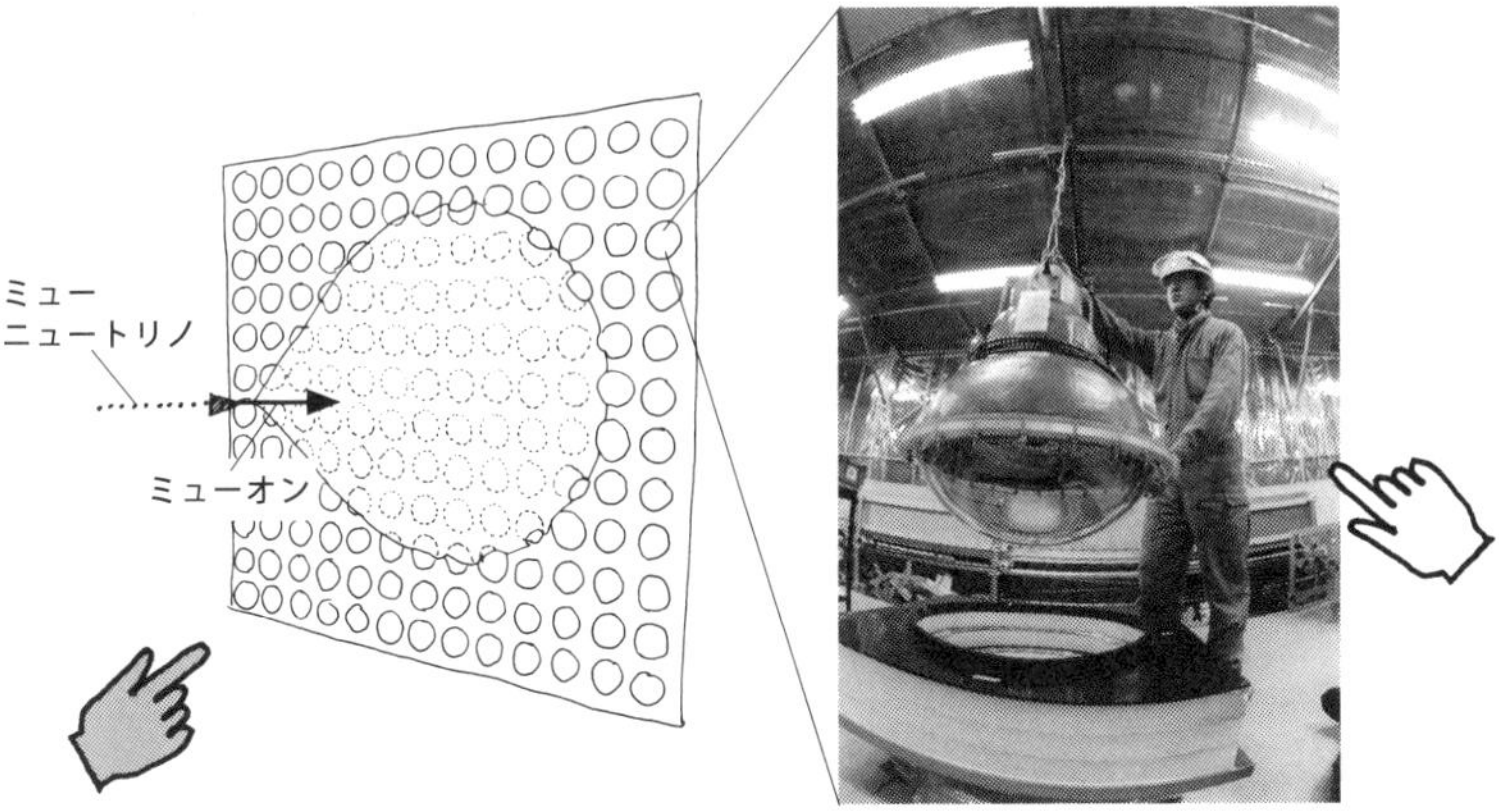

光電子増倍管と言われるもので、非常に巨大な電球のおばけみたいな形をしていますが、働きは電球と真逆。電球は電流を流すとピカッと光るんですが、これは光を当てると電流が流れるんです。

3000トンの水の中で発したかすかなチェレンコフ光を捕まえるわけですから、光に反応するセンサーをいっぱい設置する必要があるんです。光はどの方向から来るかわからないので、壁一面にびっしり付けてるんですね。

これは、カミオカンデの壁を切り取ったものだと思ってください（図46☛）。ニュートリノが左から飛んで来ます。中性子に当たってミューオンが飛び出します。そのミューオンが光速で走るために、円錐型のコーン状の光（チェレンコフ光）が出ます。

図47＊カミオカンデが捕らえたチェレンコフ光

ニュートリノの種類によって
チェレンコフ光の形は異なる。

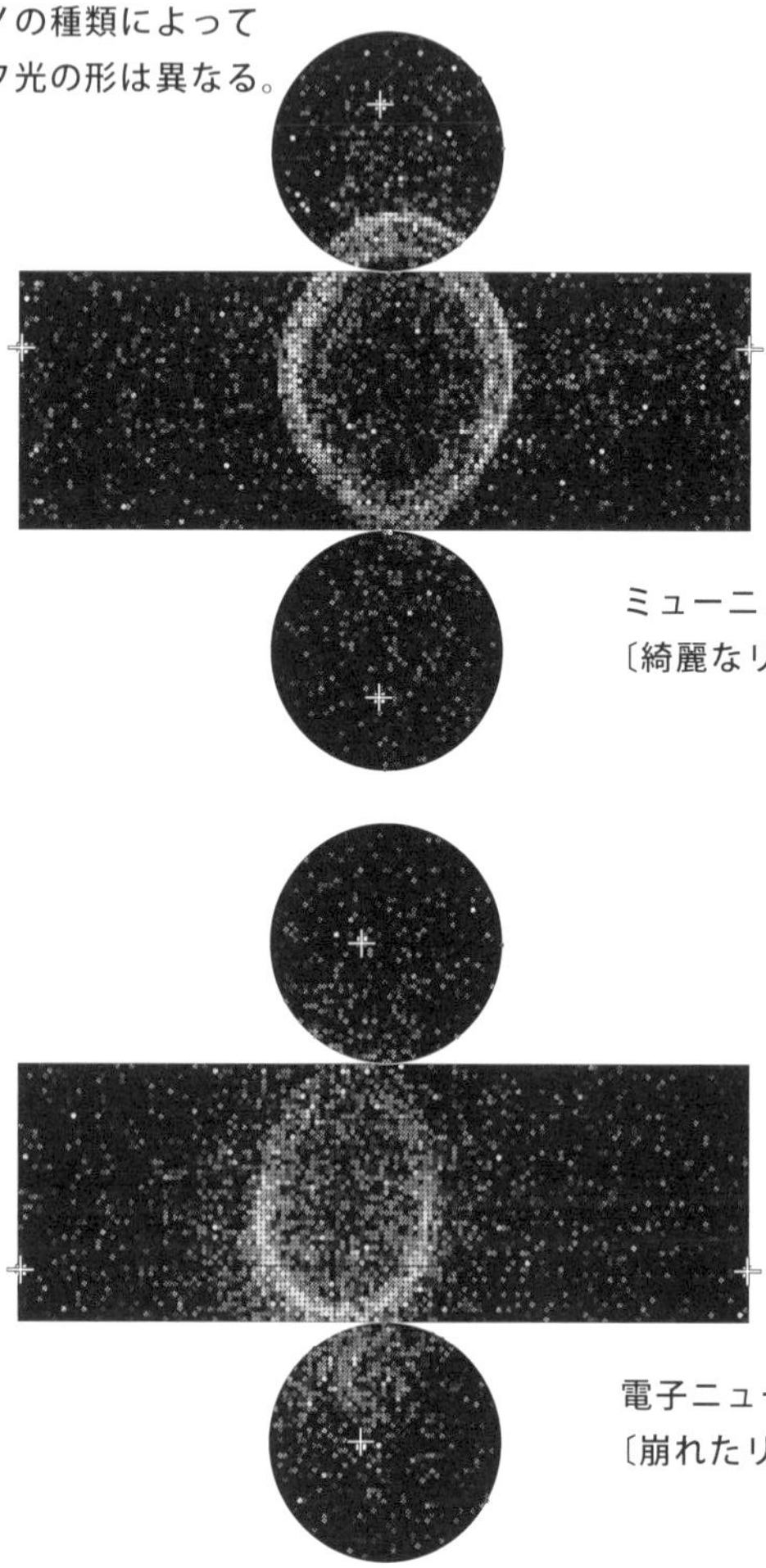

ミューニュートリノ
〔綺麗なリング状〕

電子ニュートリノ
〔崩れたリング状〕

カミオカンデは 飛んで来た
ニュートリノの種類までわかる優れもの！

チェレンコフ光が壁に当たると、当たったところが反応して信号が流れるわけです。実際に捕まえた信号がこちらです（図47）。

実は、このチェレンコフ光の輪っかの形は、飛んでくるニュートリノの種類によって違うんです。

ミューニュートリノは、きれいなリング状に見えます。電子ニュートリノの場合は、ぐしゃっとつぶれたような形です。タウニュートリノは質量がけっこうあるので、カミオカンデのように水とチェレンコフ光を使ったやり方では捕まえにくいのです。カミオカンデ唯一の欠点がこれです。タウが観測されにくい……。

それでも、単に「ニュートリノが来た」だけじゃなく、それが何ニュートリノなのか、その種類までわかることがこの検出器の非常に優れたところです。カミオカンデは、80年代に作られた装置で、もう30年くらい経っているわけですが、にもかかわらず、検出の感度から、わかりやすさから、何から何まで、未だに世界で一番優れたニュートリノ検出器なんです。この仕組みを超えるものはまだ登場していません。

実はカミオカンデにはある歴史がありまして……最初は、ニュートリノを検出するための装置じゃなかったんですね。ニュートリノ検出器として一躍脚光を浴びたのは、ある偶然からなんです。もともとこれ、「陽子崩壊」を観測するために作られた装置だったんですよ。

陽子崩壊とは何かと言うと、先ほど陽子と電子は寿命が宇宙よりも長いと言いましたね。でもあくまでも確率の問題なので、壊れにくいものでもたくさん集めれば、そのうちの1個か2個は壊れるでしょうと。

それを観測するため、水のタンクを用意しました。水はH_2Oですから——別に水じゃなくてもなんでもいいんですが——陽子がたくさん含まれてます。そのうちのどれかが崩壊すれば観測できるはず。カミオカンデはそのために作ったんですよ。3000トンの水の陽子のどれかが壊れて、「あ、やっぱり陽子も壊れるんだ」という姿を見たかったんですね。

当時、理論家の人がいろいろ計算したら、だいたい3000トンもあれば、1日に1個くらいは見られるはずだ、という話だったんですが、作ってみたらぜんぜん見られない。ずーっと観測していたのに見つからない。実は理論家の計算が間違ってたんです。

それでがっかりして「この実験、失敗だ……」と思っていたそのとき、あることが起こったんですね。本当に偶然、たまたま。

図48＊超新星爆発!

1987.2.23 16:35 SN1987A

光を使わずに天体を観測した、人類初の瞬間

超新星爆発です（図48）。

星が死ぬときって、バーンと爆発して、断末魔のようにものすごい光が出て、昼間のように明るくなるらしいんですけど、それだけじゃなくて、ニュートリノも大量に出るんですね。大量のニュートリノが地球に向かってばーっと飛んで来たところを、なんとこのカミオカンデがキャッチしたんです。1987年2月23日16時35分35秒、ちょうど「ああ、陽子崩壊見つからなくて困ったな」って言いながら、次の実験を模索していた、まさにそのときに起こったんです。

図49＊超新星爆発のニュートリノ

「超新星からのニュートリノを捕まえた！」戸塚洋二，
『現代の宇宙像』日本物理学会，培風館，1991年を元に作成

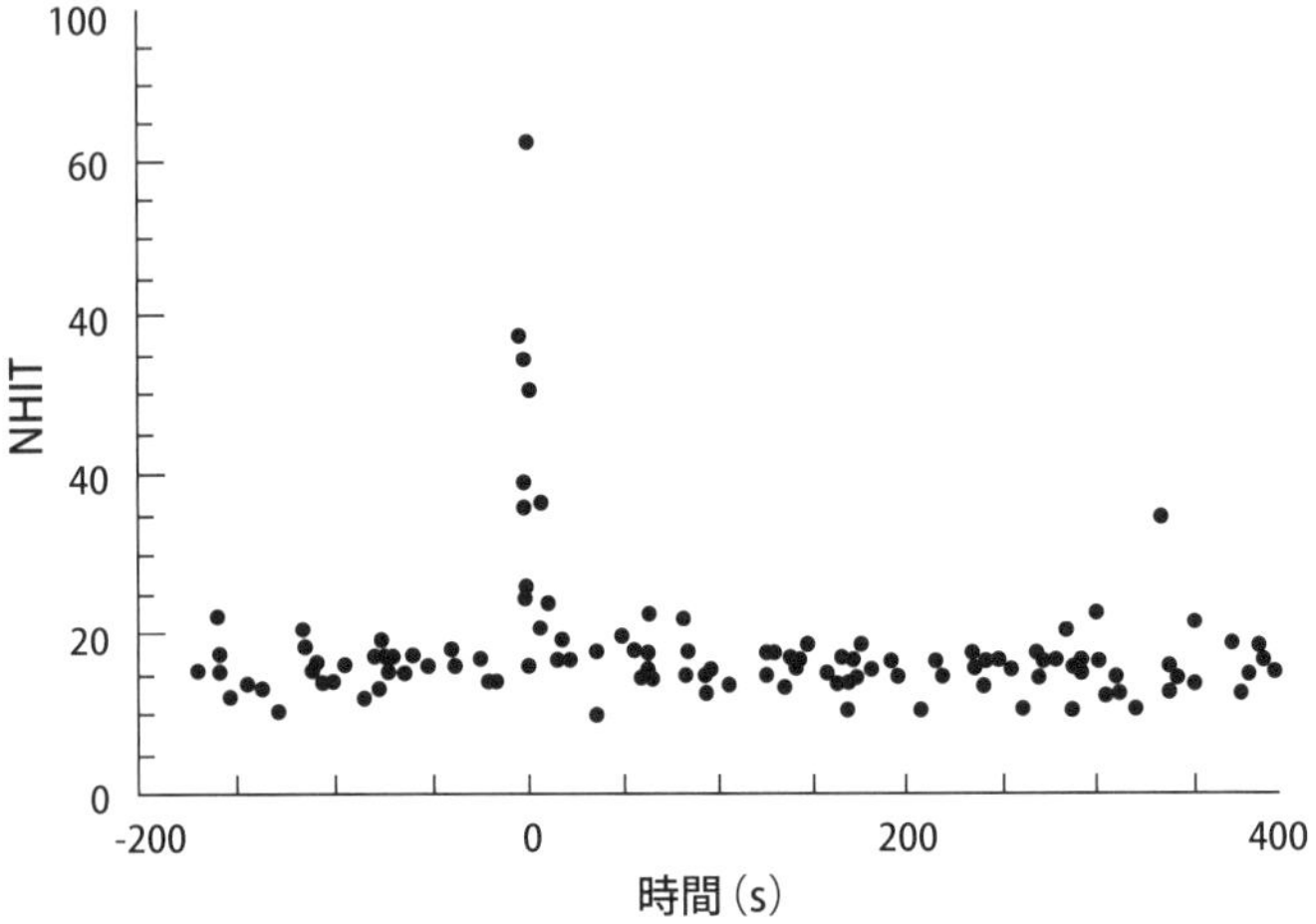
NHIT
100
60
40
40
20
0
-200
0
200
400
時間（s）

日本時間　1987年2月23日16時35分35秒（前後600秒間）

星が爆死したとき
ニュートリノは
10秒間に集中して
発生しているはず…
天体物理学者の
予想と一致！

これがそのときのデータです（図49）。下のほうの点は「バックグラウンド」と言ってノイズみたいなものです。測定器というのは、常に偽物信号がバラバラ出ているんですね。バックグラウンドが出ているなか、超新星爆発の瞬間にはバン！と跳ね上がっています。

実はですね、天体物理学者たちは「星が爆発したときは、光はかなり長いあいだ出続けるはずだが、ニュートリノは10秒くらいの間だけ固まって出るはずだ」と予言してたんですよ。それとぴったり合っていた。だからもう、「これはすごい！」となったわけですね。

このときまで——1987年のこの瞬間まで、星の観測にはすべて光を使ってました。電波望遠鏡などの電磁波も含めて、とにかく全部光でした。ところが、このとき初めて光以外の方法で、天体を観測できたんです。世界初。これによって小柴先生はノーベル賞を取ったんですね。

本当にこれは偉大な第一歩なんです。ニュートリノを捕まえられることがわかったし、それを使って星の観測もできることがわかったんですね。ニュートリノ天文学という新しい学問もここから生まれました。

棚の下にいないとぼた餅は手に入らない

この発見を可能にしたのは、必ずしも偶然だけではありませんでした。13秒間で11個見つかった、これがちゃんと理論と合っていた、ということで、ニュートリノだと証明できたんですが、この時間をちゃんと測定する装置――TDCと言いますが、それを組み込んでいたおかげで、観測時間を正確に記録できたわけです。

これは、陽子崩壊実験がうまく行かなかったあと、ニュートリノを観測する装置へと変えるための改造の一環として行われました。

他にも、外水槽を設置したり、水の純度を上げるための装置を改良したりして、ノイズを徹底的に減らす工夫をしていたんです。これらの改造は、実はこの2ヶ月くらい前に完成したばかりだったんですよ。

つまり、陽子崩壊が見つからないので、「この装置だめじゃん」って言って放棄して、「みんな帰ろうぜ」ってなってたら、この発見はなかったんです。諦めずに、「いや、何か他にも使えるんじゃないか」と試行錯誤して、努力して改造していたおかげで、この偉大な発見ができたんです。

もしそのとき改良してなかったら、ニュートリノ物理学は、世界でもこんなに進んでいなかったと思いますよ。僕らがやっている実験もなかったかもしれない。僕も今の研究所に就職してなかったはずです。

超新星爆発が起こったのは偶然でも、そこで生じたニュートリノを捕らえたことは偶然ではなかったのです。

努力って報われるかどうかわかりませんけど、ただ努力をしておかないと、絶対にこう、やってこないんですよね。「棚からぼた餅」って言いますけど、棚の下にいない者には、ぼた餅は手に入らない。棚の下にいる努力が必要なんですね。それが本当によくわかった出来事でした。

それで、「これは素晴らしい」ということで文部省から予算がつきまして、もっとでかいのを作りました。

図50＊スーパーカミオカンデ!

写真提供：東京大学　宇宙線研究所　神岡宇宙素粒子研究施設（左ページも）

50000tの水を10000本の光電子増倍管で囲む。

大きさはカミオカンデの17倍

スーパーカミオカンデ（図50）。「スーパー」って付けるのが安直ですが（笑）。

これは5万トンの水です。さっきのは3000トンですから17倍。直径40メーター、高さ40メーターという、ものすごく巨大なものなんですが、でも原理は一緒。単なる水のタンクに、さっきの電球のおばけを並べるという、ただ巨大化しただけです。

素粒子物理学の世界って、こういう力業みたいなのが良しとされてるんですよね。

この写真は水を貯める前に撮られたものです。人間がこの大きさですから、すごい巨大なことがわかると思います。このような世界一の検出器によって、宇宙を見ることができるようになり、いろんなことがわかってきたんですね。

何がわかったか？

ニュートリノをめぐるふたつの謎

まず、ニュートリノにはあるおかしな問題があることがわかりました。それが「太陽ニュートリノ問題」と「大気ニュートリノ問題」です。

さっきも言ったように、ニュートリノって太陽からいっぱい来るんですよね。どれくらい来るかは、理論上わかっていました。

ところが実際に観測してみたら、なぜかその予想値より少なかったんです。どうやら地球に来るまでに、ニュートリノに何かが起こっているらしい……数を少なくするような何かが。

もしこれが他の粒子だったら、「どうせ途中で何かにぶつかって減ってるんだろう」と考えるんですが、ニュートリノは他のものと反応しないはずですからね。しかも太陽と地球のあいだの空間は何もないわけです。なのに何で少ないのか？

これが太陽ニュートリノ問題です（図51）。

もうひとつが大気ニュートリノ問題。

地球には宇宙から放射線がいっぱいやって来てます。ところが上空に大気があるおかげで、そうやって飛んで来た放射線は、大気にガンガンぶつかって壊れてくれるんです。地上までやって来ない。もし大気がなかったら、人間は放射線がばんばん当たっ

図51＊太陽ニュートリノ問題

太陽から飛んでくる電子ニュートリノの量が、
理論値より少ない…

太陽

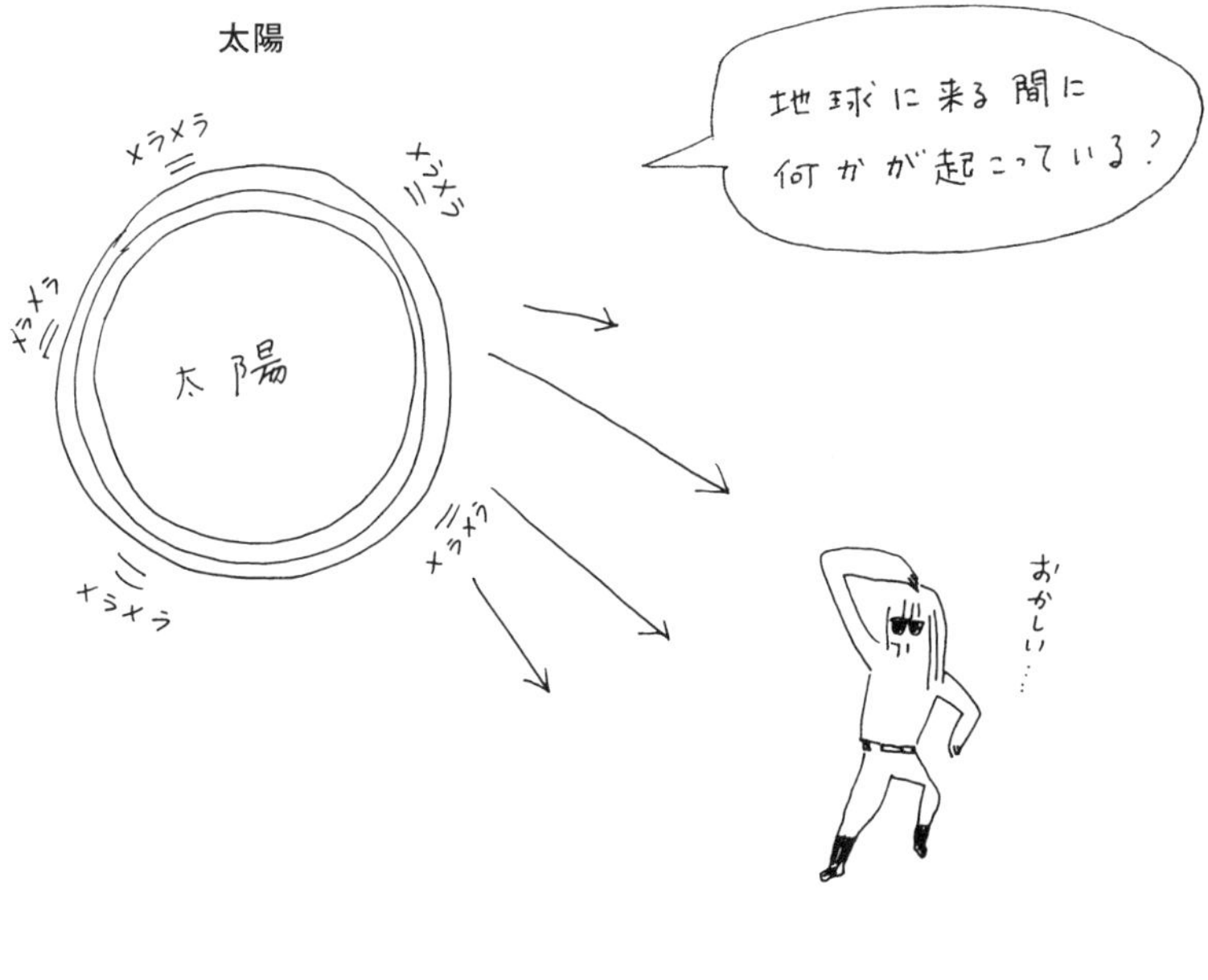

てしまい、生きていけないんです。大気は、単に酸素として重要なのではなくて、放射線からも守ってくれているという意味で大切なんです。

大気にぶつかる放射線（高速の荷電粒子）のほとんどは陽子です（宇宙から飛んでくるので寿命がある程度ないといけませんので）。

陽子が大気にぶつかるとどうなるか？

これ（図52☜）、第1回の授業でやったのと同じ形なのがわかりますか？　大気がターゲット（壁）だとして、陽子がぶつかると、π中間子が生まれて、そのπ中間子がちょっと走ったら、寿命で、ニュートリノ（とミューオン）に分解するんでしたね。人工的に作る方法と同じことが、自然界でも起こっています。加速器でのターゲットはグラファイトでしたが、自然界では空気の分子です。

こうやって大気とぶつかってできたニュートリノを、大気ニュートリノと言うんですが、これの何が問題なのか？

ここ（図52☜）にカミオカンデがあるとしますね。太陽がこのへん〔A〕にあると、カミオカンデはお昼です。太陽からやって来た陽子が、カミオカンデ上空で大気ニュートリノになって、カミオカンデに降り注ぎます。

一方カミオカンデが夜の場合。太陽がこのへん〔B〕にあって、陽子がやって来て、大気ニュートリノが作られます。ニュートリノは、さっきも言ったとおり、地球にぶ

図52＊大気ニュートリノ問題

大気ニュートリノ：太陽から飛んできた陽子が、
地球の大気に衝突してできるニュートリノ。

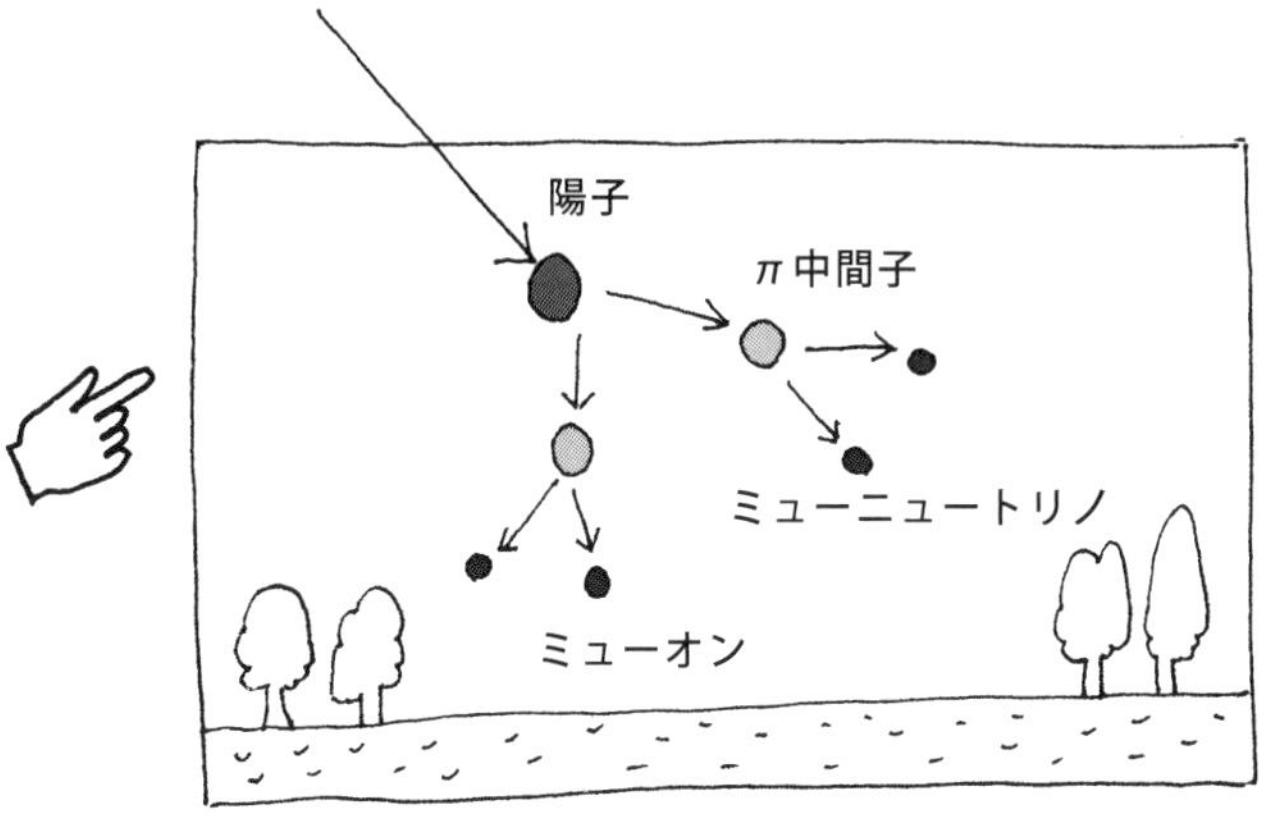

昼と夜で観測される大気ニュートリノの数が違う。

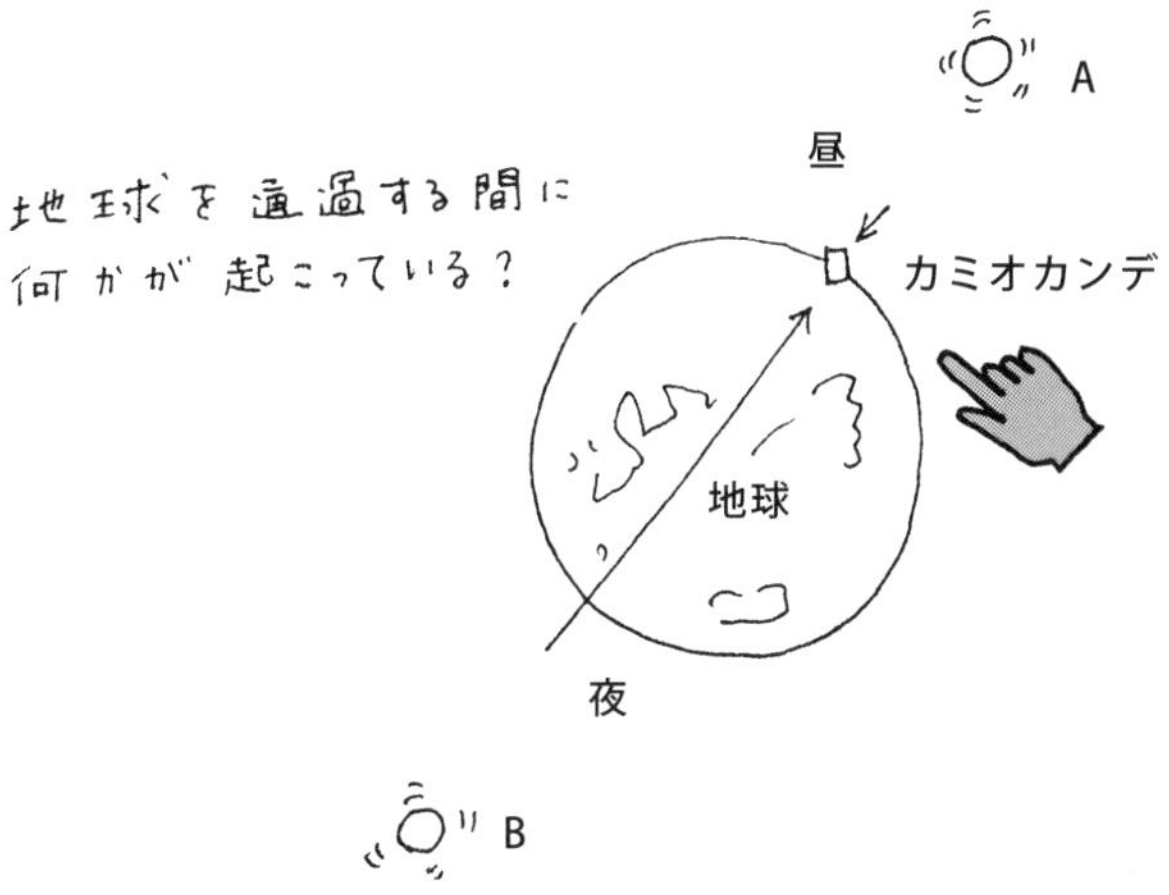

ニュートリノは地球を通過するので
数に変化はないはずなのに…

つかる確率は50億分の1ですから、地球の反対側でできた大気ニュートリノも、ほとんど全部通り抜けてくるはずですね。つまりニュートリノにとっては、検出器が昼だろうが夜だろうが、地球の裏側に太陽があろうがなんであろうが、ぜんぜん関係ないはずです。地球なんか何の覆いにもなってない。

ところがですね、実は昼と夜で、カミオカンデで観測される大気ニュートリノの数が違ってたんです。

それまではまともな検出器がなかったから、こんな細かいことまでわからなかったんですが、どうも昼と夜で数が違うらしい。地球を通過するあいだに、何かが起こってるはずだと。

「太陽から地球に来るあいだに何かが起こっている」(↓太陽ニュートリノ問題)、「地球を通過するあいだにも何かが起こっている」(↓大気ニュートリノ問題)というわけです。

3つのニュートリノは互いに変化し合っている?

その現象を予想していた理論がありました。「ニュートリノ振動理論」と言いまして、確立したのは日本人です(坂田昌一、牧二郎、中川昌美の3人です)。

当時ニュートリノは質量がないと思われていたわけですが、質量がない場合(正確

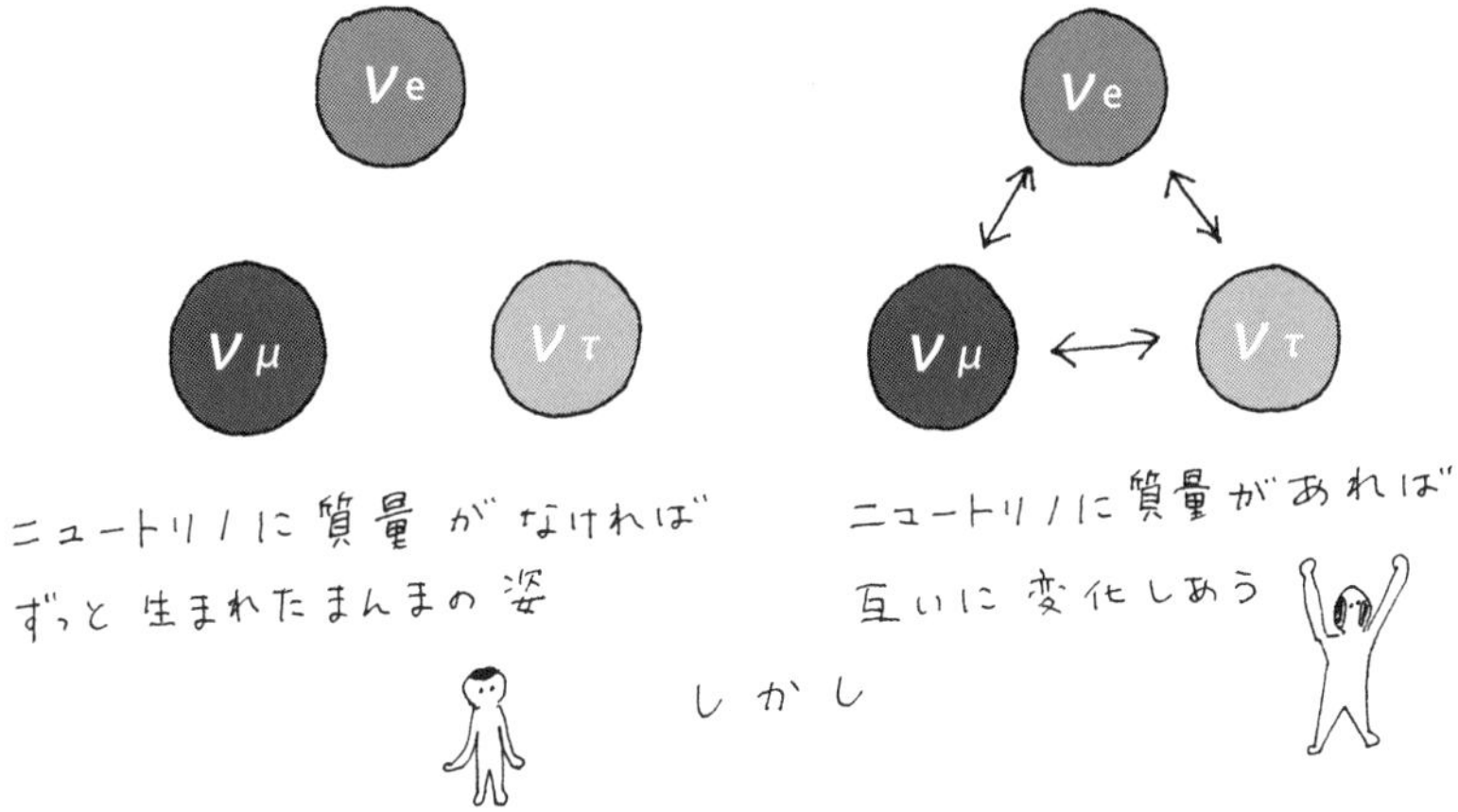
Ve
Vμ
Vτ
ニュートリノに質量がなければ
ずっと生まれたまんまの姿
しかし
Ve
Vμ
Vτ
ニュートリノに質量があれば
互いに変化しあう

には「質量の差」がない場合）、電子ニュートリノ、ミューニュートリノ、タウニュートリノはそれぞれ、生まれたときから生涯ずっと同じまま——電子ニュートリノは電子ニュートリノのまま、ミューニュートリノはミューニュートリノのまま、タウニュートリノはタウニュートリノのままのはずです。生まれてからずっと変わらない。考えれば当たりまえですよね。電子は生涯電子のままですし、いきなりミューオンに変わったりしないわけですから。これが考え方としてはふつうです。

ところが、「もしニュートリノに質量の差があれば、電子ニュートリノ、ミューニュートリノ、タウニュートリノたちは互いに変化し合うのではないか」という理論が考えられました。これがどういうこと

図53＊昼と夜の大気ニュートリノの数

「ニュートリノの質量の発見」E.カーンズ／梶田隆章／戸塚洋二,
「別冊日経サイエンス」164号, 2009年を元に作成

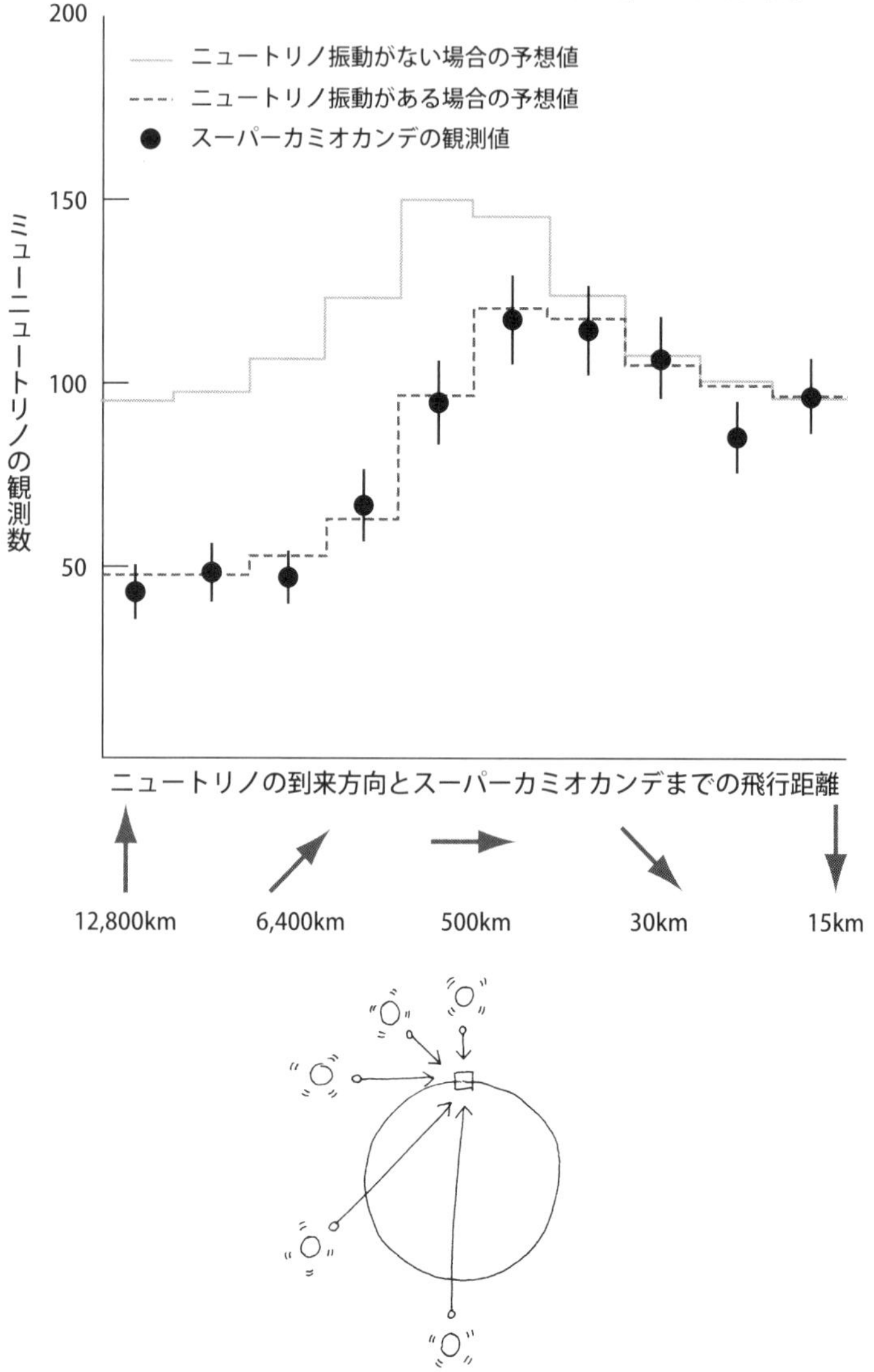

かっていうのは、今回ちょっと難しい話になりますので省きます。

この実験データを見てください（図53）。

左が地球の裏側（夜）、右が地球の表側（昼）です。グレーの線がニュートリノ振動がない場合の予想値で、黒丸が実際に観測されたニュートリノの数です。昼間のほうが多くて、夜が少なくなっているでしょ？

ニュートリノに質量の差（振動）があれば、互いに変化し合うので、たとえば、昼のときは電子ニュートリノとして観測されるけれども、夜のとき——裏側から来たやつは、違うニュートリノに変わってしまうのではないか。飛んでいる途中でタウニュートリノとかに変化してるんじゃないか？

その理論値を計算してみたのが、この点線でして、びっくりするくらいにぴったり合ってるんです。

どうもこの理論は正しそうだ。ニュートリノには質量があって、お互い変化するらしい。教科書が書き替えられるための第一歩です。

ここで、前にいただいたこの質問に答えてみましょう。

Q 宇宙から来る天然のニュートリノと加速器で作ったニュートリノビームの違いは何ですか？

ニュートリノは宇宙に溢れてるわけですよね。いくらでもあるんです。それを使って実験すればいいのに、なんでわざわざニュートリノビーム砲を1500億円もかけて作る必要があるのか。

もちろん理由があるんですね。やっぱり人工的なビームだと、エネルギー（ニュートリノの速さ）とか、量とか、あるいはタイミングとか（今から撃つよ、止めるよ）を全部コントロールできるんです。太陽から来ているやつは太陽まかせなので、いつも同じものしか来ない。「もっと速いニュートリノが欲しいんだけど」とか、「量を変えてみたいんだけど」とか、「ちょっと止めてくれる」って言っても無理ですから。そもそも最初に作られたときの条件も、推測はできますけど、本当にそうなのかはわかりませんしね。

そこで、自由に調整ができるビームで実験しましょう、というわけです。何のために？

さっきの現象が本当かどうか、もう一度確かめるんです。

太陽ニュートリノだけだったら、もしかしたら何か見落としている要素があるかもしれない。なんらかの別の現象が起こっているだけで、あの理論が本当に正しいかどうかわからない。

でも、もし人工のニュートリノを使って同じことが起これば、正しいことがはっきりするわけです。これがサイエンスのやり方なんですね。前回言いましたように、現象を説明する「理論」と、再現性のある「実験」の両輪があって初めて成り立つんです。

そういうわけで、ニュートリノを作って、カミオカンデに撃ち込んで、検証しましょう、というわけです。

いやあ、長かったですね。4時間かけてようやく、何のためにこの実験をしているかというところまで辿りつきました。

世界中が沸いた、すごい実験（第一世代）

実はね、今行っているニュートリノ実験（T2K実験）は、二世代目の実験なんです。初代は「K2K実験」と言いまして、1999年から2004年までやってました。「K2K」とは、「高エネ研 to 神岡」の略です。実験名ってふつうかっこいいものにするんですけど、この実験を考えた人がすごい……何ていうか、こういうことが面倒くさがりな人で（笑）、単純な名前をつけたので、こんな名前になってます。

K2K実験を実際に行なってみたところ、天然のニュートリノと同じような変化が見えました（**図54**）。

図54＊長基線ニュートリノ振動実験

K2K実験（1999〜2004）KEK to Kamioka

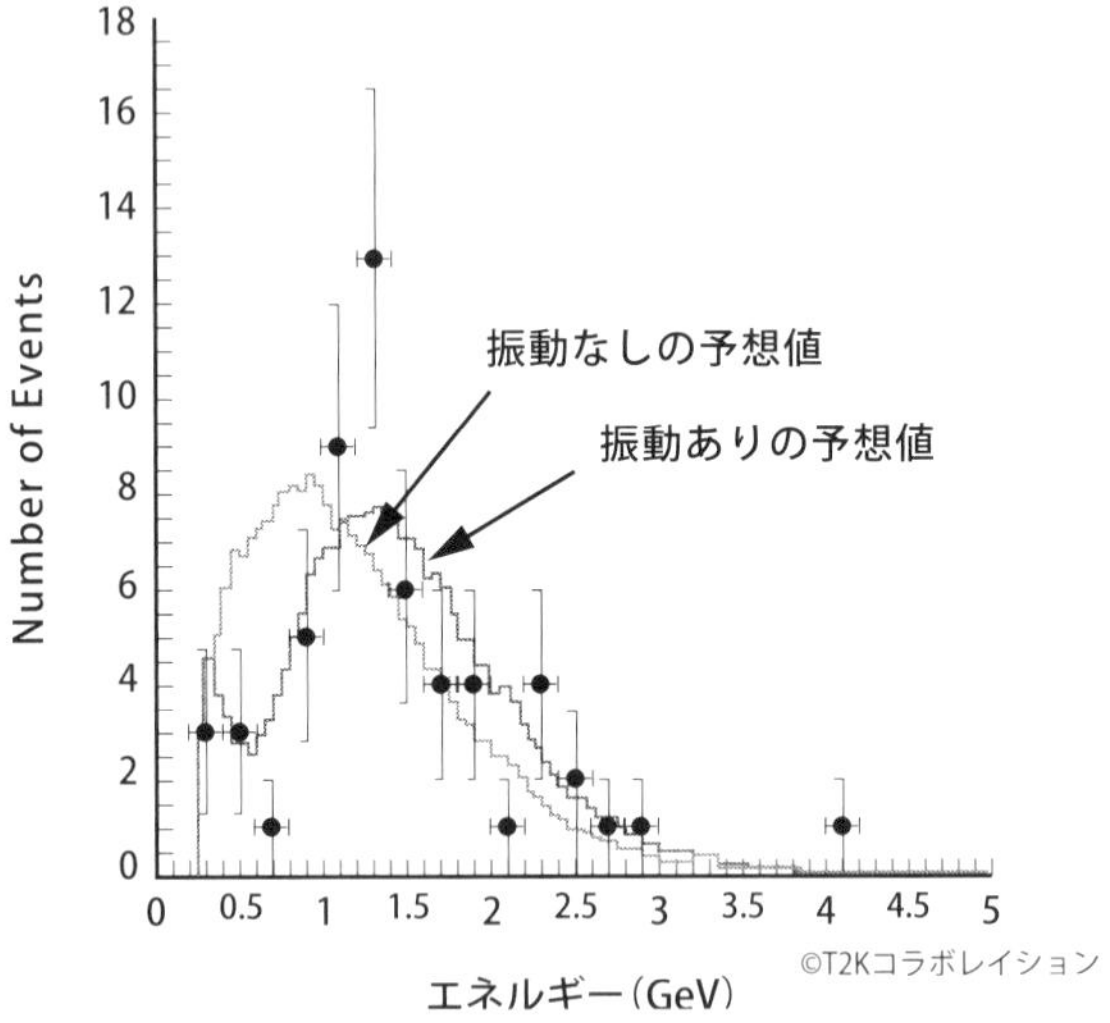

「振動あり」の予想値とぴったり一致!
99.998%以上の確率で、ニュートリノに質量があることがわかった。

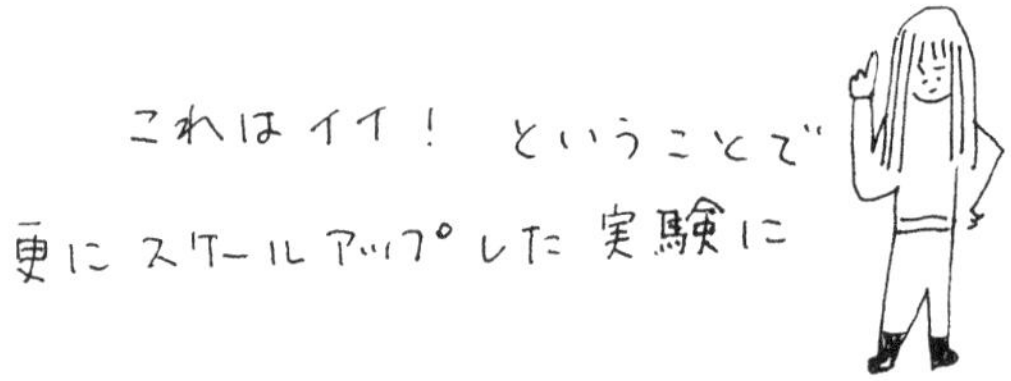

T2K実験（2009〜）Tokai to Kamioka

ニュートリノビームの強度を100倍にして、より詳しく性質を調べる。

本来156個のニュートリノが観測されるはずが、実際は112個しかなかった。黒丸が実験データなんですが（点ではなく棒になってるのは、エラーバー＝誤差です。実験には誤差がつきものですから）、誤差の範囲で、振動ありの予想値とぴったり合ってるんです。

これは間違いなく、ニュートリノが互いに変化し合っている。他の理由では絶対にありえない。ニュートリノに質量があるのは99.998％以上の確率で間違いない、と証明されました。

これは本当に素晴らしい実験で、世界中で「これはすごい！」と話題になりました。

T2K実験はノーベル賞を取れるか？

K2K実験の成功のおかげで、新たに始まったビッグプロジェクトが、これまでずっとお話ししているT2K実験というわけです。東海to神岡でしたね。2009年から始まりました。

T2K実験では、ニュートリノビームの威力を、K2K実験の100倍にしていますす。100倍にしていったい何を調べるのか？「ニュートリノに質量があることがわかりました」って同じことを言っても意味がありません。

K2K実験では、ミューニュートリノを撃ち込んで、それが何か別のニュートリノに変化したことまではわかったんですが、何ニュートリノに変わったかまではわかりませんでした。変わった先のものを捕まえることはできなかったんです。5年間の実験でも。

我々のT2K実験の目的は、このミューニュートリノが、何ニュートリノに変わるのか、その姿を突き止めることです。我々が東海村で作って撃ち込んでいるのはミューニュートリノのビームで、それ以外のものはほとんど混じっていません。なのに、もし何個か、電子ニュートリノが混じっていたら、この現象をちゃんと証明したことになるんですね。そして、ミューニュートリノと（変化で生じた）電子ニュートリノの数を数えることで、ミューニュートリノから電子ニュートリノへの変化の割合を求めることができます。これは世界でまだ誰も見たことがない現象なんです。これがうまくいったらノーベル賞が取れるかもしれません（図55）。

ここで次の質問に答えてみましょう。

Q ニュートリノビームが送られている間に、障害物はないのですか？

図55＊T2K実験の目的

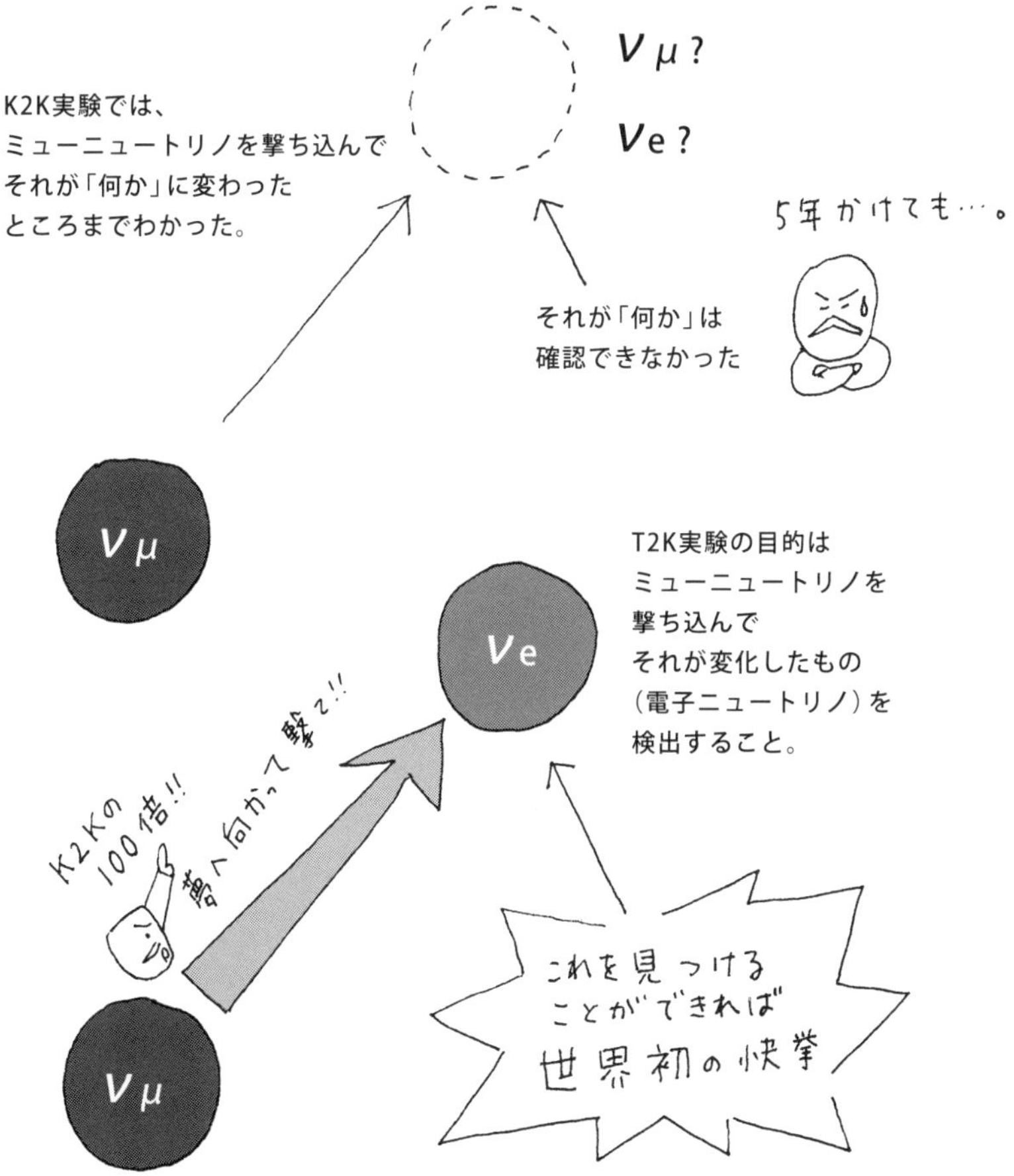
νμ?
νe?
K2K実験では、
ミューニュートリノを撃ち込んで
それが「何か」に変わった
ところまでわかった。
それが「何か」は
確認できなかった
5年かけても…。
νμ
νe
T2K実験の目的は
ミューニュートリノを
撃ち込んで
それが変化したもの
（電子ニュートリノ）を
検出すること。
K2Kの
100倍!!
西へ向かって撃て!!
νμ
これを見つける
ことができれば
世界初の快挙

図56＊ニュートリノビームの軌道

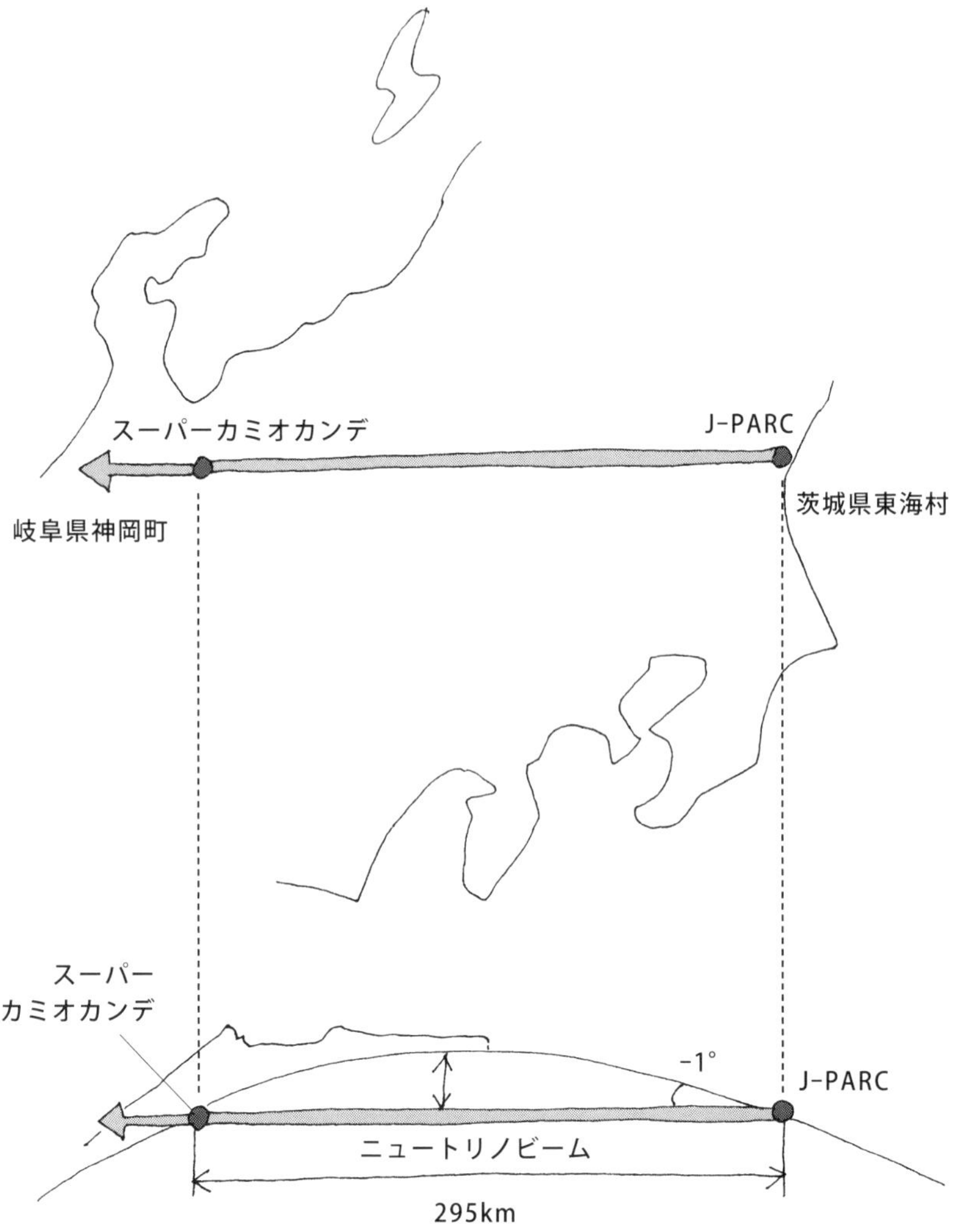

ビームはこのように走っています（図56）。

地球が丸いために、地面の中を通っているんです。よく「パイプが通ってるんですか？」って訊かれるんですが、そんなことしたらえらいお金がかかりますから、パイプなんて通せません。岩盤の中を通ります。これは、ニュートリノだからできるんですよ。地球の直径１３０００キロを通り抜けたって、50億分の1しか減らないんですから、こんなたかが３０００キロくらい通ったって、ほとんど減りません。

そして、これ。これは質問がなかったので、僕が書いときました（笑）。必ず訊かれるんですよ。

Q 地球をすり抜けるニュートリノをなぜ神岡では検出できるのか？

検出の原理を言っても、納得できない人が多いんですよね。「なんで捕まえられるの？」って。地球の大きさを使っても50億分の1しか当たらないんだったら、たかが5万トン程度の水じゃ全然だめなんじゃないの？って思うわけです。

カミオカンデにはなにか魔法のような仕組みがあって、それで捕まえてるんじゃないか？　まったくそんなことありません。置いてあるのは単なる水のタンクです。

じゃあなぜか？　これこそが素粒子物理学の真髄ですので、よく聞いてくださいね。

下手な鉄砲、数撃ちゃ当たる

です（笑）。つまりね、確率なんです。50億分の1っていうのは、確率が低いわけです。低かったら数撃ちゃいいんですよ。そしたら見つかるでしょ、っていう話。ほんとにこの力業なところが、素粒子物理学らしいんですが……。

それで撃ち出すニュートリノは1秒間に1000兆個です。第1回で言いましたね。日本の借金の額と同じだって。それが1秒あたりですから、ものすごい量です。ただニュートリノのビームは、300キロも飛ばすので、どうしても広がってしまうんです。発射したときの直径は3センチくらいなんですけど、到達点では数キロくらいに広がってしまいます。なので、スーパーカミオカンデに届くニュートリノも、1000兆個からだいぶ減ってしまいまして、それでも1秒あたり3000万個。とりあえず、それくらいがカミオカンデに到達します。それ×《かける》さっきの反応確率で、いったい1日にどれくらいのニュートリノが捕まるかと言いますと、だいたい10個くらい。

1秒間に1000兆個作って、それを24時間ずっと動かしっぱなしなので、9万秒撃ち続ける。1000兆×9万……それが、10個になるんですね。すごい悲しいものがありますよね、素粒子の実験って。

これだけ聞くとバカみたいな効率だと思うかもしれませんが、実はね、これでもものすごいことなんです。さっき言ったことを思い出してください。

ひとつ前のK2K実験では、5年間――1999年から2004年までの5年間やった実験で、112個しか捕まえてないんですよ。でもT2K実験なら、同じ実験をやったら、10日で終わるんです。

K2K実験は10日に1個くらいしか捕まえられなかった。それだと「データ」って感じがしないですよね。実験してる感がないです。1日ずっと座ってて何も起きないで、「さあ帰りましょうか」って感じです。10日間座ってないとデータがこないんですから。でもこれだったら1日10個くらいですから、ようやく実験っぽくなってきたわけですね。

先ほど、K2K実験では「ミューニュートリノが変化したことまではわかったけれども、電子ニュートリノに変わったことまでは発見できなかった」って言いましたが、その理由はたぶん数の問題なんです。112個じゃ足りなかったんですよ。ですから、このK2K実験の手法自体はそのままで、撃ち込むニュートリノの数を増やして、また、できれば電子ニュートリノに変わり易いニュートリノを使って（ニュートリノビームの中で、中心部分よりも、少し端にずれた部分のほうが電子ニュートリノに変わり易いのです）

実験を行えば、必ず見つかるはずだ。そういう予測があるんですね。
では、この質問、

Q ニュートリノがカミオカンデに届くまでの時間は？

これは簡単に計算できます。ニュートリノの速さはほとんど光の速さと同じですので、それを300キロで割ればいいんです。となると、

300km÷300,000,000m/sec＝1msec（0.001sec）

1000分の1秒。1ミリ秒ですね。もう、ほんの一瞬なんです。ここで大事なことがひとつあるんです。これはすごくいい質問をしてくれたんですよ。

Q 神岡で観測されたニュートリノが、本当に東海村から来たっていう証拠はあるんですか？

そうなんです。太陽からもいっぱい来てるんですよね。だったら、太陽から来たや

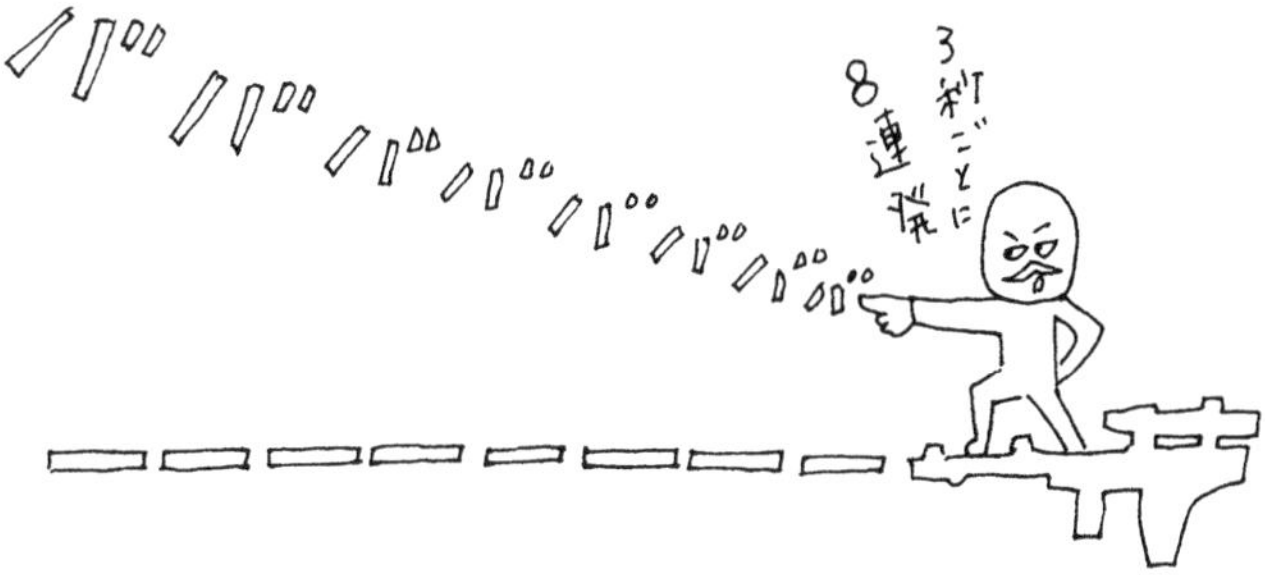

カミオカンデにビームが到達する予想時刻が正確にわかる!

つを捕まえたかもしれないじゃないですか。なんで東海村から撃ったやつだってわかるのか？　東海村から来たやつが、ちゃんと電子ニュートリノに変わったという証拠がないといけません。

ビームを、ずーっと連続で撃ってたら実験にならないんです。このビームは、細かく8回ババババババババと連射します。で3秒待ちます。それで3秒後にまたババババババババと8連射します。この3秒っていうのは単に加速にかかる時間なので、これ以上早くできないだけなんですけども、こういう撃ち方をするわけです。

もしニュートリノが検出されて、それがビームを撃ってから1000分の1秒後のものであれば——正確に8連射のタイミングで来ていれば——偽物（太陽からもの）では

図57＊神岡で観測されたニュートリノが東海村から来たという証拠は?

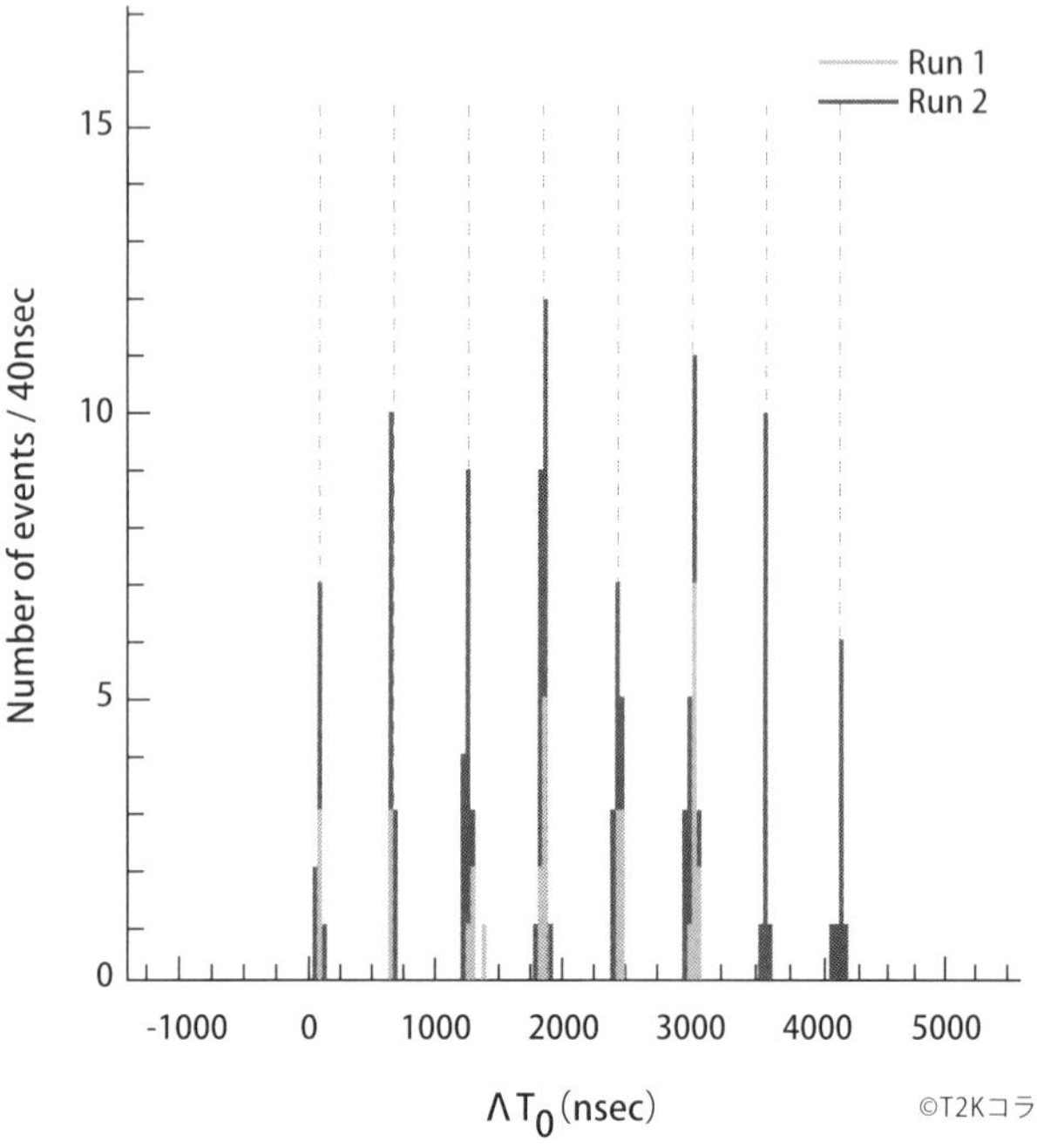

©T2Kコラボレイション

実際に観測されたデータを
何枚も重ねると
ピッタリ!! 8連発の
タイミングで来ていた!

ないとわかるわけです。

これは、実際に観測されたデータを何枚も重ねたものです（図57）。点線で描いてるところが、ニュートリノが来るだろうというタイミング、8連射ですから8本立ってます。そこに1日10個くらい観測された実験データを何枚も重ねてみると、このようにちゃんとぴったり同じタイミングで来てるんですね。正確に言うと、それ以外のもの（太陽や原子炉から来たもの）は偽物として排除してあるんですが、きれいに一致しているわけです。

ですからこの実験は、何億分の1秒という小さな時間をきちんと計れないと成立しないんですね。ちょっと神岡と東海村で「時計合わせようか」って言って、時報を頼りに「せーの」っていうレベルじゃ絶対にできない。時計もGPSを使って、ナノ秒とか、それくらいの単位で合わせています。あとビームを撃つ向きも、GPSじゃないと合わせられません。ですので、いろんな意味で21世紀にならないとできなかった実験でもありますね。

こちらは、初めてニュートリノビームを作るのに成功したときの写真です（図58☞）。だるまに目を入れているのは西川先生と言って、この実験を考え出した人です。チームリーダー。今は僕が勤務している高エネルギー加速器研究機構の素粒子原子核研究所の所長をやっておられます。

図58＊T2K実験の始まり

2009年4月23日、ニュートリノビーム生成に成功!

©KEK

2010年2月24日、神岡でニュートリノを観測!

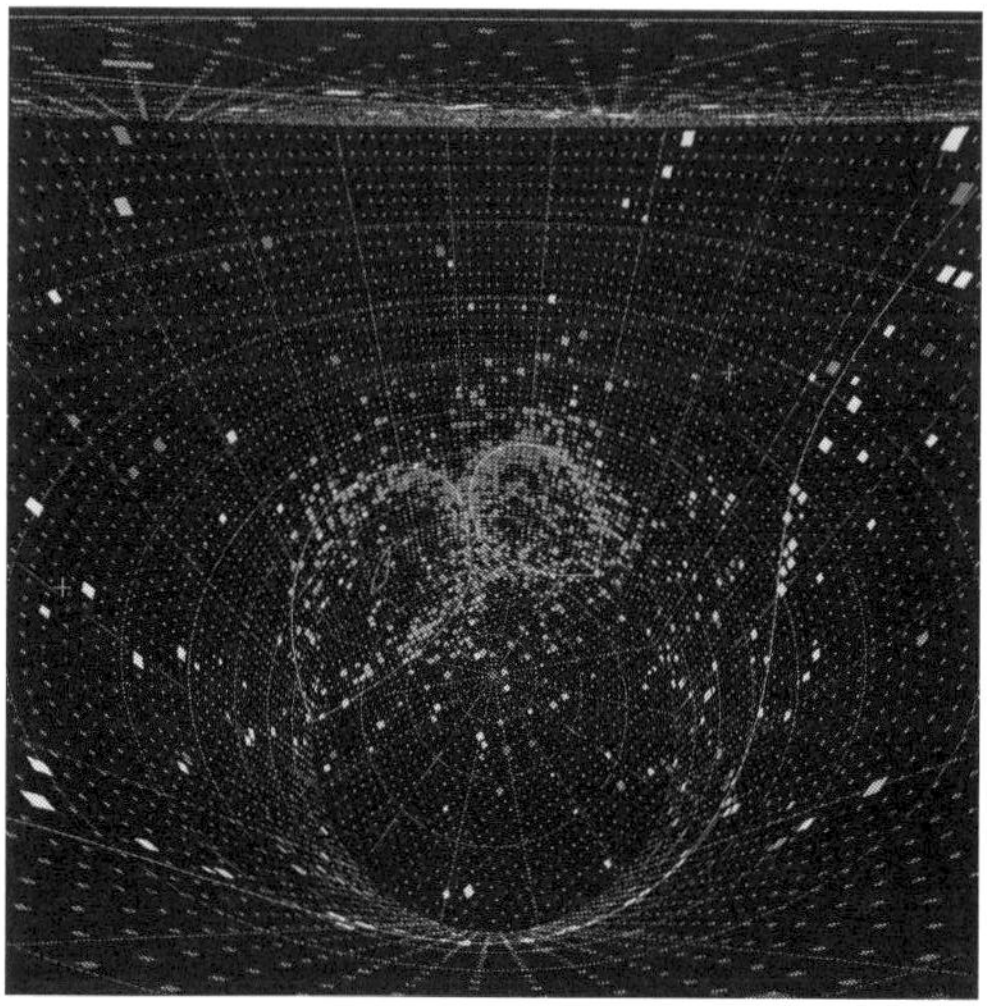

©東京大学 宇宙線研究所 神岡宇宙素粒子研究施設
およびT2Kコラボレイション

この写真、僕が主役みたいですが（笑）、違います。隣の西川先生です。西川先生は以前京大の教授で、僕は博士号を西川先生からもらっていたんです。あとで聞くと、なんと高校も一緒だったんですね。ほんとに偶然、たまたまですけど。

その下は神岡で捕らえた初めての信号ですね。2010年2月24日。これも座ってたらいきなりパシッときた、やったーとかじゃなくて、さっきも言ったように、本物かどうかを確かめないといけないので、一晩くらいデータを検討するんですね。タイミングと合っているかどうか。それで「どうもこれは本物らしい」ということで、翌日25日に本物だって確定したんです。

そんな感じで、今どんどん実験結果を溜めているところです。

では最後にライバルの話をしておきましょう。前回の質問で、

Q 研究施設が地震などの災害で停電したらどうなるんですか？ アメリカやヨーロッパに負けちゃうんですか？

というものがありました。最初にやったK2K実験が非常にいい実験だったので、我々日本だけじゃなくて、ヨーロッパとアメリカのグループも同じようなニュートリノ実験を始めたんですね。

アメリカのＮｏ《ノ》ｖＡ《バ》という実験は、我々と同じように加速器でニュートリノを作って800キロ先の検出器に撃ち込むというものです。彼らのビームの威力はすごく強いんです。ただ、スーパーカミオカンデのような高性能の検出器がないのがアメリカの弱点です。

アメリカもだいたい1日に捕らえられるのが10個くらいです。本当のライバルなんですね。

今のところ我々は勝ってるんですが、ところが最近、アメリカの文部科学省に相当するところがですね、「実験をもっと早めなさい」という指令を出したんです。日本の我々がトラブルなどでもたもたしていたおかげで（更に地震も起きましたので）、アメリカは「がんばったら追いつけるんじゃないか」ということで、計画を前倒ししよう、ということになりました。数年前倒しされると、ほとんど追いつかれてしまうので、ちょっと今やばい状態です。

ヨーロッパではフランスで同じような実験をしてるんですが、こちらはニュートリノを作るのに原子炉を使っています。原子炉は彼らが実験のためにわざわざ建てたわけじゃなくて、もともとあったところに、「ちょっと隣に置かせてね」って言って検出器を置いたんですね。原子炉からは、放っておいても大量のニュートリノがバンバン出てきますから、検出の個数も我々よりも1桁から2桁くらい多いんです。

Double Chooz（フランス）：原子炉を使用

フランスの場合は、電子ニュートリノがミューニュートリノに変わるのを見ようとしています。我々と逆。原子炉からは電子ニュートリノがばんばん出てきますので。フランスの実験「ダブルショー」は、名前からもわかるように、検出器を2つ置いてます。2つ置くと、検出器自体が持っているシステム的なエラー信号が消えるんです。誤差がなくなるので精度がよくなる。ただそれでも、原子炉を使ってますので、ニュートリノの量は多いんですが、加速器に比べると精度はかなり落ちます。ニュートリノをコントロールできませんから。フランスの検出器は、我々のように「水＋チェレンコフ光」ではなくて、液体シンチレイターというものを使ってます。それをタンクに入れて、光電子増倍管でシンチレイターの発する蛍光を見ます。

競争があるから進歩できる

一応どの国も、実験を始める前にはだいたい何年くらいで成果が出るかという目算を立てて、それを国の役人に説明して予算をもらうわけですが、その予測が、日本もアメリカもフランスも同じなんです。２０１４年。ですから本当のライバルなんですね。三つ巴の熾烈な戦いをしています（追記：これは、２０１３年に我々のグループの勝利に終わりました。現在、第2段階の目標に向かってアメリカと熾烈な争いを行っています）。

ちなみに、中国と韓国でも実験は行なっているんですが、どちらも加速器ではなく原子炉を使う方式でして、まだそれほど成果が出てないみたいなので、今のところ一番のライバルではないです。

ライバルがいると、それに勝つために必死にならなければならない分、たしかに大変ではありますが、一方で、その必死さがあればこそ、進化するんですよね。ライバルのいない環境でのんびりやってると、技術の進歩ものんびりしたものになります。受験も同じですよね？ ライバル同士で切磋琢磨し、それゆえ急速な進歩を遂げる。それこそが人類の科学技術が進化してきた歴史そのものです。

Q J-PARCは事業仕分けには引っかからなかったんでしょうか？

ありがたいことに、民主党が政権をとる前に完成しました（笑）。先に完成させた者勝ちですよね。でもたしかに引っかかってたかもしれないです。

あの事業仕分けで「一番じゃないと駄目なんですか？」って話がありましたけど、僕が訊かれたら、即座にこう答えます。

「絶対に駄目です！」

むしろあれは、訊かれた人が答えられなかったのが問題ですよね。科学技術の世界は、一番じゃないと意味がないんですよ。自動車とか他の産業なら、二番手でも別にいいんですが。

なぜJ-PARCに世界中から研究者が集まってくるのかというと、ここが最先端だからなんです。

建設費の1500億円が何に使われているかというと、別に僕らお札を燃やしているわけではなくて（笑）、日本の企業に流れて行くんです。例えば清水建設とか東芝とか――もちろん多少海外にも行ってますけれど、ただ日本でやる実験ですから、ほとんど日本の会社にお金が落ちると思ってもらって結構です。

加速器を作るためには非常に高度で特殊な技術が必要で、たとえば超伝導加速空胴というものを作るには、ニオブ（原子番号41）というものすごく扱いにくい金属を使って加工しなければなりません。それをやっている東京電解という企業は、その技術で世界のほとんどのシェアを占めているんです。その技術も、我々と一緒に加速器を開発していくなかで徐々に培われていったものなんです。

僕らは、実験をするための装置をいろいろ考え出して、「こういうものを作ってくれないか」って、企業の人にお願いすると、「そんなの、今の技術じゃできませんよ」って言いながら、でもどうにか開発してくれたりするんですね。それによって、彼らも想像していなかった新しい技術が生まれることもあります。新たな技術というものは、これまでやったことがないことをすることで生まれるんですね。それが、その企業の新たな利益につながるかもしれません。

そのように産業の振興にもなっているわけです。

でももし一番じゃなくて二番だったら、次から予算も下りなくなって実験できなくなりますし、そもそも物理学の世界では、二番の実験なんて誰もやりません。東芝にも三菱重工にも加速器部門ってあるんですが、そうなれば全部廃業です。これらの部門は、先程の例のように、新たな技術を生む母胎ですから、新たな技術が生まれなくなって、日本の科学技術産業の大きなマイナスになります。一番であり続けることによって、大きな産業を支えていけるんですよ。

とまあ、今言ったのは、わかりやすい「経済的な」話ですが、もっと本質的なこと――「素粒子物理学が、自分たちにとってどんな意味があるのか、何の役に立つのか」という話は、次回の最後にしたいと思います。

すでに時間を相当オーバーしてますが、質問でいただいていた、反物質とか暗黒物質、宇宙に関するものは次回ご説明します。それでは今日はここまでです。

加速器の例（シンクロトロン、
500m

第四章

100年後の世界のための物理学

相対性理論と宇宙について

では始めましょう。今日が最終回です。最初に、例によって前回までにいただいた質問に答えてみようと思います。

Q ライトセイバー同士がぶつかると、ほんとに弾き合うんですか？

ライトセイバーが名前のとおり「光」だったとしたら、つまりレーザーでできている場合は弾き合うことはありません。

プラズマ、あるいはビームだった場合は、プラズマもビームも電気を帯びてますから、たとえば＋同士や－同士のように同じ極で合わせると、反発力が多少働きます。でも映画みたいに弾き合うようなことはありません。せいぜい放電でバチバチなる程度でしょう。映画のようなのはありえないと思ってください。

Q オーロラに触れると、雷と同じように感電するんですか？

オーロラはプラズマなので電気を帯びてます。ですから感電はします。でも感電って程度によりけりなんですよね。たとえば静電気だって感電と言えば感電です。触ったらバチッときて「痛っ」って思うけれども、命に関わるものじゃありませんよね。

でも静電気の電圧ってけっこうなもので数キロボルトあるんです。家庭用コンセントは100ボルトですから、電圧としてはあれの数十倍。なのに死んだりしないのはなぜかというと、電流が小さいからです。出力というのは、あくまで電圧と電流をかけたものなので、電流が小さければ、電圧が高くても大丈夫なんです。

オーロラも電流は大して流れていません。薄い気体ですから。たぶん人が入っても死にはしないと思います。感電はしますけど。

Q ニュートリノは何でできているのですか？

今のところクォークとレプトンよりも細かい構造は見つかっていません。実験でもその先は砕けない、となっています。一応理論はありますけど、まだわかりません。ですから今のところはニュートリノが何でできているかは不明です。

Q ニュートリノに質量の差があったらなぜ変化し合うのでしょうか？

これは前回説明を省略したんですが、質問されましたのでお答えしましょう。そのときお話ししたのは、もしニュートリノに質量があれば、「ニュートリノ振動」というものが起こって、3種類が互いに変化し合うという話でしたね。なぜそれが起きるのか？　初めてこれを考えた人は、数式をばーっと解いて導き出したわけなんですけど、ここでそんな数式をやってもおもしろくないので、イメージで考えてみましょう。

まず予備知識として知っておきたいのは、量子力学という、こういったミクロの世界を扱う物理学では、素粒子は粒子であると同時に、波の形をしている、ということです。光もそうですね。粒子とも言えるし、波とも言える。ニュートリノは「粒だ」と考えてもいいし、「波のようなものだ」と考えても構わない。二重性があるんです。正確に言うと、普段は波のような姿をしていて、人間が見た瞬間に、粒子になるという――ここが非常に不思議で、イメージとして捕らえにくいところなんですけれども。

ニュートリノは、実は1種類の波ではなくて、複数の波が重なって作られています。実際には3種類の波なんですが、今回は話を簡単にするために、2種類の波で考えてみます（図59）。

まずミューニュートリノ。たとえば、黒とグレーの波が、それぞれ2対1くらいで混ざっているとします。一方タウニュートリノは、黒とグレーの波が、逆に1対2くらいで混ざっているとします。どちらも中身は黒の波とグレーの波からできているんですが、割合が違うわけですね。ちなみに我々のニュートリノ振動実験は、この「混ざっている割合」がいったいいくらなのか、を調べるものです。

図59＊ニュートリノ振動をイメージで捉えると…

複数種類の波が重なってニュートリノを構成している。

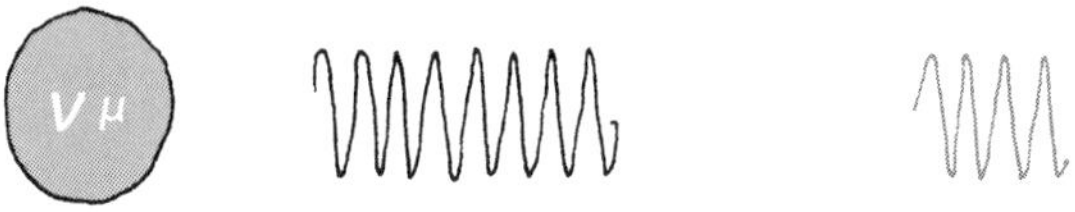

[ミューニュートリノ]　2　：　1　で混ざっている。

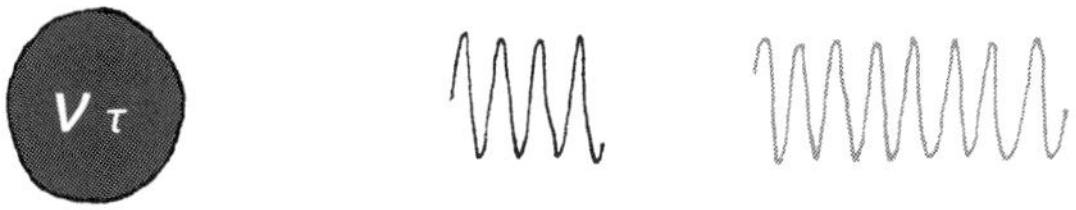

[タウニュートリノ]　1　：　2　で混ざっている。

入っている波の種類は同じだが、割合が違う。

波長が質量を示す → 波長が同じ ＝ 質量が同じ

$$\begin{pmatrix} |\nu_\mu\rangle \\ |\nu_\tau\rangle \end{pmatrix} = \begin{pmatrix} \cos\theta & -\sin\theta \\ \sin\theta & \cos\theta \end{pmatrix} \begin{pmatrix} |\nu_1\rangle \\ |\nu_2\rangle \end{pmatrix}$$

一応、式

波の場合、波長が質量を表すと思ってください。波の山から山までの長さですね。波長が同じ場合は、質量も同じというわけです。そういう「2つの波が混ざっている」状態を表した数式が下の行列式ですが（図59）、頭に入れる必要はありません。このθを求める実験をやっている、と思っておいてください。

黒とグレーの2つの波が混ざってニュートリノができているわけですが、もしこの2つの波が同じ波長で重なってた場合——授業で「波」を勉強した人はわかると思いますが——同じ波長の波を足しても、振幅（上下の揺れ）が大きくなるだけで、波長（山から山までの長さ）自体は同じです。同じものができあがって終わり。時間が経っても同じ振幅の一定の波が続きます。これをニュートリノで言い表すと、「ずっと同じニュートリノのまま」と言えます。時間が経っても変化なし（図60-❶）。

それに対して、もし黒とグレーの波長が違ったら……。グレーの波長をちょっと長めに書いてみました。波長の違う波を重ねたら、こんな波になるんですね。振幅が変わるんです。これを「うなり現象」と言います（図60-❷）。

つまり、この波の状態がニュートリノだとすると、上は単調な波が永遠に続いているからずっと同じ状態＝「ニュートリノが変わらない」ということですが、下は、時間とともに状態が変わります。これが「ニュートリノ振動」と呼ばれるものなんです。

図60＊ニュートリノを構成する2つの波

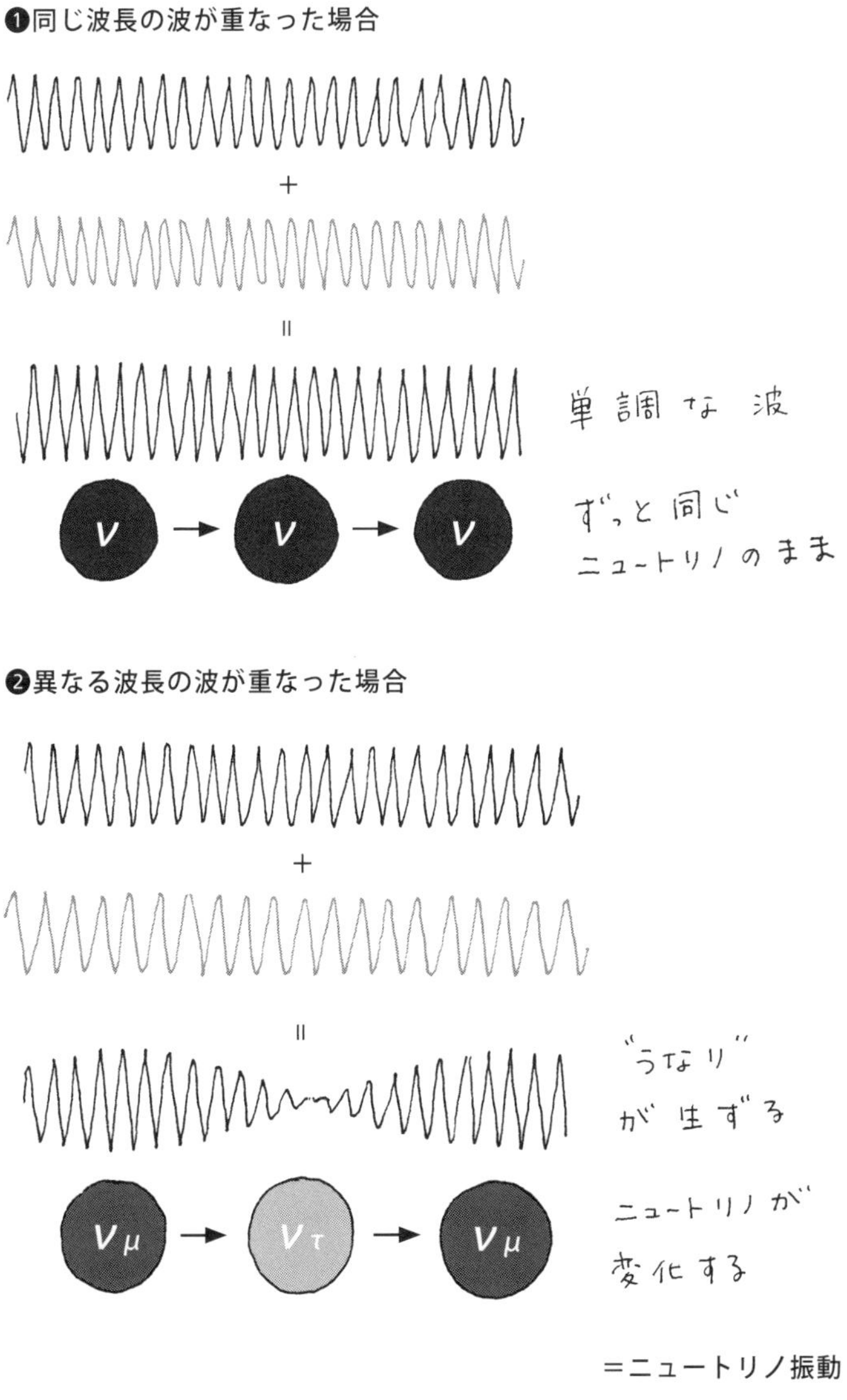
❶同じ波長の波が重なった場合
+
=
単調な波
ν
ν
ν
ずっと同じ
ニュートリノのまま
❷異なる波長の波が重なった場合
+
=
"うなり"
が生ずる
νμ
ντ
νμ
ニュートリノが
変化する
＝ニュートリノ振動

振幅の大きいところがミューニュートリノで、振幅の小さいところがタウニュートリノ。もう一回振幅が大きくなりますから、またミューニュートリノ。こんな感じで時間とともに変化していきます。波をイメージして、ニュートリノ振動と呼ばれているわけですね。

ニュートリノ振動が起こっているということは、ミューニュートリノとタウニュートリノを構成する、黒とグレーの波の波長――それぞれ1：2と2：1の異なる割合で混ざっていましたね――が異なっているということを意味します。黒とグレーの波の波長が異なっていれば、ミューニュートリノとタウニュートリノの波長、すなわち質量が異なっている、ということになるわけです。

ちなみに、振幅最大と振幅最小の、ちょうど真ん中で観測したら、どんな状態でしょうか？　観測するときはどっちかにしか見えません。中間状態は存在しません。どっちか、1か0かです。100回観測して50回はミューニュートリノに見えて、50回はタウニュートリノに見える、が答えです。ハッと目を開けたら、絶対にどっちかになっている。ただそれが、一番振幅の大きいところだったら100%ミューニュートリノ、ここだったら90%、80%……と減っていって、中央の一番縮んだところになると、100%タウニュートリノ、というように確率が違うんです。これが量子力学の世界なんです。

次の質問、

Q 光による天体観測と、ニュートリノによる天体観測の違いは何ですか？

前回、ニュートリノを使って初めて天体を観測できるようになった、という話をしましたね。ニュートリノは光と違う性質をいっぱい持っていますので、ニュートリノ天文学にはいろんな特徴があるんですが、一番わかりやすい例をお話しします。あくまで一例です。

ニュートリノって他の物質とほとんど反応しないんでしたよね。とにかく軽い、小さい、そして反応性に乏しい。それがニュートリノの特徴でした。

光の場合——光（電磁波）はあらゆるものと反応しますから——太陽の内部から発生してもすぐに内部で吸収されてしまって、外まで出てこられない。ですから我々が普段見ている太陽の光というのは、表面から出ている光だけなんですね。太陽は黄色だと思ってますけど、黄色いのは表面だけで、内部はぜんぜん違います。

ところがニュートリノは、他の物質とほとんど反応しないので、太陽の中央から出てきたやつが太陽本体をくぐり抜けて、我々のところまで届くわけです。ですから、太陽の内部の情報も、すべて筒抜けでわかるということなんですね。ニュートリノによって太陽内部の観測ができるようになったんです。

Q 日本からアメリカやヨーロッパの検出器に向けてビームを撃つことは可能ですか？　またブラジルにも撃てますか？　距離が長いことのメリットはありますか？

今の加速器は、大きさが何キロメーターもあるような巨大なものですから、簡単に向きが変えられません。ですからアメリカの方角に向けたいと思っても、向けられないんです。J-PARCのニュートリノビーム砲は、世界で唯一向きを変えられるものですが、それでも＋－0.5度。大して変えられない。

ブラジルに撃ちたいと思ったら、地球の反対側ですから真下に向かって撃たないといけないわけですが、それは無理なんですよね。

ところがですね、これを見てください（図61）。

東海村（J-PARC）から神岡に向かってビームが出ています。ビームですから広がってしまうわけですが、神岡以外の部分にも当たってますよね。ニュートリノはほとんどのものを通り抜けるので、検出器さえあればどこでも測れるわけですよ。

ここに隠岐島《おきのしま》という島があります。

図61＊ニュートリノビームの軌道

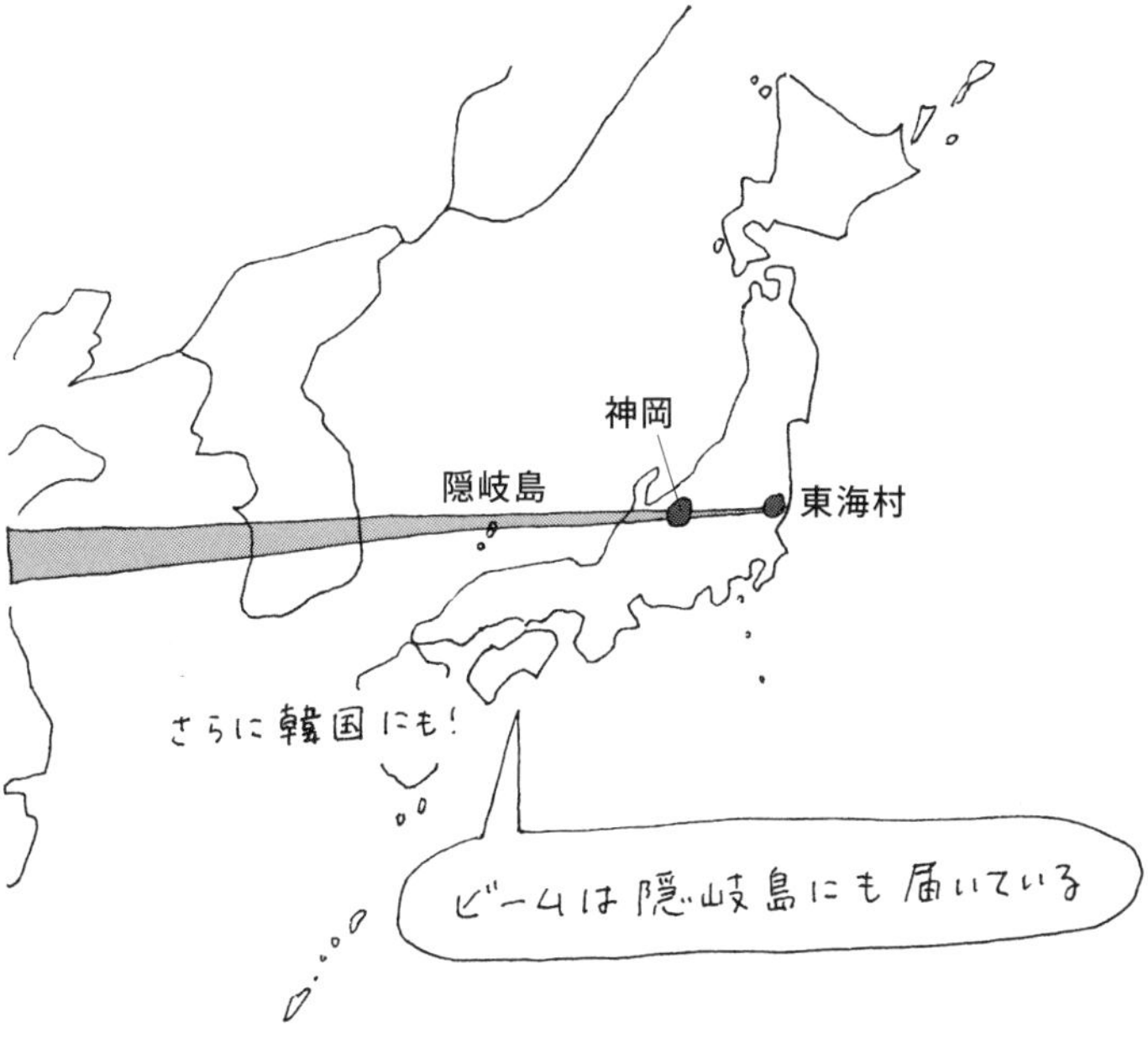
神岡
隠岐島
東海村
さらに韓国にも!
ビームは隠岐島にも届いている

本当に偶然なんですが、ちょうど東海村と神岡を結んだ直線上にあるんです。それで今、実際に隠岐島に検出器を置こうという計画があるんです。神岡の検出結果と隠岐島の検出結果を比較してみましょう、というわけですね。

更に、韓国でも計画があるんです。地図を見ると、韓国も通ってますよね。そうすると、韓国はただでビームをもらえるわけです。こっちは1500億円もかけて作って、電気代で年間50億円も使ってビーム出してるのに（笑）。

そのように、ビーム上に検出器を置けば実験できるんですよ。ただ、どうしても地上に設置することになるため（地球は丸いですから）、空から来る放射線が地層でカットされずに、余計なバックグラウンド（ノイズ）は発生してしまうんですけどね。

質問の「距離が長くなることのメリット」ですが、距離が単純に長いことにはそれほど意味はありませんが、距離の違うところで測るのは非常に意味があります。

さっきのニュートリノ振動の話にあったように、別のニュートリノに変わって、また元に戻ってましたよね。検出器を複数置くと、単に別のニュートリノに変わる様子だけでなく、また元に戻る様子、つまり振動の様子が見られるかもしれません。

Q ニュートリノは水以外では検出できないのですか？

図62＊ニュートリノモニター

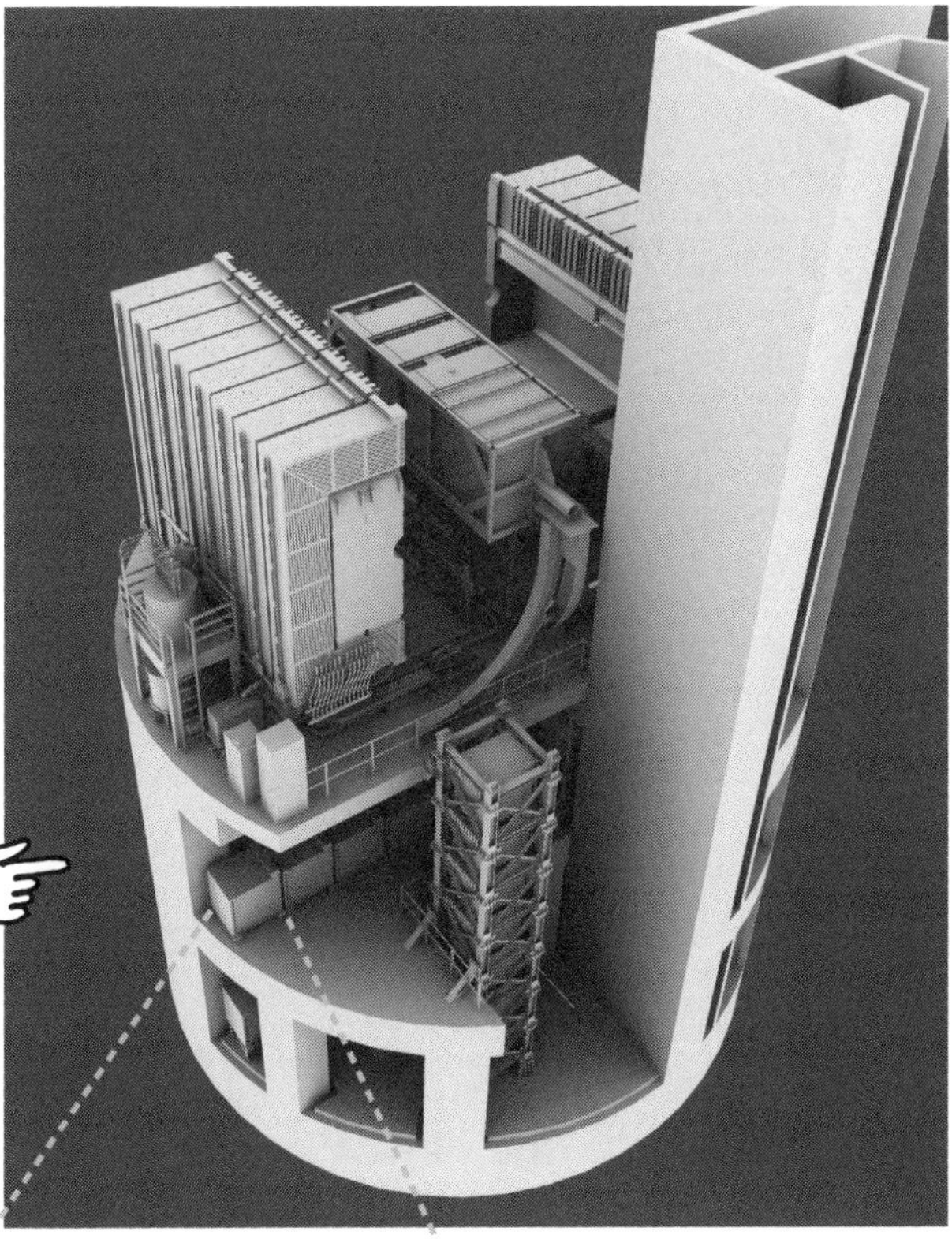

©T2Kコラボレイション

挟み込んであるプラスチックで
ニュートリノを検出!

前回説明したとおり、透明であれば大丈夫です。これ（図62）はニュートリノモニターと言って、これまでお見せしてなかったんですが、J-PARCのビームラインで、ビームが出るすぐのところに置いてある検出器です。神岡に送るニュートリノがどんなニュートリノか、ちゃんと把握するために調べてるんです。

このブロック状のもの（図62☜）が全部ニュートリノを捕まえる検出器で、拡大したのが下の図ですが、トラッキングプレーンというプラスチックを鉄板で挟み込んだかたちになっています。

前回、フランスの検出器は水ではなくて液体シンチレイターを使っている、と言いましたが、これは固体のシンチレイターです。プラスチックの一種です。ですから水以外でも測ることができるわけです。

カミオカンデはあれだけ体積が必要なのに、こんなに小さくていいの？って思うかもしれませんが、理由は簡単です。ここは発射直後なのでビームがまだ広がってないため、ビームの密度が濃いからです。単純にそれだけ。

カミオカンデが水を使っているのは、お話ししたとおり安いからですね。プラスチックだとけっこうな値段がしますから、あまり大きな検出器は作れないんです。

Q スーパーカミオカンデに入れる水は純水である必要がありますか？

水道水でも問題ないんでしょうか？

問題あります。水道水っていろんなものが溶けているんです。当然ながら塩素なども入ってるわけですけど、一番問題なのは放射性物質、自然の放射線です。皆さん普段暮らしてたら、放射線なんか浴びてないって思うでしょ？　実は毎日浴びてるんですよ。自然界に存在する放射線っていうのがあるんです。

もし検出器に放射性物質が入ってたら、電子とかいろいろ余計なものを吐き出してしまうんですね。本来、東海村から飛んできたニュートリノ（それにぶつかって飛び出した荷電粒子）だけを測りたいのに、水道水の電子がノイズになってしまう。

ですから、水道水をフィルターでろ過したり、イオン交換樹脂で余計なイオンを取り除いたりして、純水、つまり限りなく純粋なH_2Oに近づけてから使います。

Q 光電子増倍管は光を当てると電流が流れるとありましたが、ソーラーパネルと似ているものですか？

最初の原理は同じです。前々回、原子にエネルギーを与えると、エネルギーをもらった電子が弾かれて飛び出す、という話をしましたね。これを使ってるんです。光電効

図63＊光電子増倍管とソーラーパネルは同じか?

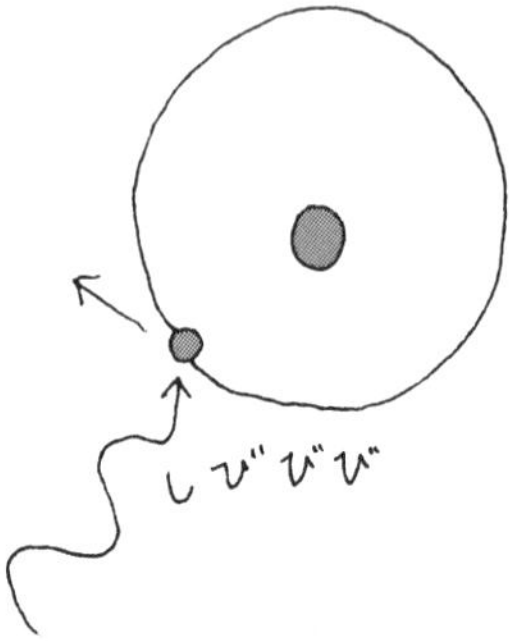

原理は同じ。
原子にエネルギーを与えて、
電子を弾き飛ばす＝電流が流れる。

そのあとが違う。

果と言いますが、両方ともその原理を利用してます。ただ、電子を取ったあとが違います。

まず太陽電池は、この図のままです（図63-❶）。電子を取ったら、その電子が動き始めてそのまま電流になる。電流って電子の流れのことですね。

光電子増倍管はというと、まず最初、光が電極に当たります（図63-❷）。すると電極から電子が飛び出しますが、この電子に電圧をかけて加速させます。加速されてエネルギーが増した電子が次の電極に当たると、当たった衝撃でさっきよりも加速されい分多くの電子がボロボロッと飛び出すわけです。それを更に加速して2枚目の電極に当てると、さらに加速された分もっとたくさんの電子が……って感じで、どんどん

❶太陽電池の場合

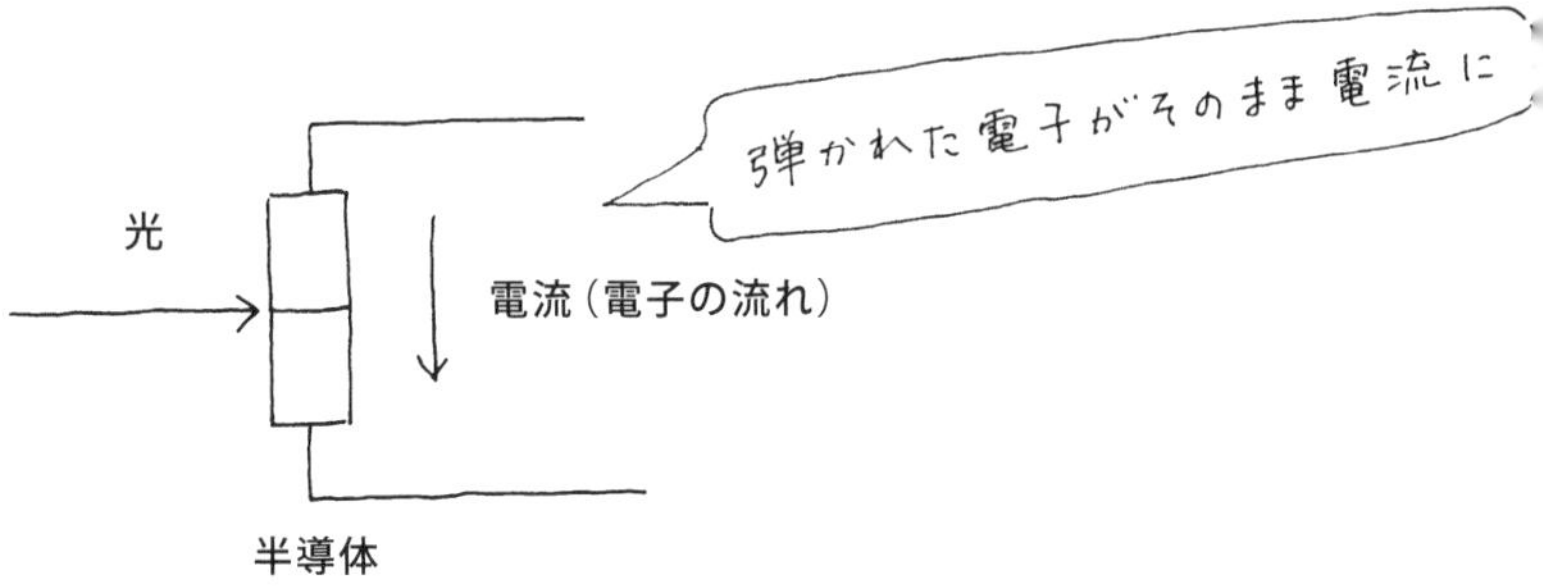

❷光電子増倍管の場合

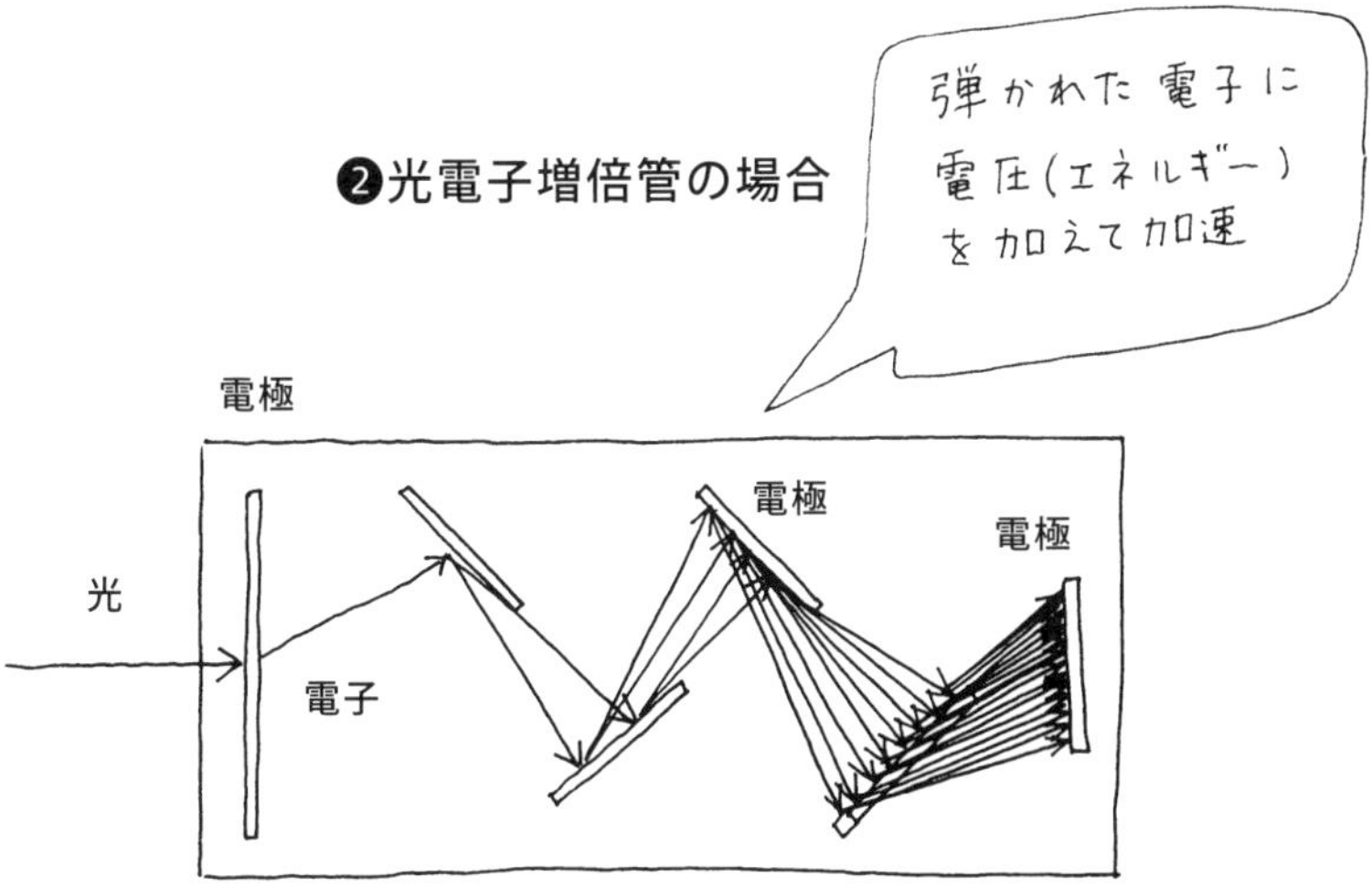

電子が電極に衝突するたびに、加えられたエネルギーの分だけ、
更に多くの電子を叩き出す!

電子が増えていくんですね。

あんな巨大な水槽を使って、すごく弱い光を捕まえるので、このように小さな1つの光の信号を増幅して観測してるんですね。

はい、質問にお答えしたところで、今日の本題に入りましょう。

左の図は前回も前々回もお見せしたものですけど、物質を構成する素粒子、今知られている中で一番小さなものの表です。クォークとレプトンに大きく2つに分かれていましたね。

前回は、この中のニュートリノ（下の3つ）について詳しく話しましたが、今回はクォークも含めて、全般的な話をしてみたいと思います。

力とは何か？

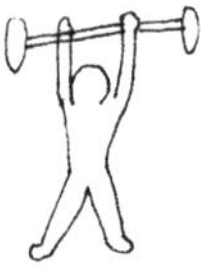

この表で、それぞれの力のかかる範囲を囲ってますが、ところで、この「力が働く」ってどういうことでしょうか？

質問でもあったんですね。「強い力の働き方がわかりませんでした」って。そうですよね。力ってどうやって働くんでしょう？

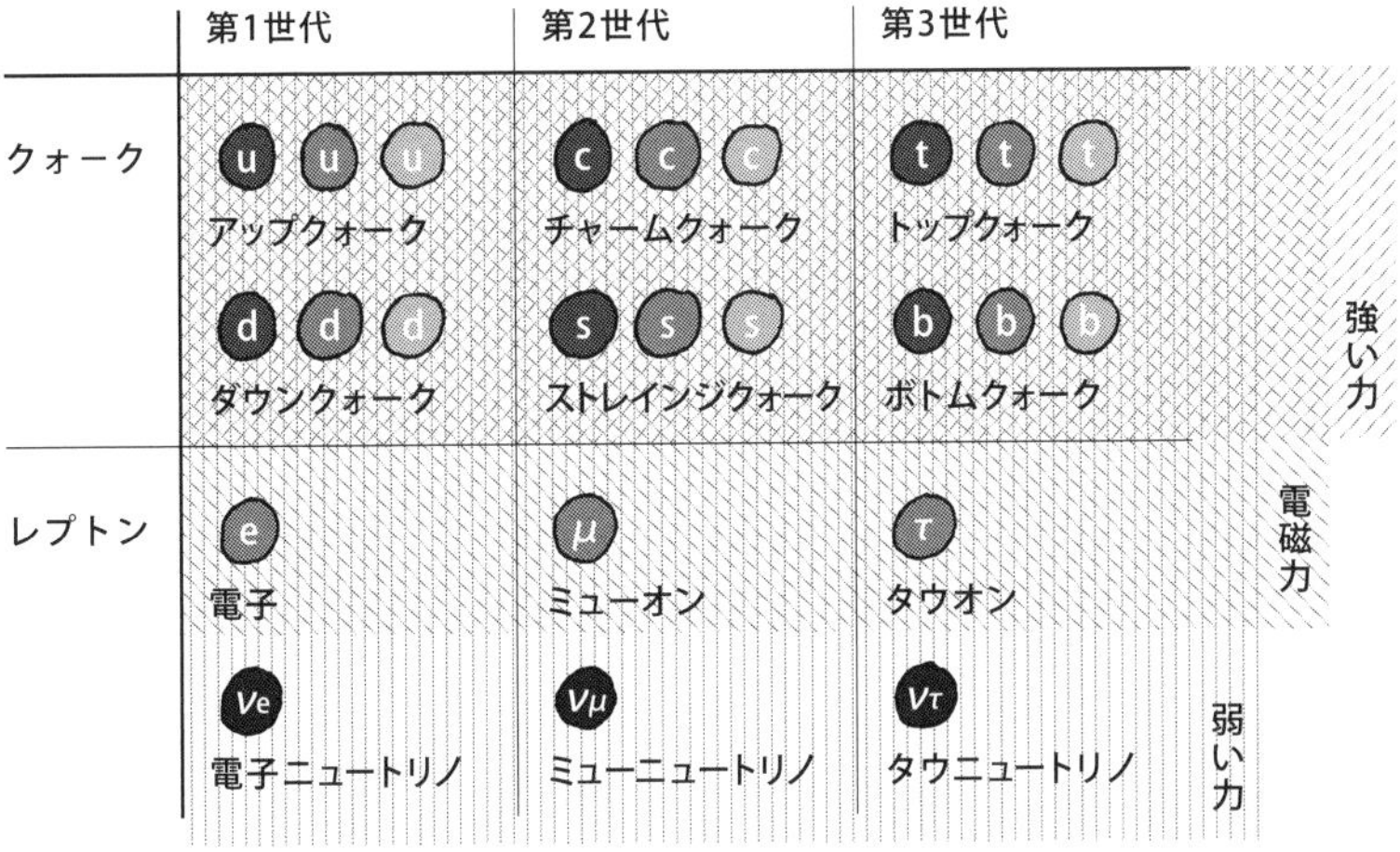
第1世代
第2世代
第3世代
クォーク
u u u
アップクォーク
c c c
チャームクォーク
t t t
トップクォーク
d d d
ダウンクォーク
s s s
ストレインジクォーク
b b b
ボトムクォーク
強い力
レプトン
e
電子
μ
ミューオン
τ
タウオン
電磁力
νe
電子ニュートリノ
νμ
ミューニュートリノ
ντ
タウニュートリノ
弱い力

たとえばここに、プラスの電気のものとマイナスの電気のものがあるとします。するとこの間で引っ張り合うわけです。間に何にもないんですよ。これ、不思議だと思いませんか？

ふつう力を与えるためには、直接触れる必要がありますよね。離れたものに手を触れないで力を加えるって不思議な感じがしませんか？　超能力じゃないんですから。

映画なんかで出てくる力のイメージってこんな感じですよね（図64）。なんかこうバリバリ出ているという（笑）。このバ、リ、バ、リ出てるものがないと力って働かないんじゃないの？と思うわけです。学校で先生が、「いや、でも力ってそういうものだから」と言うのを聞いて納得したら駄目ですよ。

その昔、ある物理学者が、「これ、おかしいよ」と思ったわけです。「間に何もないのに力なんて働くわけねーじゃん」って。それが湯川秀樹です。日本で一番有名な物理学者でしょう。

湯川秀樹は、このバリバリ出ている何か――すなわち媒介の粒子があるはずだと考えました。

片方（たとえば＋）から媒介粒子が飛び出します。それが、もう片方（－）にゴンと当たる。今度は－のほうから、媒介粒子が飛び出して、＋にゴンと当たる。そういうふうに媒介粒子をキャッチボールすることで力が伝わってるんじゃないかと考えたわ

図64＊力のイメージ

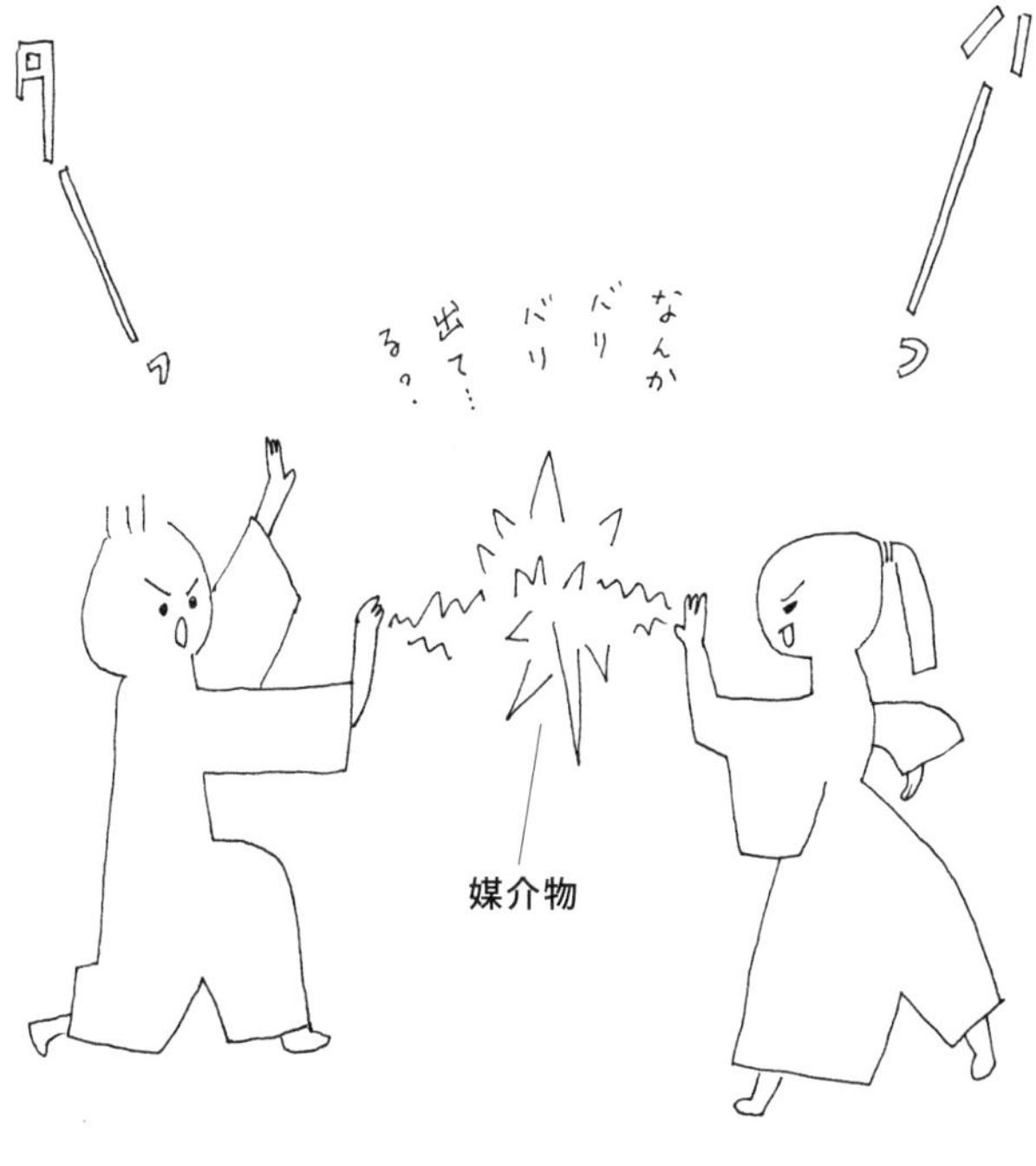

けです（図65）。これを強い力に適用した理論を「中間子論」と言います。

それから12年後の１９４７年に本当にそうだったことが証明されました。遠く離れたところにいきなり力が働く、なんてことはなかったんですね。やっぱり何らかの粒子をやりとりしていたことがわかりました。湯川秀樹はこの理論で、日本人として初めてノーベル賞をもらうことになります。

その媒介粒子というのが、電磁力の場合は「光」でした。光を送ったり受け取ったりすることで力を与えていました。強い力の場合は「グルーオン」という粒子。弱い力の場合は「ウィークボゾン」という粒子。重力の場合は「グラビトン」という粒子（こちらはまだ見つかっていない仮説上のもの）だったことがわかったんです。

ちなみに、強い力の媒介粒子「グルーオン」は、英語で「糊（ｇｌｕｅ）」という意味です。強い力は、糊（という媒介粒子）によってがっちりとくっついているわけです。

以前、クォークを単独で取り出すことができない、という話をしましたね。強い力がかかっているため、取り出そうとしても斜めに割れてしまって難しい、と。これはつまり糊によってくっついているので、剥がそうとしても糊が残ってしまい、きれいに剥がすことができないからなんです。うまい理屈を考えますよね。

では今からグルーオンやウィークボゾンがどんな感じでキャッチボールされているのかを見てみましょう。

図65＊力が働く原理

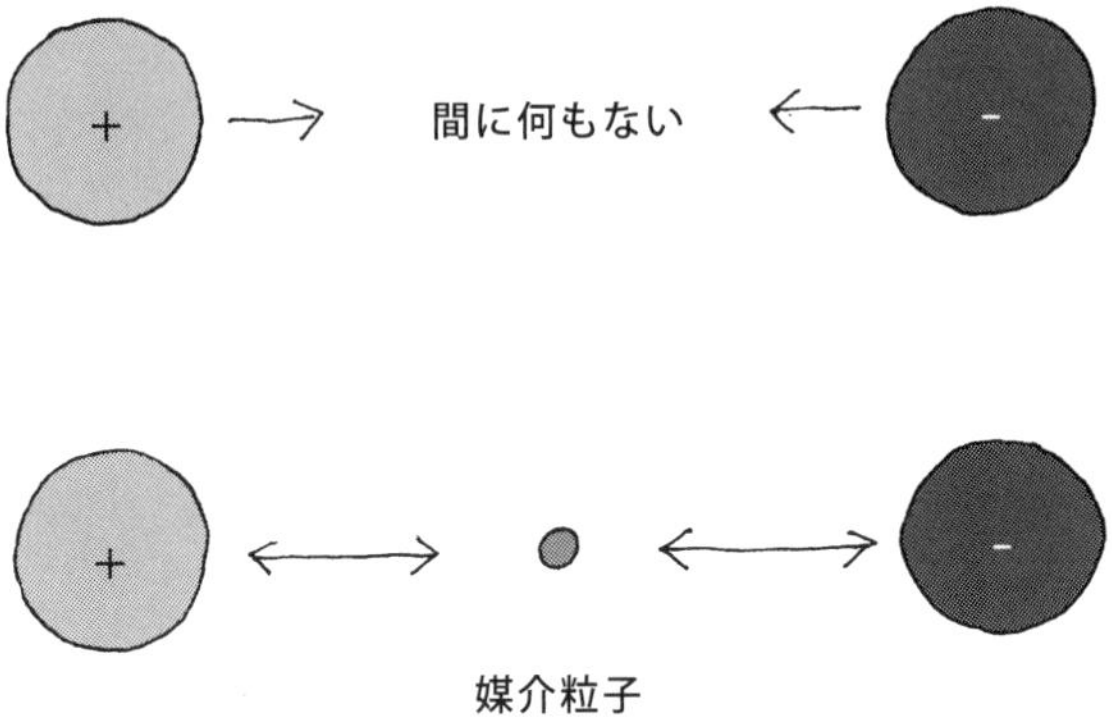

媒介粒子をキャッチボールし続けることでつながっている

湯川秀樹

媒介粒子は、力によって異なる。

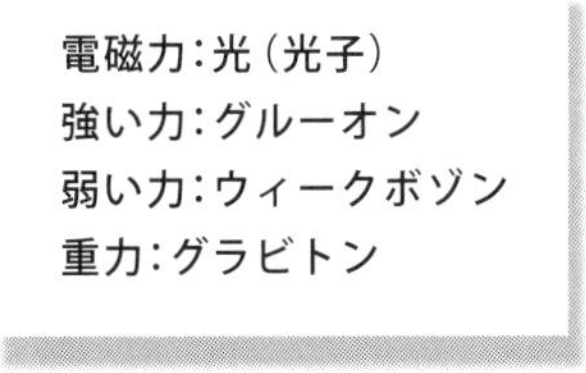

これが先ほどの質問ですね。

Q 強い力がどのように作用するのかわかりませんでした。同じ色同士が引き合う力ですか？　もし加速器に使えば、より小さいものができるのではないですか？

ということですが、ここにアップクォークを2つ描いてみました（図66☞）。赤い色のアップクォークと青い色のアップクォークです。赤いほうがグルーオンを持っていて、それを青いほうに投げます。すると、赤いアップクォークは青くなってしまう。その代わりグルーオンを受け取った青いアップクォークは赤くなります。こんな感じで、お互いにグルーオンをキャッチボールして色を変え合っている。これが「強い力」が働いている状態なんですね。

強い力は、よくバネで例えられます。なぜかというと、バネと似ているところがあるからです。

電磁力や重力は、お互い近ければ近いほど力が強くなって、遠く離れれば離れるほど力が弱くなります。キャッチボールするときは遠いと投げにくいわけですよね。力が働きにくい。という、ごくふつうの考え方が通用したわけですが、強い力は逆で、

図66＊強い力はどのように作用するのか？

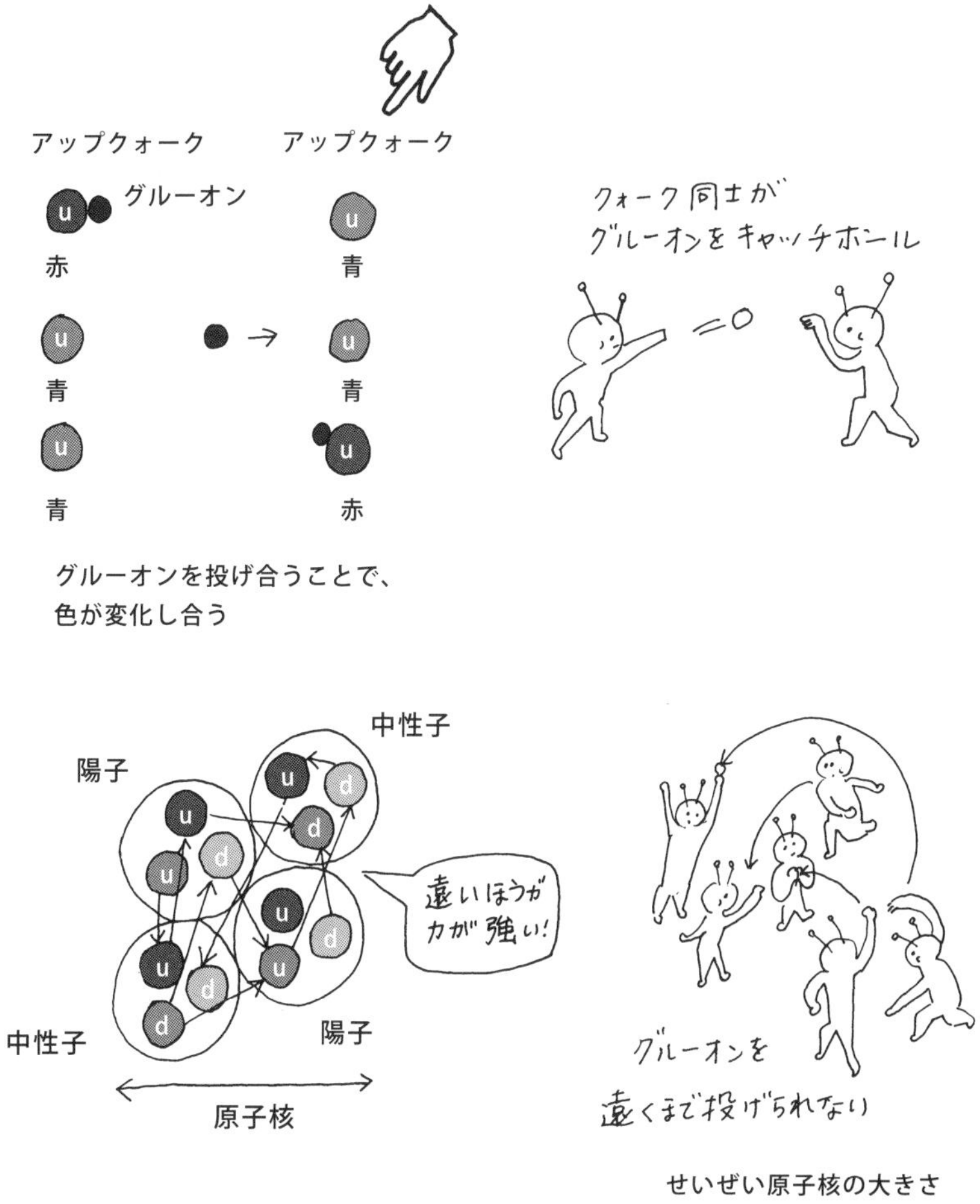
アップクォーク
アップクォーク
グルーオン
u
赤
青
青
青
青
赤
グルーオンを投げ合うことで、
色が変化し合う
クォーク同士が
グルーオンをキャッチボール
中性子
陽子
中性子
陽子
遠いほうが
力が強い!
原子核
グルーオンを
遠くまで投げられない
せいぜい原子核の大きさ

なんと遠く離れたほうが力が強くなるんです。

バネも伸ばせば伸ばすほど、離れたら離れるほど力が強くなり、近いと逆にあんまり力が働きませんので、強い力と似ているわけです。

そして、「強い力」という名前のとおり、その強さは電磁力の1000倍くらいです。ほんとに強い。たしかにこれだけ強ければ、加速器に使えるんじゃないか？　加速器は電磁力を使って曲げたり加速したりするって話を第1回でやりましたけれども、強い力は電磁力の1000倍なんだから、もっと強くてコンパクトな加速器が作れるんじゃないですか、という疑問ですね。

実は、この強い力にはひとつだけ欠点があるんです。

到達距離が短い。キャッチボールでそれほど遠くに投げられないんです。投げられる距離は、なんとたったの原子核の大きさ程度、10のマイナス15乗メーター。この距離しかボールを投げることができない。これを超えるとバネが切れてしまいます（図66）。

ですから、我々人間が扱えるサイズでこの力を利用するのは無理なんです。

「弱い力」をよく見てみると……

さて、次に弱い力について考えてみましょう。前々回、中性子の寿命の話をしましたね。15分くらいすると自然に壊れて、陽子と電子とニュートリノに変わる、という話でした。この「粒子を崩壊させる力」を弱い力と呼ぶんですよと。

さらに陽子と中性子の中身の話をしましたが、こうなってましたね。

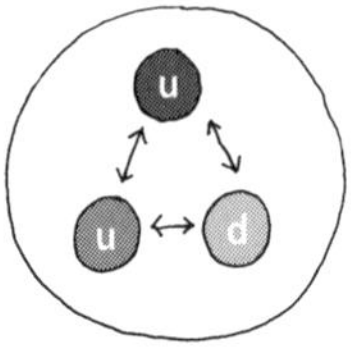

陽子

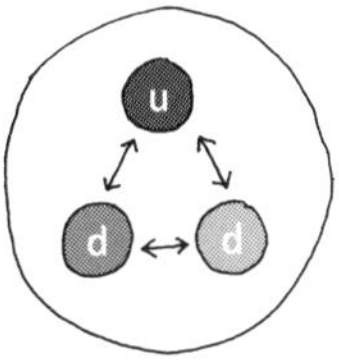

中性子

陽子はアップクォーク（u）が2つと、ダウンクォーク（d）が1つ。中性子は、アップクォーク（u）が1つと、ダウンクォーク（d）が2つで構成されてます。陽子と中性子って、一見ぜんぜん違うように見えても、中身をよーく見ると、3つのうちの1個しか違わないんですよね。ほかの2つは一緒です。

ですから、中性子が壊れて陽子（図67☞）に変わるって言っても、まるごと姿ががらっと変わるというより、3つのうちの1つがダウンクォークからアップクォークに変わる、と考えてもいいわけです。すなわち、弱い力とは、この「ダウンクォークがアップクォークに変わるための力」とも言えます（図67☞）。

図67＊弱い力＝粒子が壊れる力

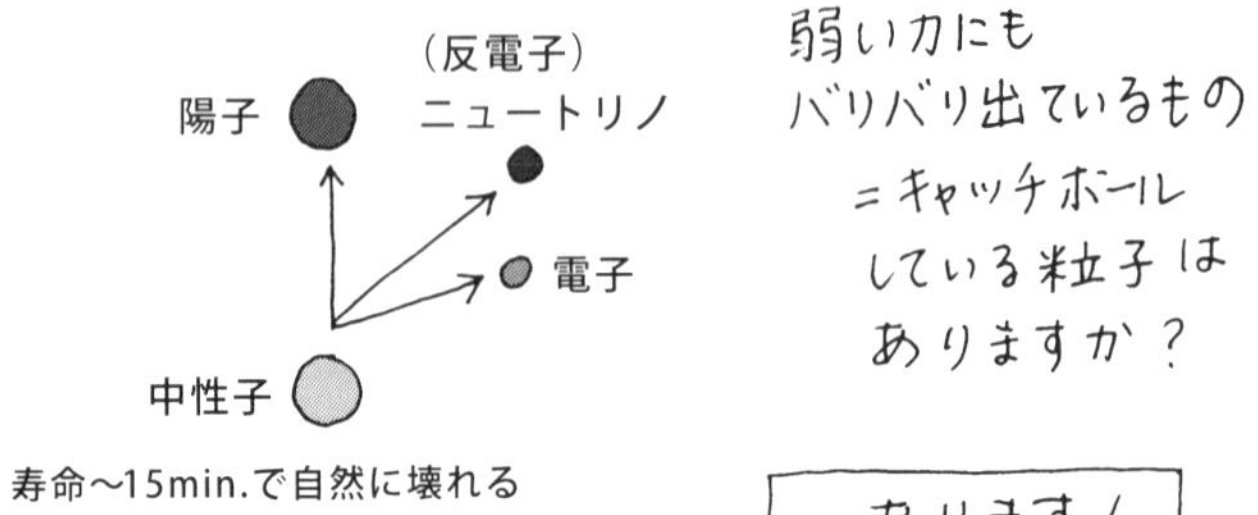
陽子
(反電子)
ニュートリノ
電子
中性子
寿命〜15min.で自然に壊れる
弱い力にも
バリバリ出ているもの
＝キャッチボール
している粒子は
ありますか？

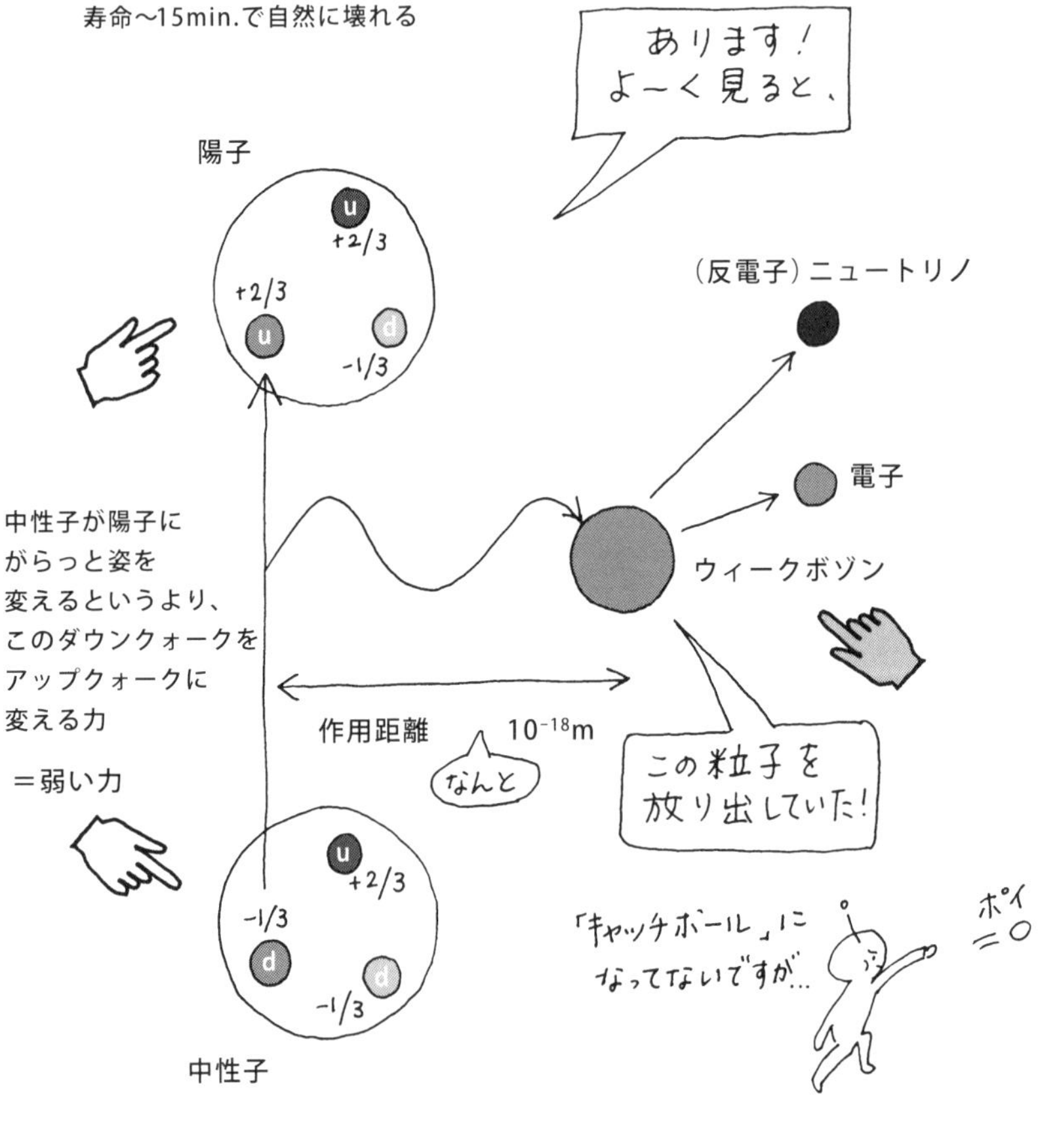
ありま す！
よ〜く見ると、
陽子
u
+2/3
+2/3
u
d
-1/3
(反電子) ニュートリノ
電子
ウィークボソン
中性子が陽子に
がらっと姿を
変えるというより、
このダウンクォークを
アップクォークに
変える力
＝弱い力
作用距離
10⁻¹⁸m
なんと
この粒子を
放り出していた！
u
+2/3
-1/3
d
d
-1/3
中性子
「キャッチボール」に
なってないですが…
ポイ
＝○

キャッチボールでなく投げっぱなし

力とは、媒介になる粒子がキャッチボールされている状態だと先ほど言いました。媒介粒子という、あのバリバリ出ているものが必要だと。それが、この弱い力の場合は、「ウィークボゾン」と呼ばれるものなんですね。

ダウンクォークからアップクォークに姿を変えるときに、ウィークボゾンという粒子を投げます。弱い力の場合は投げっぱなしなのでキャッチボールになってませんが……。

そのウィークボゾンは、すぐに電子とニュートリノとに壊れてしまいます（図67☚）。ウィークボゾンは寿命がものすごく短いのと、あと作用距離が10のマイナス18乗メーターという、原子核の大きさの1000分の1ですので、極めて観測されにくいんです。人間にはかろうじて、中性子、陽子、ニュートリノ、電子の4つの関係がギリギリわかるくらいで、このウィークボゾンにはふつう気づきません。非常に特殊なことをしないとウィークボゾンの存在はわからない。

でも素粒子の世界では、たしかにウィークボゾンに一回変わっていた。バリバリ出ているものがちゃんとここでも存在していたんです。

これが理論として考えられたのは１９６８年のことで、そこから15年も経った１９８３年に初めてウィークボゾンが観測されました。非常に観測されにくいものだったんです。

弱い力はT2K実験にどう使われているか？

前回、カミオカンデがニュートリノを捕まえる話をしたのを覚えてますか。

J-PARCで作ったニュートリノを、水槽の中の中性子にぶつけて、弱い力を利用して壊し、陽子と電子を飛び出させ、その電子が発するチェレンコフ光をキャッチする、という話をしましたね。あのとき、いまいち「弱い力を利用する」という意味がわからなかったと思いますが、実はこういうことです（図68）。

ニュートリノが中性子にぶつかる、のではなく、よーく見るとですね、ぶつかる寸前に、中性子から吐き出されたウィークボゾンを捕まえて、電子になっていたんです。

遠くから見ると、ウィークボゾンは見えないので、ニュートリノが中性子に当たっているように見えますが、厳密には、ニュートリノが中性子に近づくと、中性子がウィークボゾンをペッと吐き出して、それをニュートリノが拾って合体し、電子になります。中性子は、ウィークボゾンを吐き出すことで、陽子になっているんです。

図68＊カミオカンデがニュートリノを捕まえる仕組み

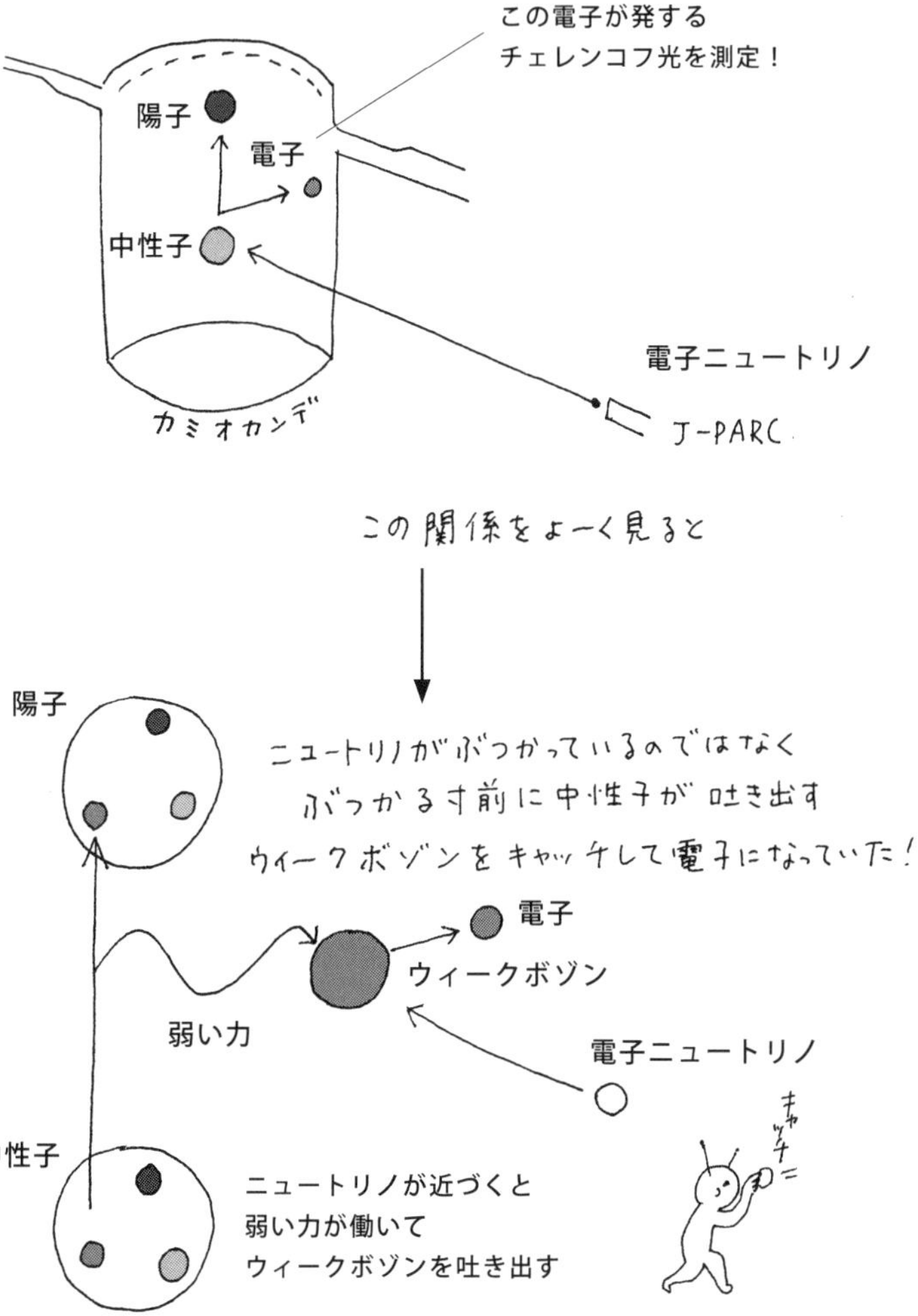
この電子が発する
チェレンコフ光を測定！
陽子
電子
中性子
電子ニュートリノ
J-PARC
カミオカンデ
この関係をよーく見ると
陽子
ニュートリノがぶつかっているのではなく
ぶつかる寸前に中性子が吐き出す
ウィークボゾンをキャッチして電子になっていた！
電子
ウィークボゾン
弱い力
電子ニュートリノ
中性子
ニュートリノが近づくと
弱い力が働いて
ウィークボゾンを吐き出す

弱い力を利用してというのは、そういうことなんです。遠目に見たら、「弱い力なんてどこにも働いてないじゃん」ってなるんですが、よーく見たら、ウィークボゾンという媒介粒子を介しているので、力が働いている、というわけです。量子力学ならではの変な世界ですが。

エネルギーが粒子を作り出す

さてここで、「このウィークボゾンという粒子がいったいどこから出てきたのか？」を考えましょう。中性子にはクォークが3つしか入ってません。ウィークボゾン、どこから出てきたんでしょうか？

粒子の作り方は、第1回でお話ししたように、あるものを壊して取り出すんでしたね。でもここ（中性子）には、もともとウィークボゾンなんて入ってないんです。入ってないのに、どこから出てきたのか？

実はこれが、今日お話ししたいことなんです。物理学の世界ではこういうことがあるんです。

エネルギーと質量は等価である

$$E = mc^2$$

エネルギー　質量　光の速さ

エネルギーと質量は等価である

アルベルト・アインシュタイン

これは非常に根源的な原理で、$E=mc^2$という有名な式ですが、Eがエネルギー、mが質量、cが光の速さです。この等式で結ばれるように、エネルギーと質量は、ある係数（cという係数）をかければ、同じものと考えることができる、というわけです。これを言ったのが、アルベルト・アインシュタインですね。これは非常に重要なことを言ってるんですね。

クォークはエネルギーの重いスープに浮かんでいる

陽子と中性子は強い力によって結合していました。クォーク同士がグルーオンをキャッチボールし合ってます。強い力は、バネのようなものだと先ほど言いました。バネを縮めている、もしくは伸ばしている状態です（P245図66）。

「力が働いている」ということは、その物質の中にエネルギーがある、ということでもあります。位置エネルギー（英語でポテンシャル・エネルギー）ですね。バネの中になんらかのエネルギーが蓄えられている、とイメージしてください。

更に、こいつらクォーク同士はバネ（強い力）で引っ張られてるおかげで、いつもユラユラ動いていることも研究によってわかってきたんですね。単に、バネでつながっ

図69＊素粒子の質量とは?

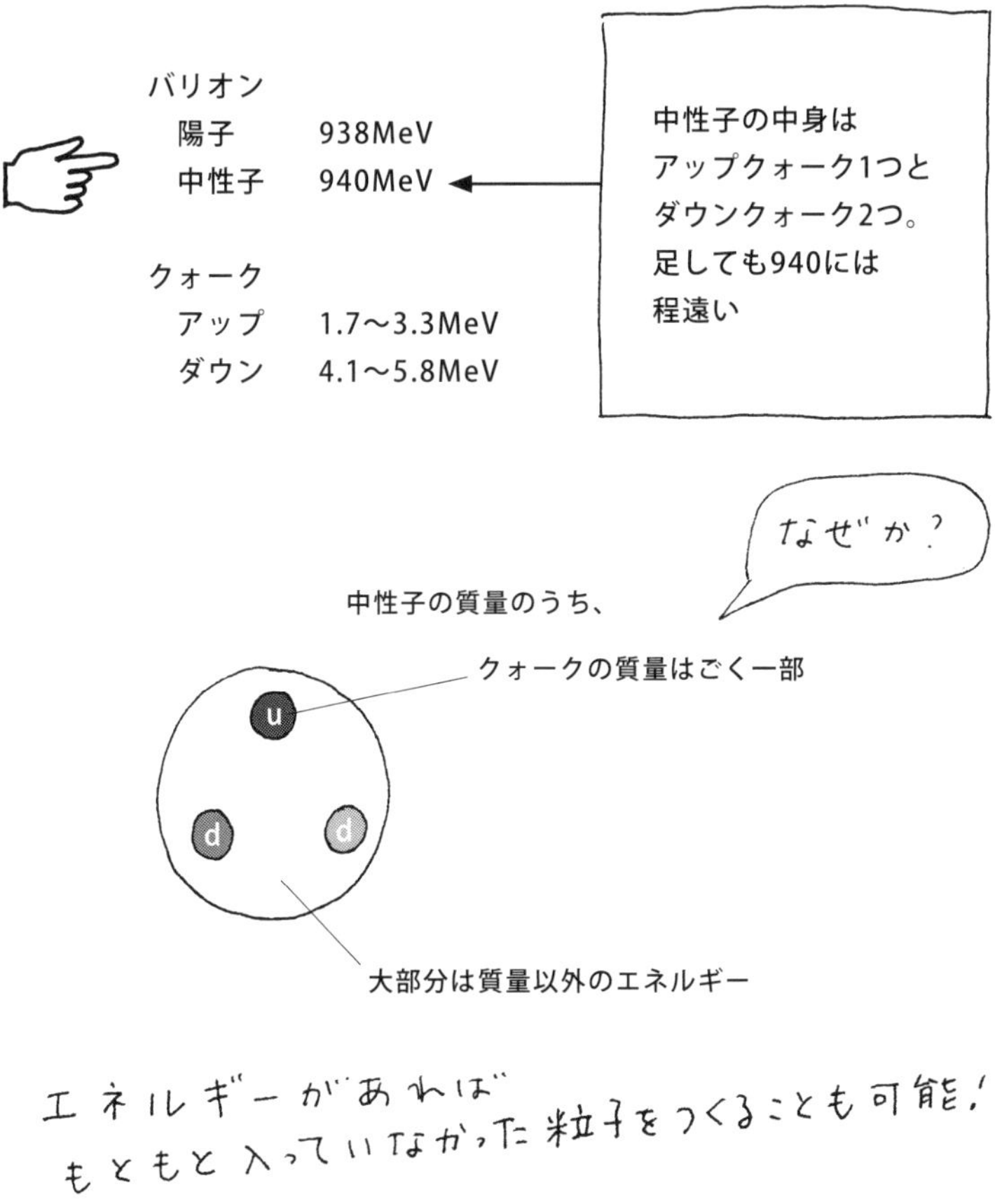
バリオン
陽子 938MeV
中性子 940MeV
クォーク
アップ 1.7〜3.3MeV
ダウン 4.1〜5.8MeV
中性子の中身は
アップクォーク1つと
ダウンクォーク2つ。
足しても940には
程遠い
なぜか?
中性子の質量のうち、
クォークの質量はごく一部
u
d
d
大部分は質量以外のエネルギー
エネルギーがあれば
もともと入っていなかった粒子をつくることも可能!

ているだけじゃなくて、振動している。動いているわけですから、運動エネルギーも持っているわけです。

つまり、この陽子と中性子の中は、一見粒子（クォーク）が静かにプカプカ浮かんでいるように思えますが、実は、目には見えないけれども、2種類のエネルギー、位置エネルギー（結合エネルギー）と運動エネルギーが蓄えられてるんですね。

これは前回やったやつですけど（図69☞）、覚えてますか？　素粒子がどれくらいの重さかという話をしました。

これを見て、「あれ？」っと思いませんか。たとえば中性子はクォーク3つからできているわけですけど、クォーク3つ足しても、940メガエレクトロンボルトにならないですよね？　アップクォーク（u）が重くても3.3メガ、ダウンクォーク（d）も重くても5.8メガ、u1つとd2つで、合計15メガ程度の重さにしかならない。どう考えても940メガにはなりません。これ、おかしくないですか？　質問した人、いなかったんですけど……。

なぜかと言うとさっきの話なんです。つまり中性子の中（クォークとクォークの間）には、結合エネルギーや運動エネルギーが溜まっているんです。中性子の質量の中で、クォークは本当にごく一部。大部分はエネルギーの重いスープみたいなもの、というわけです。エネルギーと質量は等価であるため、こういうからくりがあったんです。

一瞬現れてすぐに消える、ウィークボゾンのあり得ない重さ

さあ、またこっちに戻りましょう（P259図70）。

さっきも言いましたように、中性子には、アップクォークとダウンクォークしか入ってません。電子も入ってなければ、ニュートリノもまったく入ってない。でも、この中にはエネルギーというスープみたいなものが詰まっているために、勝手に粒子を作ることができるんですね。

たしかに中性子は940メガ。陽子は938メガ。2メガ違いますから、その2メガ分のエネルギーを使って、電子とニュートリノを作ってしまったわけです。これでエネルギーの収支計算は合いますね。めでたしめでたし、となるはずですが……。

ところがですね、納得できないことがひとつ発生します。

一回ウィークボゾンっていうものを放出して、そこから電子やニュートリノになるって言いましたが、このウィークボゾンの重さを量ってみたら、なんと80ギガ（80400メガ）もあったんですよ。めちゃくちゃ重かったんです。

これ、ぜんぜん収支が合ってないですよね。全部合わせたって940メガしかないのに、なんで80ギガも作れるんでしょうか？　ウィークボゾンさえ見なければ、足し

算はちゃんと合ってたのに……。しかもこの重さはすぐにどっかに消えている……なんで？　となってしまうわけです。

これが量子力学ならではのことなんですね。実はこういうことなんです。ポイントは、ウィークボゾンは「作用する距離がめちゃくちゃ短い」というところにあります。「距離が短い」というのは「時間が短い」ことと同じだと思ってください。短時間、つまり一瞬なんです。量子力学ではなんと、

短時間だったら、巨大なエネルギーを
どっかからもってきても構わない

というのが起こり得るんです。これを提唱したのは、ヴェルナー・ハイゼンベルクという人で、不確定性原理という量子力学のもっとも根本的な原理を26歳で提唱して、31歳でノーベル賞をもらっているというものすごい天才です。

御都合主義みたいですが、でも量子力学ではそうなんです。実際にそれが起こっています。940メガしかなかったものから、もともと存在してない80400メガ（80ギガ）ものエネルギーを、短時間なら借りることができる。これがもう、わけがわ

図70＊ウィークボゾンの質量を量ってみると…

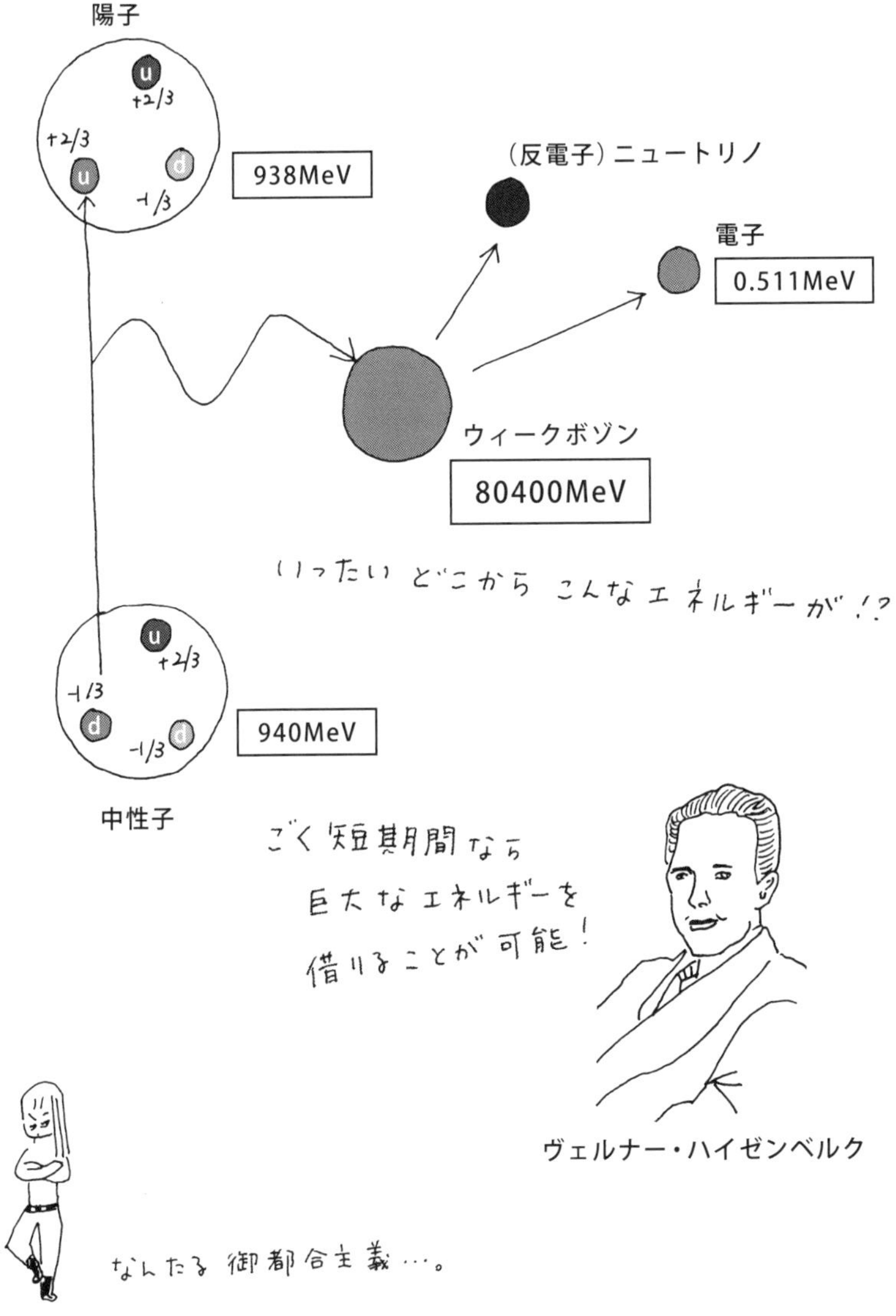

からなくなるひとつの原因ですけど、そういう原理があるんです。

有名な先生の素粒子に関する本を読むと、このことを「短時間なら巨額の借金ができる」と書かれてあったりします。うまいことおっしゃいますよね。

人間が強い力も弱い力も実感できないのはなぜか？

ここで力について改めてまとめてみましょう。力は世の中に4つありました（図71）。力の大きさを、強い力を1として、それぞれがどれくらいかを書いてみました。電磁力は強い力の1000分の1です。弱い力は、10万分の1。ほんとに弱いですよね。ところがもっと弱いのが重力で、マイナス39乗です。重力は断トツで弱いんです。

あと、到達距離もわかっていて、電磁力と重力は無限に働きます。ですから皆さんみたいな大きな世界、1メーターといったスケールでも、電磁力も重力も感じることができるんですが、強い力と弱い力は、極端に短い距離しか作用しません。強い力は原子核と同じ大きさ。弱い力はさらにその1000分の1。

提唱した人は、重力が一番古くて、アイザック・ニュートン。強い力は、湯川秀樹。日本人は誇りに思ってもいいと思いますよね。弱い力はエンリコ・フェルミ。ニュートリノの名付け親のイタリア人でしたね。電磁力は、ジェームズ・クラーク・マクス

図71＊力の一覧

	重力	弱い力	電磁力	強い力
チャージ	質量	弱荷	電荷	色荷
媒介粒子	重力子 (グラビトン)	ウィーク ボゾン	光子 (フォトン)	膠着子 (グルーオン)
力の大きさ	10^{-39}	10^{-5}	10^{-3}	1
作用距離	無限	10^{-18}m	無限	10^{-15}m
提唱年	1665	1933	1864	1935
提唱者	アイザック・ ニュートン卿	エンリコ・ フェルミ	ジェイムズ・ クラーク・ マクスウェル	湯川秀樹

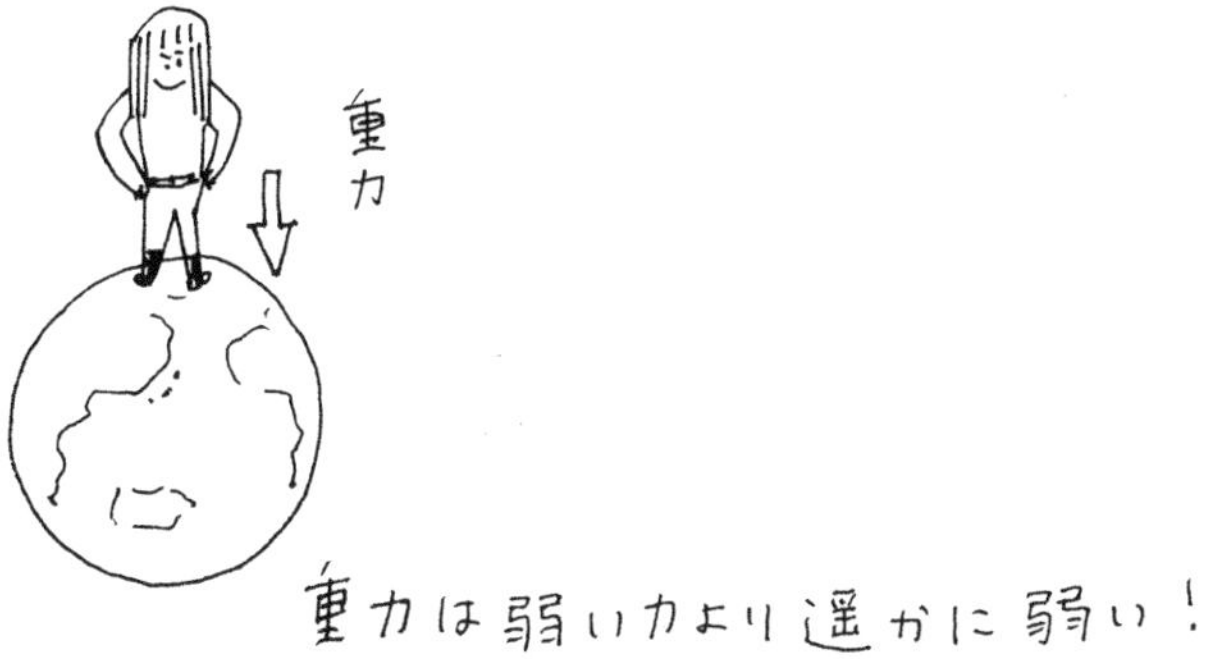

ウェルという19世紀の人がまとめました。

質問で、

Q ニュートリノが地球を突き抜けるとき、中心で重力の影響はないですか？

というものがありましたが、この表を見たらわかりますように、重力ってめちゃくちゃ小さいですよね。弱い力の更に30桁以上小さいですから無視して構いません。

次に、エネルギーと質量が等価である、という先ほどの$E=mc^2$という式をもう一度よく考えてみましょう。

さっきのウィークボゾンの話でもあったように、ある何らかのエネルギー――運動エネルギーでもいいですし、位置エネルギーでも構いません――を使って、新たに粒子を作ることができたわけです。この「エネルギーが粒子を生み出す」という現象は、実験でも確かめられました。

エネルギーで一番扱いやすいのは光です。一番ありふれていますし、寿命も無限で、簡単に作り出せます。γ《ガンマ》線という極めて強い光（エネルギー）を飛ばしているとき、実

図72＊エネルギーと物質

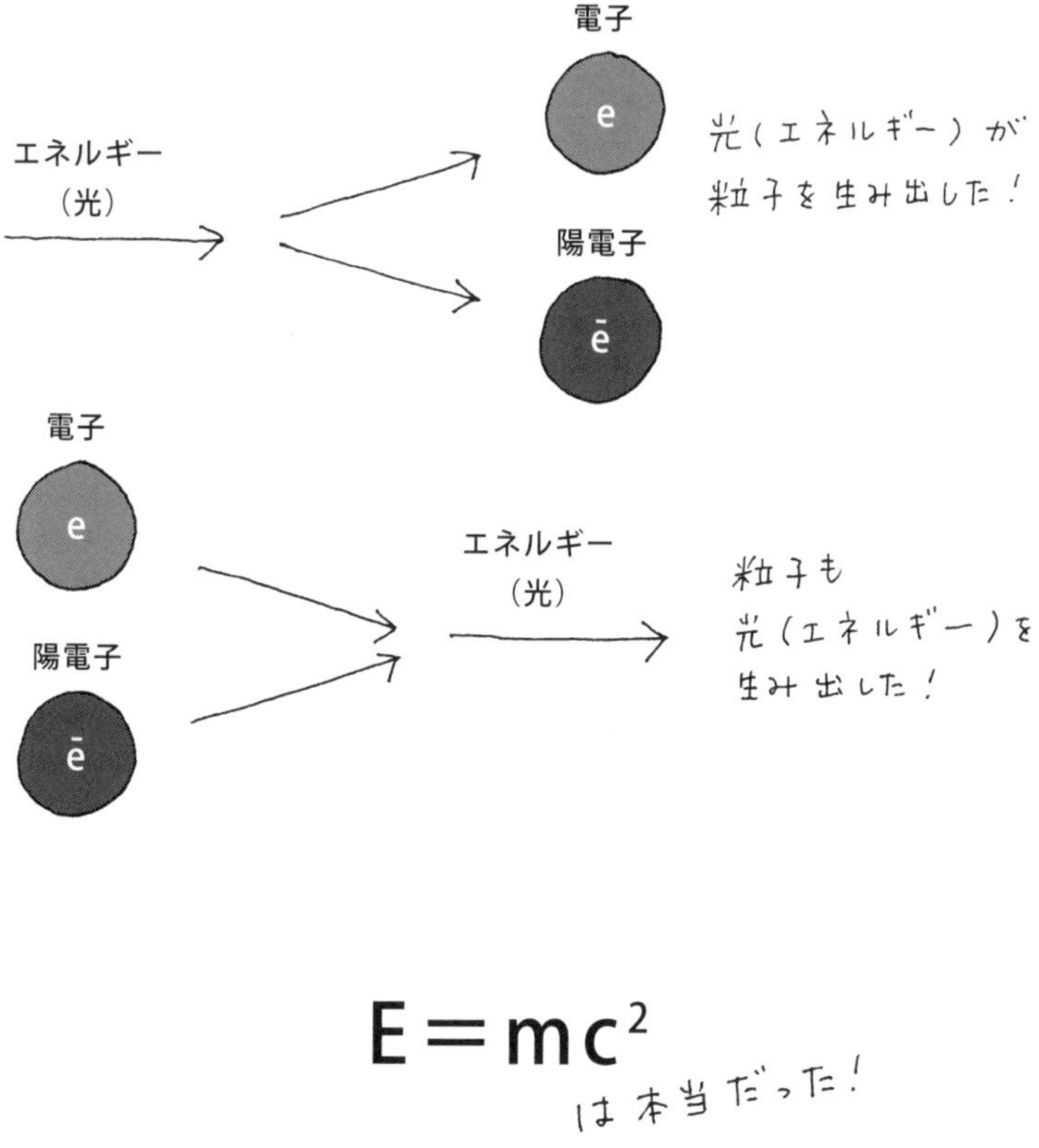

際に光が勝手に粒子を生み出したんです。突然「電子」と「陽電子」というものに、光が分かれました（図72）。

もちろん光の内部に構造なんてありませんよ。「光はもともと電子と陽電子からできてました」とかそんなことはありません。エネルギーが勝手に粒子を作り出したんです。「アインシュタインが言ったのは本当だ」となったわけです。質量とエネルギーは同じものだった、$E=mc^2$は本当だったと。

で、この電子とペアになって出てきたもの――エネルギーが粒子になるときは、必ずペアとなって出てくるんですけれども、それが「陽電子」、いわゆる「反物質」と言われるものです。物質とペアになっているので反物質です。

「エネルギーと質量が等価」だとすると、エネルギーから物質を作ることもできるし、逆に物質からエネルギーを作ることも本来できるはずですよね。というわけで、実際やってみたら、本当にできました。電子と陽電子をぶつけると、エネルギーになって消えてしまうんです。消滅します。

必ずペアになるやつがいて、お互いくっつくとバーンと消滅する。これは非常に危険な話で、もし陽電子を皆さんにぶつけたとすると、皆さんの体を構成している電子と反応して、エネルギーに変わってしまいます。体が消滅してしまうんです。

さて、こういう質問がありました。

『エヴァンゲリオン』のポジトロンライフルは実現可能ですか？
『天使と悪魔』の反陽子爆弾は本当にできるんでしょうか？

ポジトロンライフルと反陽子爆弾は、両方とも反物質を使ったものなので、まとめてお答えしましょう。

「ポジトロン」は、今言った陽電子のことです。電子《エレクトロン》（－）に対して、陽《ポジ》（＋）の電子《エレクトロン》＝ポジトロンです。ポジトロンを敵に撃ち込むと、敵はもちろん電子を含んだなんらかの物質でできてますから、反応して消滅してしまうわけです。

実は、ポジトロンは高エネ研でも作ってます。陽電子だけでなく、反陽子（陽子の反物質）のほうも作れますので、これらが本当に兵器として役に立つのかを検証してみましょう。

『エヴァ』の中で、ヤシマ作戦って出てきましたね。あれ、けっこうすごい作戦で、日本の総電力を使ってポジトロンライフルを撃つわけです。日本の総電力は、一番電気を使うとき（夏の昼間）で180ギガワット（GW）です。

もし仮に、J-PARCのビームラインと同じレベルで撃つとしたら――つまり100メガワット（MW）の電力で毎秒1000兆個のニュートリノを作るのと同じ割合でポジトロンを作って、敵に撃ち込むことができたら、どれくらいのパワーのものが作れるかを考えてみましょう。実際高エネ研では、電子と陽電子を衝突させる実験をやっていますので、陽電子は簡単に量産できるんですね。

ポジトロンが相手の体にある電子とくっつくと、質量と同じだけのエネルギーになります。電子も陽電子（ポジトロン）も共に、質量は0.5メガエレクトロンボルト（MeV）。ですから、1MeVのエネルギーになるはずです。これで敵にダメージを与えられるはずですね。

「ヤシマ作戦」は本当に効く？

1MeVをジュール（J）に直すと、これが換算係数です（図73☞）。

ニュートリノが100メガワットで1000兆個ですから。180ギガワットであれば、1800倍で、どれくらいのパワーか計算すると、0.3メガワット。

J-PARCの陽子ビームが1メガワットでした（世界最強でしたね）。ガンダムのビームライフルは1.875メガワットでした。ですから、ポジトロンライフルの0.3メガワットって大したことないですよね。日本の総電力を使っておきながら――日本中の電気がばーっと消えていくシーンがありましたが、それくらいのことをやっておきながら、ガンダム以下……。

図73＊『エヴァンゲリオン』の ポジトロンライフルは実現可能か?

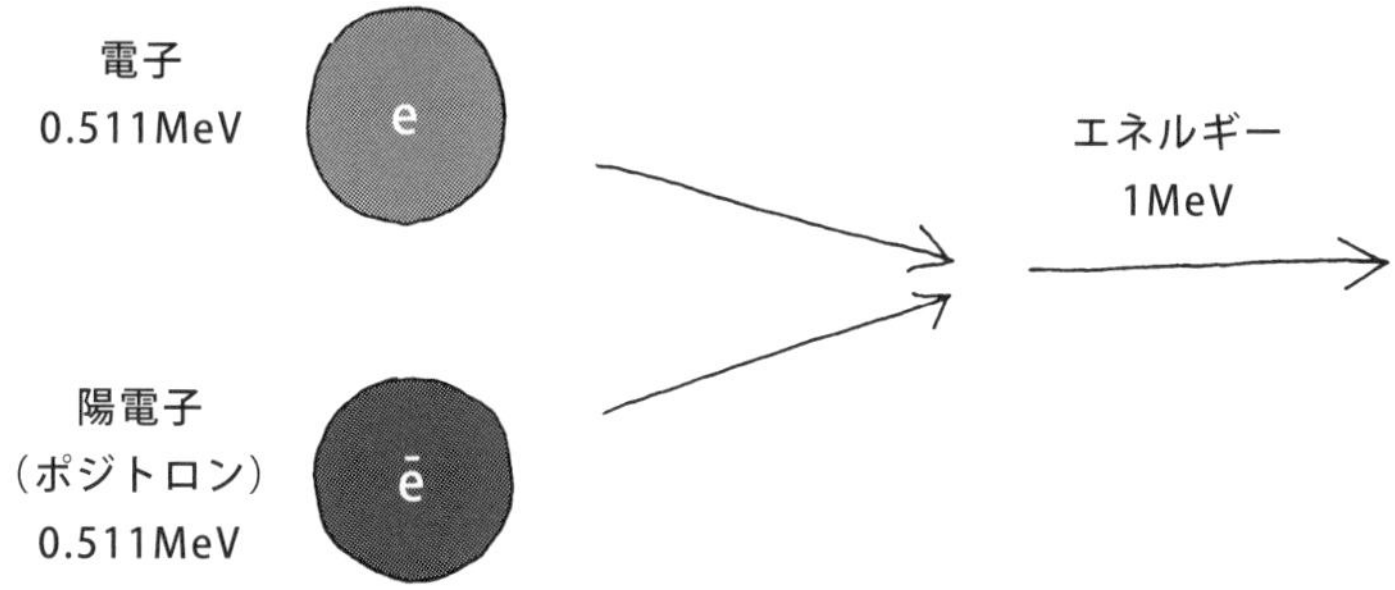

ヤシマ作戦：日本の総電力（180GW）を使って、ポジトロンを撃ったら……？

＊ポジトロンは、ニュートリノビームを作るのと同じ割合（100MWの電力で毎秒1000兆個）で作れるものとする。

$$1\mathrm{MeV} \times 1.6 \times 10^{-19}\mathrm{J/eV} \times 10^{15}\text{個}/\mathrm{sec} \times 180\mathrm{G} \div 100\mathrm{M}$$

$$= 0.3\mathrm{MW}$$

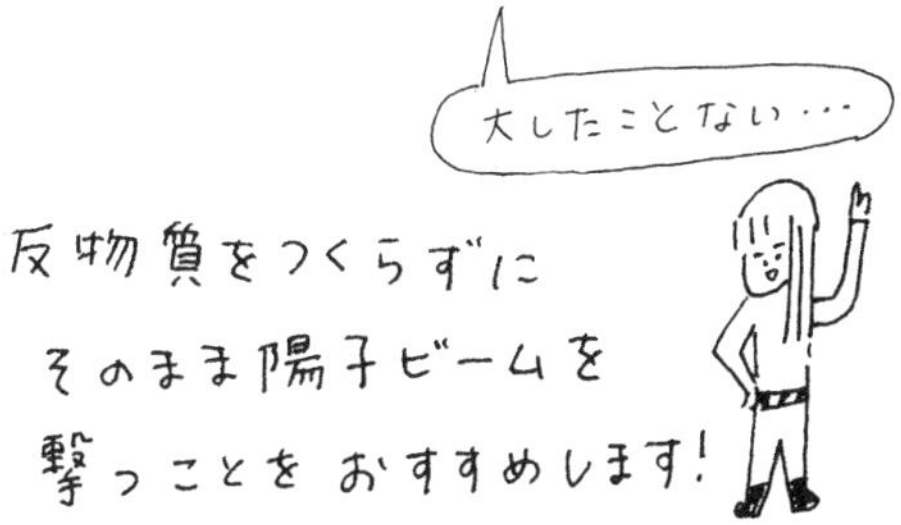

これなら反物質を作らずに陽子ビームをそのまま撃つことをお薦めします。それだと1メガワットですから、3倍くらいのダメージを与えられるはずですね。

反物質を使えば、相手の体が自爆するみたいなイメージがあって、ふつうにビームを撃つより効きそうな感じがしますが、ただ、使徒（敵）も何らかの物質でできているはずなので一緒です。もし使徒が物質でできていないとしたら、そもそもポジトロンライフルも効きません。何でできてるのかわからないので、たぶん、としか言いようがないですけど。

エネルギー効率が悪すぎる爆弾作り

次に反物質爆弾について考えてみましょう。『天使と悪魔』に出てきたのは反陽子爆弾ですが、あれは、0.25グラム作ったそうです。それを法王庁に持っていって、仕掛けてくるんですね。どれくらいの威力があるかというと、$E=mc^2$で計算すると、けっこうものすごいですよ（図74）。

20テラジュール（TJ）。広島型原子爆弾（60TJ）の3分の1くらいの威力があります。かなりの爆発力なので、法王庁は簡単に吹き飛んでしまいます。

ただひとつ問題があるんですね。反陽子って作るのがすごく大変なんです。0.25

図74＊『天使と悪魔』の反物質爆弾は本当にできるのか。

『天使と悪魔』では、0.25gの反陽子爆弾を作成

$$0.25/1000\text{kg} \times (3 \times 10^{8}\text{m/sec})^{2}$$

$$= 20\text{TJ}$$

広島型原爆の1/3

一見、凄そうだが…

これだけつくるのに100億年以上かかる

別の爆弾の
使用をおすすめします

グラム作るのに、現在の科学だったら、100億年以上かかるんです。宇宙の年齢くらいかかる。それだったら、別の爆弾を使うことをお薦めします……。

陽電子は簡単なんですが、反陽子は陽電子の2000倍も重いんです。

反陽子爆弾ってたしかにすごいですよ。消滅するときにはものすごいエネルギーを出します。それは間違いないです。0.25グラムで、これですからね。

ただそれを作るのに、ものすごいエネルギーと時間を使ってしまいますから、コストパフォーマンスは非常に悪い。エネルギー効率を考えれば、ふつうは作りません。

たとえばですね、車のエネルギー効率は30%くらいです。ガソリンを燃やした全部のエネルギーを動力として使うことはできません。そのようにエネルギーは常にロスが出ますから、そこも含めて設計しないといけないんですね。

それでは、この質問に答えてみましょう。最初の授業のときにもらっていた質問です。

Q 相対性理論って何ですか?

アルベルト・アインシュタインは非常にたくさんの業績をもっています。前回、太陽電池と光電子増倍管の話をしましたけれど、あの光電効果を発見したのもアインシュタインなんです。

ただやっぱりアインシュタインと言えば、最初に思い浮かぶのは、この相対性理論ですよね。彼はこれを20代で思いついたらしいんですけれども、しかしながらこの相対性理論は、あまりにも時代に先行した理論だったために実験によって証明されるのが遅れて、ノーベル賞の対象にならなかったんです。相対性理論ではノーベル賞を取れなかったんですが、光電効果のほうでアインシュタインは受賞しています。

相対性理論には、「特殊相対性理論」と「一般相対性理論」があり、「特殊相対性理論」が最初に発表されたあと、それを改良して「一般相対性理論」になりました。

まず特殊相対性理論。難しい話になるんですが、簡単に言うと、次の2つの原理から作り出された理論体系です。

> 相対性原理――力学法則はどの慣性系においても同じ形で成立する。
> 光速度不変の原理――真空中の光の速さは光源の運動状態に無関係に一定である。

1つ目は難しいんでひとまず置いておくとして、2つ目のやつ、これを憶えておいてください。光速度不変の原理。光の速さは、どこからどうやって測ろうが絶対に一定である。

たとえば皆さんが車に乗りながら、同じ方向に走っている電車を見たら、あんまり速く見えないけれど、逆方向だったらすごく速く見えますよね。本来「速度」とはそういうものです。自分がどう動いているかによって速度は変わるはず。

ところが光は違ったんです。光の速さは、同方向に移動しながら測ろうが、逆方向に移動しながら測ろうが、同じだったんですよ。

光の世界と力の世界を融合させた理論

特殊相対性理論の元になったこの2つの原理は、アインシュタインが自ら考え出したものではありません。すでにそれぞれ別の人によって提唱されていたものです。アインシュタインがなぜすごいかと言うと、この別々にあった2つの理論を矛盾なくひとつのものとして説明できる体系を作り上げた点です。

光速度不変の原理は、すでにマクスウェルによって考えられていました。電磁気学を作り上げた人ですね。ただマクスウェルは電磁場のことだけ――つまり光のことだけを考えてたわけです。電磁気学というのは、光以外は出てこない理論です。「物質を光の速度まで加速したら……」とかそんなことは一切考えてなかった。

一方で、相対性原理は、力学の世界です。さっき言ったような、「速度っていうのは、それを観測する人がどう動いているかで違ってくる」といった世界の話です。

アインシュタインは、電磁気学（光速度不変の原理）と力学（相対性原理）という別々にあった体系が、矛盾なく成り立たないとおかしいじゃないかと思ったわけです。じゃあどうやったらひとつになるか、それでこの相対性理論を作り上げました。

光速度不変の原理自体は、19世紀半ばにマクスウェルが提唱し、19世紀終わりに、マイケルソン・モーリーの実験というもので証明されました（図75）。

これ、どういう実験かと言うと、まさに先ほど言った光をどっち方向から測るか、というものです。たとえば星から光が来てますよね。地球は太陽の周りをぐるぐる回っているわけですが、夏と冬では、星からの光の速さが異なるはずですよね。地球がその星に（光に）向かっているときに測るか、星から（光から）遠ざかっているときに測るかで、ふつうに考えると速度は異なるはずです。

ところがまったく一緒だった。車に乗りながら、こっちの方向に来る電車を見ても、同じ方向に進んでいる電車を見ても、電車の速度は一緒だった、というわけです。

こんな質問がありました。

Q 光は何を媒介にして進んでいますか？

図75＊マイケルソン・モーリーの実験

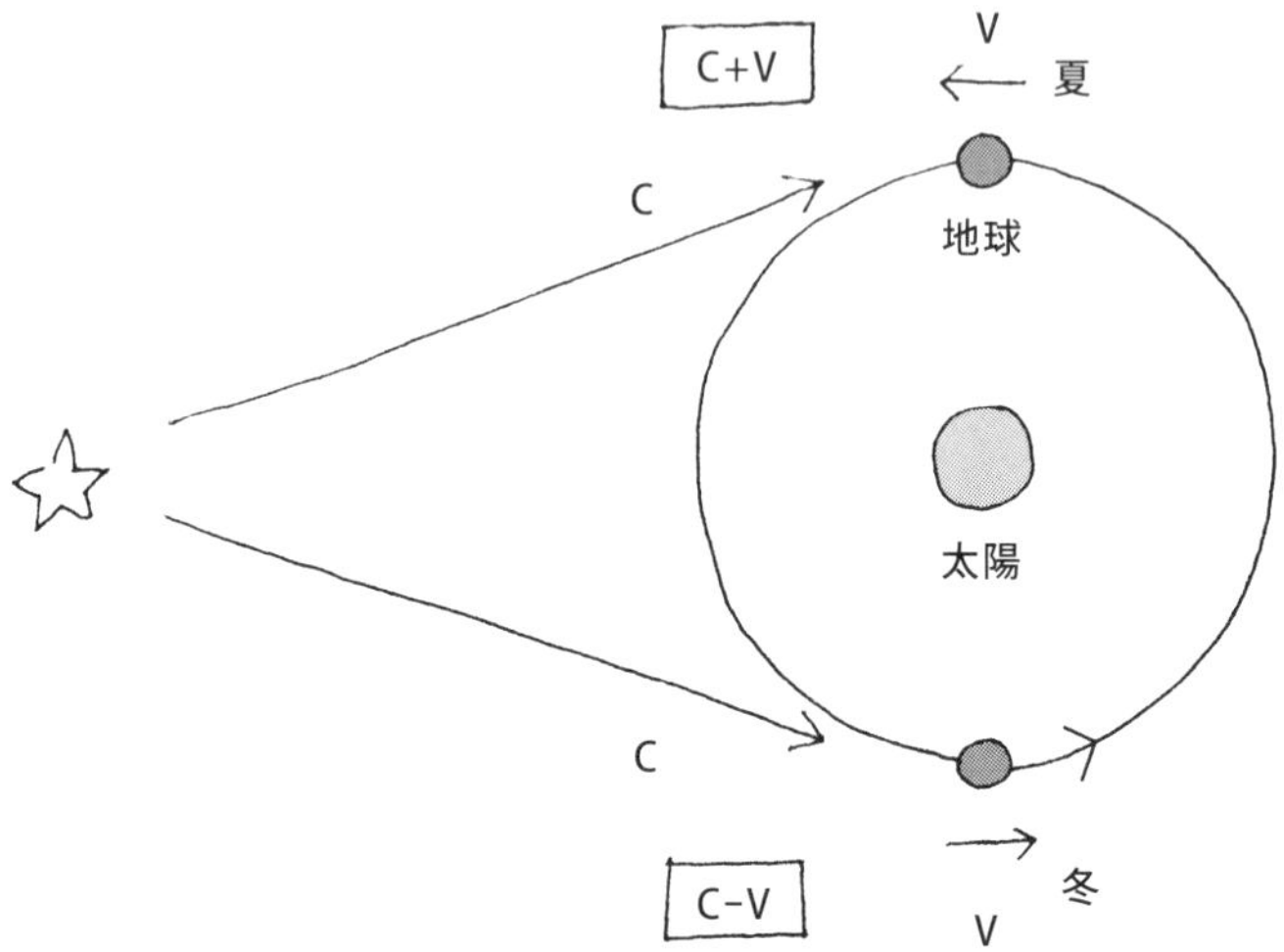

夏と冬で光の速度に差があるはず、ところが一緒だった

C＋V ＝ C−V

「媒介が必要だ」と知っているというのは、ちゃんと「波」を勉強した人ですね。波って媒質がないと伝わらないんですね。音（波）は空気を媒質にして伝わります。では光の場合は何が媒質か？

かつてエーテルというものが提唱されました。宇宙は目に見えないエーテルで満たされていて、それを媒質にして光は進んでいる。光は波なので、そうじゃないと説明できない、という説だったんですが、このマイケルソン・モーリーの実験によって、エーテルはない、ということがわかったんです。もしエーテルがあったとしたら、夏でも冬でも同じ、ということには絶対にならない。結局、物質としての媒質ってなかったんです。真空中でも光はちゃんと伝わる。光の媒質は、何らかの物質ではなく、電磁場そのものだったんです（光とは、電磁場が時間とともに変化し伝わっている様のことです）。

さて、特殊相対性理論から、あるふたつのことが予測されました。ひとつ、

速度が増えると、質量が増える！

たとえば皆さんは体重が50～60キロくらいありますよね。それがある速度で走りま

す。すると体重が増えるんです。高校までの物理だと、質量はどんな状態でも変わらない、って習いますよね。ところが、質量は速度が上がれば上がるほど、どんどん増えていくことがわかりました。

これがその数式なんですが（図76-❶）、ちょっとだけ説明させてください。

右辺のmが静止質量と言われるものです。つまり皆さんの体重です。

左辺のmrが相対論的質量と呼ばれるもので、物体を加速しようとして、あるエネルギーを与えた際の、加速されにくさを表すものだと思ってください（ニュートン力学では、加速されにくさが慣性質量で表されましたが、相対論ではこの相対論的質量によって表されます）。

cが光の速度。vが動いている速度。もしこのvが、光の速度と同じだったら、どうなるか？ c分のvが1、1の二乗は1。1引く1ですから、ルートの中がゼロになっちゃいますよね。ゼロで割り算したら無限大になってしまいますから、これは左側のmr（相対論的質量）が無限大になるわけです。

ある物体を光速と同じ速度に加速しようとすると、加速されにくさが無限大になる。言い換えれば、無限のエネルギーを与えないと絶対に光速にできない。つまり無理なんです。質量のあるものは絶対に（真空中で）光速になることができません。

図76＊特殊相対性理論からわかったこと

❶速度が増えると、質量も増える！

$$mr = \frac{m}{\sqrt{1-\left(\frac{v}{c}\right)^2}}$$

相対論的質量（→ mr）
静止質量（→ m）
速度（→ v）
光の速さ（→ c）

もし、光の速さで
移動できたとすると、
（CとVが同じなら）
√の中はゼロに。

つまり∞無限大に！

質量のある物体を光速にするには無限のエネルギーが必要

❷速度が増えると、時間が遅れる!

$$tr = \sqrt{1-\left(\frac{v}{c}\right)^2} \cdot t$$

というわけで、素粒子の寿命も光速に近づくと2倍程度になる

光より速い粒子を靴下に封じ込める？

本当にそうなのか？ 実際に加速してみると、本当にそうだったんです。

第1回の授業のときに、加速器で粒子を加速する話をしましたね。あれは本当に光と同じくらいの速度でした。でもほとんど光の速度であって、光の速度にはなってないんです。光速の99.999%とかで、絶対に光速にはなりません。なぜか？ この法則が成り立っているから。

J-PARCのシンクロトロン（メインリング）は、粒子を入れたすぐの状態から、10倍くらいのエネルギーになるように加速するんです。ところが、速さはほとんど変わっていません。相対論では、高速に近づけば近づくほど、エネルギーは莫大に大きくなりますが、速さはほとんど変わらない。加速器の粒子も、光速の99.7%が99.99%になるとか、速度はその程度しか変わっていません。でもエネルギーとしては10倍になってる。明らかに相対性理論そのままの効果が出てるんですね。

これ、余談ですけれど、皆さん「タキオン」って聞いたことないですか？ ギリシャ語で「足が速い」という意味なんですが、光よりも速いとされる粒子です。まだ見つかっていない、あくまでも仮想上の粒子なんですけれども。

よく雑誌の後ろのほうに、インチキ健康グッズとか載ってるでしょ？ 幸運を呼ぶパワーストーンとか、ああいう中で、「タキオン靴下」というのがあったんです。光より速いタキオンを、なんと靴下に封じ込めることに成功しました！　これを履くと健康にいい、って載ってるわけです。

でも実際には、今ご説明したように、光よりも速い粒子を作ることはできません。だからもし、タキオンを本当に作り出せたのなら、靴下に封じ込める前に、学会に発表することをお薦めします（笑）。ノーベル賞、間違いなくもらえますから。

さて、もうひとつ相対性理論から予測されたのが、

速度が増えると、時間が遅れる！

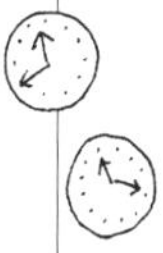

ということです。「は？　なんのこと？」って思いますよね。たとえば、正確な時計を持って、ある速い乗り物に乗ったとしましょう。そしたら、その速さの分だけ、時間が遅れるんですね。「ほんまかいな？」と思うかもしれませんが、実際に実験したことがあるんですよ。

この特殊相対性理論が発表された直後に、飛行機にものすごい正確な原子時計というのを持ち込んで、それでぐるぐると地球を飛んだんですね。そしたら本当に時計が

遅れたんです。

飛行機よりももっと速い世界——たとえば今言ったような素粒子を光の速度の90％くらいに加速するというような世界だと、素粒子の寿命は2倍くらいに延びます。止まった状態だったら、1秒くらいでつぶれていた粒子が、光の速度の90％くらいで飛ばしてやると、寿命が2秒くらいになります。

前に、素粒子の寿命の話をしましたね。中性子は15分くらいで、他のは、0.0000……とゼロがいっぱい並んでいました。注意しないといけないのは、これは、止まっているときの寿命であって、もし速く動いているとしたら、もっと延びるんです。たとえば中性子は887秒ですが、これが光の速度の90％で動いたら、だいたい1500秒くらい——30分くらいは生き延びます。

ということで、この質問に答えてみましょう。

Q タイムマシンは作れますか？

今の「寿命が延びる」というのがポイントです。タイムマシン、作れるんですよ。

たとえば、光の速度の90％の乗り物に乗っている人がいたとしましょう。そうしたら、止まっている人たちは10分経ったのに、その人は5分しか経っていないわけです。

止まっている人が10年経っているのに、その人は5年しか経っていない。つまり、その人がその乗り物で移動して帰ってくると、5年未来に行ったのと同じことになるわけです。

『バック・トゥ・ザ・フューチャー』のように、一瞬で何年先に、みたいには行けませんが、5年かけて10年先に行くことは可能です。5年間、何して過ごすのかはちょっとわかりませんけどね。

これを浦島効果と呼んでいます。浦島太郎は竜宮城で遊んでいて、帰ってきたら、みんな年をとっていた、という話ですね。それと同じ現象が起こるわけです。浦島太郎は相対性理論を元にした話でもあるわけです。

あと『猿の惑星』という映画もそうですね。あんまり言うとネタばれになりますけど（笑）。昔の映画なんで皆さん観たことないかもしれませんが、ぜひ観てください。ものすごい傑作です。ただし第1作だけ。2、3になるとどんどん駄作になるというもっとも顕著な例でした。

そういうわけで、未来行きのタイムマシンは作れます。速く動けばいいんです。ただし、速さにマイナスはないので過去には行けません。

「本当に過去に行けないのか？」っていう話は、長くなるので省略しますが、「時間順序保護仮説」というのがあってですね、これを提唱したのはスティーブン・ホーキングという人ですが、有名なので知ってますよね？　イギリスのオックスフォード大学のルーカス教授職という、かつてニュートンが就いていた仕事につい最近まで就いていました（1980年から2009年まで）。この人が「過去には絶対に行けない」という説を立てています。

アインシュタインが加えた謎の「宇宙項」

アインシュタインの話に戻りましょう。アインシュタインは特殊相対性理論の次に、一般相対性理論を発表します。一言で言っちゃえば、「重力によって空間が歪むことを示した理論」です。

特殊相対性理論では、重力という要素を入れてなかったので、今度は、重力が働いているとき（加速度運動）も入れようと言って作り上げたのが一般相対性理論です。

ニュートン力学における重力とは、質量のある2つのものが互いに引き合うという、そういう話だったんですが、アインシュタインは、「そうじゃなくて、空間が歪むということを考えてみようじゃないか」と言いました。

ここに地球が置かれています（図77☞）。地球のある空間は、地球の重みによって、ぐにゃっと歪んでしまっています。だから、この周りを他のものが通ろうとすると、

図77＊一般相対性理論

ひとことで言うと

『重力によって空間が歪むことを示した』理論

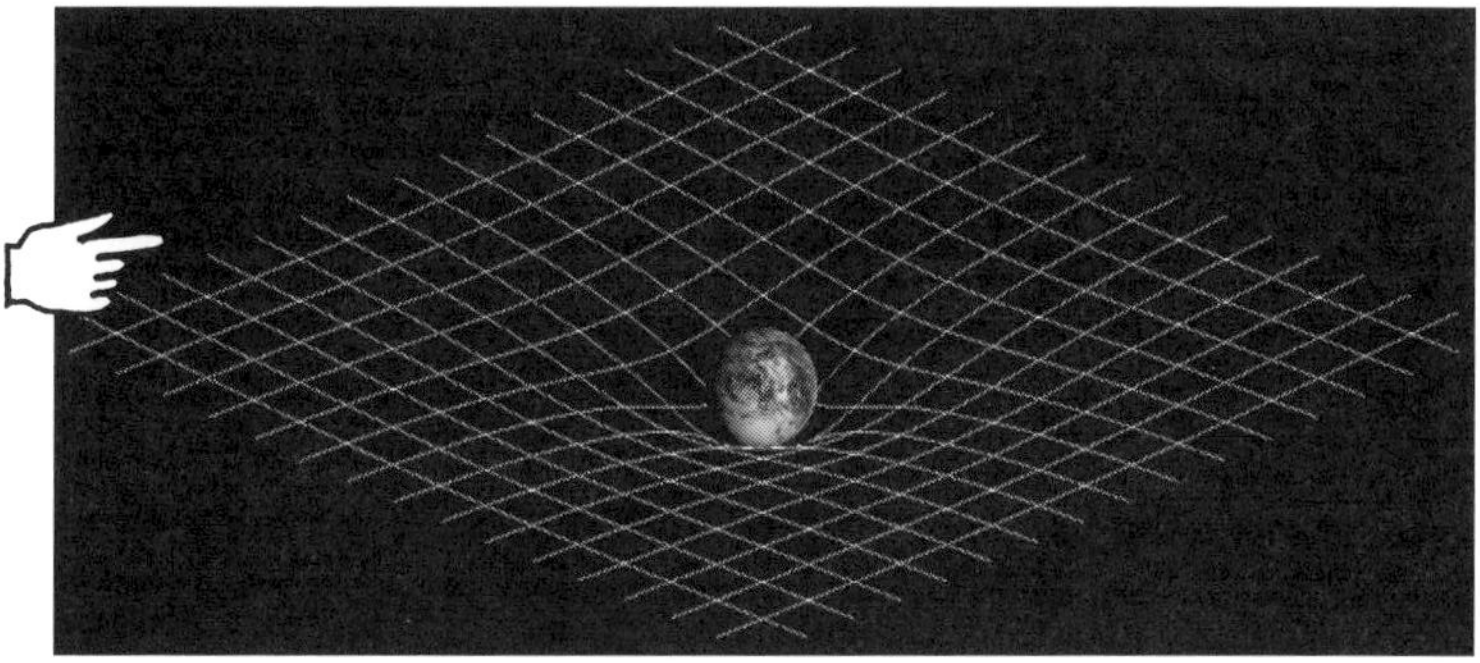

アインシュタイン方程式

$$G_{\mu\nu} + \Lambda g_{\mu\nu} = \frac{8\pi G}{c^4} T_{\mu\nu}$$

空間の歪み　宇宙項　質量・エネルギー

アインシュタイン

宇宙項を加えてしまったことは
自分の人生で最大の失敗だ

なぜ、加えてしまったのか…

残念…

地球に引き込まれてしまいます。万有引力が働いているからではなく、空間が歪んでいるから落ち込んでしまう、と考えたわけですね。

なんか万有引力とそんなに言ってること違わないいんじゃない？って思うかもしれませんが、ひとつ決定的に違うことがあるんです。

光のように質量がないものでも、重力の影響を受ける（重力レンズ効果）

つまり、もし万有引力のように質量のあるもの同士が引っ張り合うだけなら、質量のない光は、重力の影響を受けないはずです。ところが空間が歪んでいるのであれば、影響は受けるはず。

それを確かめるために、アーサー・エディントン卿という人が、実際に太陽の近くを通る光を観測してみました。普段は太陽が明るすぎて見ることができないんですが、皆既日食の日を利用して観測したら、たしかに星の光が曲がっていたんです。本当に空間は歪んでいたんですね。

アインシュタインは、一般相対性理論の基本方程式として、アインシュタイン方程式というのを考え出します（図77☚）。これは空間の歪み方を表した式です。左側の$G_{\mu\nu}$というのが、空間の歪みを表す量です。右側のcの4乗分の、$8\pi G\cdot T_{\mu\nu}$が質量、もしくはエネルギー（エネルギーと質量は同じものなので）。それが右辺にきています。

真ん中のΛ（ラムダ）は何かと言うと、「宇宙項」というもので、これはなくても構いません。一般相対性理論の教科書を見ると、これが書いてないものもありますから。式としては、Λがあってもそれをゼロにしておけばいいだけなので、入れておくのは別に構わないんですが、じゃあこれはいったい何なのか？

後にアインシュタインは、このΛを加えたことを「自分の人生で最大の失敗だ」と言っています。じゃあなぜ加えてしまったのか？

上に放り投げて、落ちてくるまでの一瞬の中で我々は生きている？

一言で言うとですね、これはアインシュタインの、言わば固定観念から来たものです。彼は宇宙が膨張したり収縮したりするということを認めたくなかったんです。今でこそ我々はビッグバン宇宙論を知っていますが、当時はそんなものはなかったわけです。今ある宇宙は、昔から変わらず存在しているのであり、将来も変わらないものなんだ。宇宙は常に止まっていて、定常状態にある。局所的に星は動いているけれども、宇宙全体としては動いていない。

でも、もし宇宙がそのような静止した空間なら、重力によって星は徐々に集まっていき、最終的に宇宙はくちゃっと一箇所に固まってしまうはずです。「なんでそうならないの?」って言われたときに、アインシュタインは、苦し紛れに「重力に反発する力があるからだ」と言ってこの宇宙項を加えたんですね。

宇宙が常に広がっているとしたら——つまり全体として動いているとしたら、そのような反発力(宇宙項)は不要です。

そして、実際に宇宙が膨張していることが、星の観測によって証明されました。エドウィン・ハッブルという人が、いろいろな星がどれくらいの速度で、自分たちのほうに落ちているか(近づいているか)を観測してみたら、なんと遠ざかる方向に動いていた。重力というのは引っ張り合う力ですよね? なのに、引っ張り合うどころか、お互いが遠ざかっていたんです。こんなことがありうるのだろうか?

でも、こう考えれば、それもありうるわけです。どういうことかと言うと、たとえば今、僕が持っているこの丸いボールを床に落とします(ボールが落ちる)。速度ゼロで落としたら、たしかに下に落ちますね。ところが、上に向かって投げたら(上に投げる)……一瞬上がってから、つまり床から一瞬遠ざかってから落ちますよね。この上に、上がっている時間だけを見れば、たしかに重力に反して遠ざかっているように見えます。

つまり我々が生きている時代が、ちょうど遠ざかっている時代なだけではないか。そして、遠ざかるのが終われば、いずれ落ちてくるのではないか。ハッブルはそう予想しました。

宇宙の誕生と未来のイメージ

たしかに、今僕がボールを投げたような、その程度の弱い力だとすぐに落ちてきますよね。つまり宇宙はいつか収縮して、クシャッとつぶれてしまいます。これは重力に対して、速度が遅い場合です。

では逆に、ものすごく速く投げた場合——ロケットを打ち上げるようにめちゃくちゃ強い力でボールを投げた場合は、重力を振り切って飛んでいってしまい、地球にはもう帰ってこなくなりますよね。つまり、宇宙で言うと、永久に膨張し続けるということになります。

一方で、その中間の速さで投げた場合、人工衛星のように、落ちてくるわけでもなく、遠ざかり続けるわけでもなく、ある一定の位置にずっと留まり続けます。つまりちょうどいい速さで投げれば、宇宙も永久に膨張するわけでもなく、いつか収縮し始めるわけでもなく、あるところで膨張が止んで、そのまま……というわけです。
この3つのうちのどれかだと言われていますが、どうも「落ちてくる」のではないことだけは確かなようです。宇宙論から言うと、「あるところで止まる」が有力らしいんですが、最近の観測結果からは、どうも永遠に広がり続けるらしい。

誰が宇宙を投げたのか？

遠ざかるためには、誰かが最初に投げる必要がありますね。誰が投げたのか？　それを説明したのが、ビッグバン理論です。ゲオルギ・ガモフというロシア人が提唱しました。

「宇宙が広がっている」とするならば、ずっと過去――誰かが投げた瞬間に遡《さかのぼ》ってみると、宇宙は一箇所に集まっていたはず。もし仮に、宇宙の全物質が一点に集まっていたとすると、それはもう想像を絶する高い温度になっていたに違いないとガモフは考えました。

ちなみに皆さん、「温度」って何のことかわかりますか？　朝のニュースで「今日は気温が何度です」って聞きますよね。でも「温度って何？」って訊かれると意外に困りませんか？　温度とは、簡単に言うとエネルギーの密度だと思ってください。ある重さあたり、あるいはある体積あたりにどれくらいのエネルギーが詰まっているか、それが温度です。

宇宙は、広さが100億光年から200億光年くらいあります。そんな広大な宇宙を、ある狭い領域にぎゅっと固めたら、ものすごいエネルギー密度になるはずですよね。エネルギー密度のことを温度というわけなので、それはもう想像を絶するような熱さだったに違いありません。その状態を、ガモフは「火の玉」と言っているんですが、この人はもともと核物理学者なので、たぶん核爆発をイメージしてたんでしょう。一緒に研究していたアンドレイ・サハロフという人はもろにソ連で水爆を開発した人ですから。

宇宙がかつて一点にあり、それが爆発して広がっているって聞くと「そんなことありえんのか?」って思いますよね? ところが実は、ビッグバンの証拠が見つかっちゃったんですね。どうやって見つけたか?

ものすごく遠くを見たからです。

140億光年先=「過去」を見てしまったら……

光は、「光速」という言葉があるくらい、めちゃくちゃ速いわけですが、それでも

＊宇宙の膨張とビッグバン

エドウィン・ハッブル

なぜ 空は 落ちて来ないのか？

天体は 運動している
しかも
遠ざかる方に！

ゲオルギ・ガモフ

宇宙の 全ての 物質は
もともとは 1点に
集まっていたんじゃ …

もしそうなら
想像を 絶する 高温に
なっていたに 違いない

火の玉 ＝ ビッグバン！

速度はありまして、1秒間あたり3億メーター進みます。たとえば太陽から地球に光がやってくるには8分かかってますね。我々は太陽の現在の姿を見ているんじゃなくて、8分前の太陽の姿を見ているんです。もし太陽が今の2倍遠かったら、16分前の姿を見ているわけです。

「遠くを見る」ということは、「遠くからやってくる光を見る」わけですから、それだけ過去を見ていることになるんです。

宇宙の距離を測る単位で、「光年」ってありますよね。これは光が1年で移動する距離のことです。たとえば1光年の距離にある星を見たとしたら、それは1年経って、ようやく光が皆さんの目に届いているので、1年前の姿を見ているわけなんですね。

そうやって、宇宙のものすごーく遠く、ものすごーく過去を見てみました。140億光年先。つまり140億年前の姿を見てみたら、本当にそこは熱かったんです。

その姿を見たのが、アーノ・ペンジアスとロバート・ウィルソンです。ペンジアスとウィルソンっていつもこうやって離れて写っているんですが（図78☞）、仲悪いんですかね（笑）。二人揃ってノーベル賞を取ったんですが、一緒にぴたっと並んでいる写真って見たことがない。そんな二人が、1964年に電波望遠鏡を使って観測したんです。

図78＊ビッグバンの証拠見つかる！

140億年前の"熱かった"
宇宙の残像を捕らえた

なぜかいつも
離れて立っている

アーノ・ペンジアスとロバート・ウィルソン

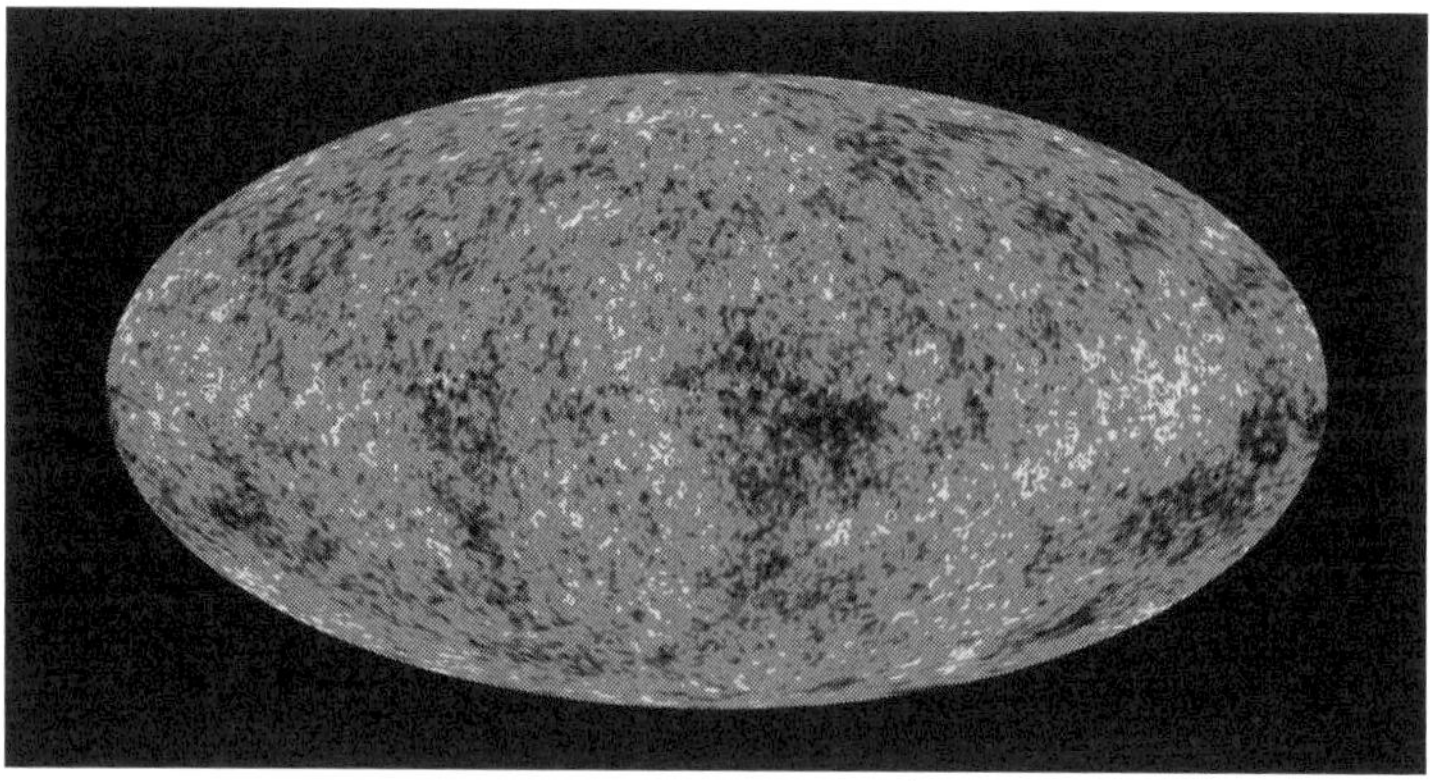

COBE《コービー》が撮影した宇宙初期の姿
Cosmic Background Explorer
（宇宙背景放射探査機）

このときの論文を僕は見たことがあるんですけども、1ページ半くらいしかないんですね。論文ってふつう何十ページもあるものなんですが、発見したものがあまりにも偉大だったから、文章は短くてもよかったんです。ビッグバンは本当だったことを証明したんですから。

現在、このビッグバン理論を疑う人は、学者にはほとんどいません。宗教の人にはいますけど。

見える宇宙の限界

ペンジアスとウィルソンは地上から観測していましたので、大気に邪魔され、広い波長域でデータを得ることができませんでした。その後、1989年に打ち上げられたCOBE《コービー》という人工衛星によって、大気に邪魔されることなく、全波長域にわたって、より精密に測ることが可能になりました。

これ（図78☛）は、COBEが撮影した、宇宙の初期の姿です。宇宙をドーム状に切り取った姿、プラネタリウムを見上げているようなものと考えてください。

温度の分布があることがわかりますね。均一に同じ温度ではなく、むらがある熱さです。

ふつう「見る」と言った場合、光によって「見る」ことを意味しますね。ところが、宇宙はそうはいきません。遠ざかっているわけですから、そこから発せられた光（電磁波）は、周波数が下がっていきます。ドップラー効果と言いますが、遠ざかっていく救急車の音は低くなるように、速く遠ざかるほど、より周波数が低くなります。

ハッブルの観測以来、宇宙は、遠い天体ほど高速で遠ざかっていることがわかりました。近い天体はそれほど速くないので周波数も比較的高く、その光は可視光として見えますが、遠い天体から発せられる光は可視光よりずっと周波数が低くなり、人間の目には見えなくなります。もともとは可視光だった光が、遠ざかることで周波数が低くなって「電波」になってしまうんです。

電波望遠鏡というのは、その電波を「見る」ための望遠鏡です。COBEには可視光は捕らえられません。可視光よりずっと周波数の低い電波しか見ることができない。

星が出している光は（それぞれの星から地球までの距離や遠ざかる速さがバラバラなので）波長もバラバラなんですが、ところがですね、あるところに同じ波長の「層」があったんです。その距離にある「層」は、どこを取っても、どの方角を向いても、光の波長が同じ。

その「層」の手前までは、物質が星のような形をとって点在しているんですが、その「層」だけは同じ周波数の光が一様にもわーっと存在していた。イメージとしては、

図79＊宇宙マイクロ波背景放射

空間ではなく時間をイメージして下さい

宇宙が曇っている状態です。その雲（層）の先は一切見えない。

ビッグバン宇宙論では、「そういうものが存在しているはずだ」と言われていたので、まさにその証拠を捕まえた、というわけです（図79）。

なぜ我々は宇宙に存在しているのか？

すべての物質は、もっとも小さなレベルでは、クォークとレプトンに分かれていましたね。それで、たとえば中性子や陽子の中を見ると、エネルギーのスープみたいなものの中に、クォークがポツポツポツと浮かんでいました。それを切り離そうとする場合は、それと同じだけのエネルギーを与えないといけません。第1回の授業でやった加速器の「ぶつける」というエネルギーはまさにそれでした。「ぶつける」という運動エネルギーを使って、陽子の内部でくっついているクォークとエネルギーを粉々に砕く必要があったわけです。

ところが、宇宙初期の「エネルギー密度が高い＝高温」状態は、わざわざぶつけてエネルギーを与えなくても、すでにエネルギーが満ち溢れている状態ですので、クォークは放っておいてもバラバラになっていたはずです。

そしてそこでは、先ほど「エネルギーが物質に変わる」「物質がエネルギーに変わる」

図80＊素粒子と宇宙の始まり

宇宙の始まり＝火の玉（超高密度のエネルギーの塊）

そこでは、すべての物質は、
クォークとレプトンにバラバラに分かれていたはず！

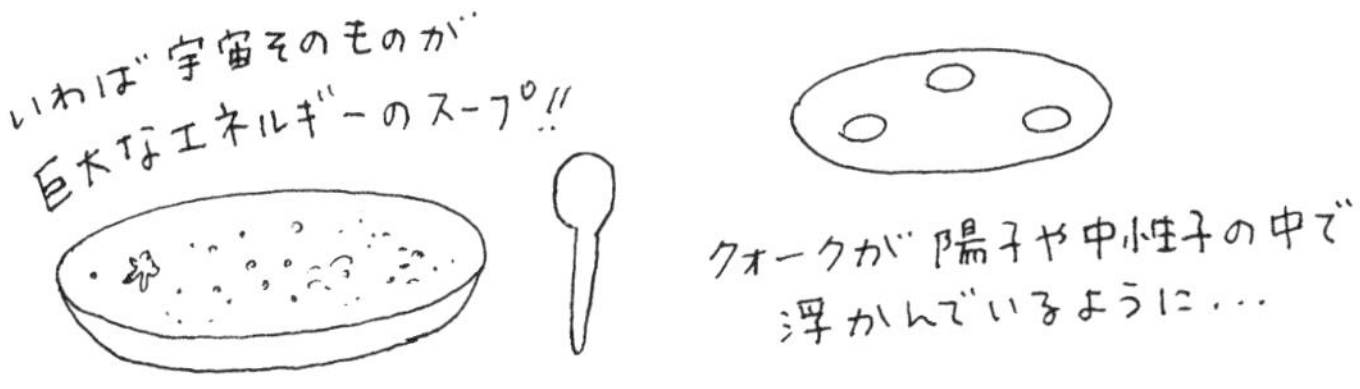
いわば宇宙そのものが
巨大なエネルギーのスープ!!
クォークが陽子や中性子の中で
浮かんでいるように…

エネルギー密度が高いので、
さかんに物質・反物質がつくられていた。

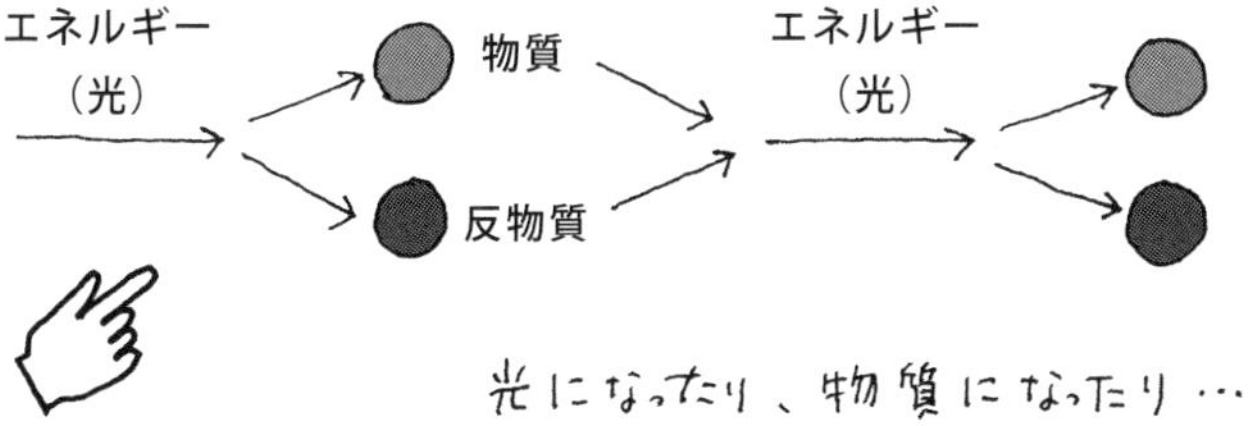
エネルギー
（光）
物質
反物質
エネルギー
（光）
光になったり、物質になったり…

という話にあったように、盛んに物質と反物質が作られていたはずです。

こんな感じで（図80☜）、エネルギー密度が高ければ、もう次々と、物質と反物質が作られて、またエネルギーに戻って、それでまた物質と反物質が作られて……ということがどんどん繰り返されていただろう、と考えられてます。

電子と陽電子はそれぞれ0.5メガエレクトロンボルト（MeV）の質量がありましたから、それを作るには、2つ合わせて1メガ（MeV）のエネルギーが必要です。更に、この物質と反物質は、近くにあるとすぐにくっついてエネルギーになっちゃいますから、また1メガのエネルギーになります。で、エネルギーに戻ったとしても、まだ依然1メガのエネルギーが保たれていれば、それは再び物質と反物質に分かれてもいいはずです。

くっついたり離れたりが繰り返されるわけですが、宇宙が広がっていくと、エネルギーは拡散して、エネルギー密度（＝温度）は徐々に落ちていきますね。そして、あるところを境に、物質が作られなくなるんじゃないか、ということなんです。

エネルギー密度が高いうちは、物質と反物質が作られるんですが、だんだんと宇宙が広がって、エネルギーが薄められてしまったために、つまり温度が下がったために、物質と反物質を作るためのエネルギーが足りなくなってしまう。これが、「宇宙が冷えていく」ということなんですね。

図81＊宇宙が冷めていくと…

宇宙が広がり、
エネルギー密度が下がってくると、
物質・反物質をつくることができなくなり、

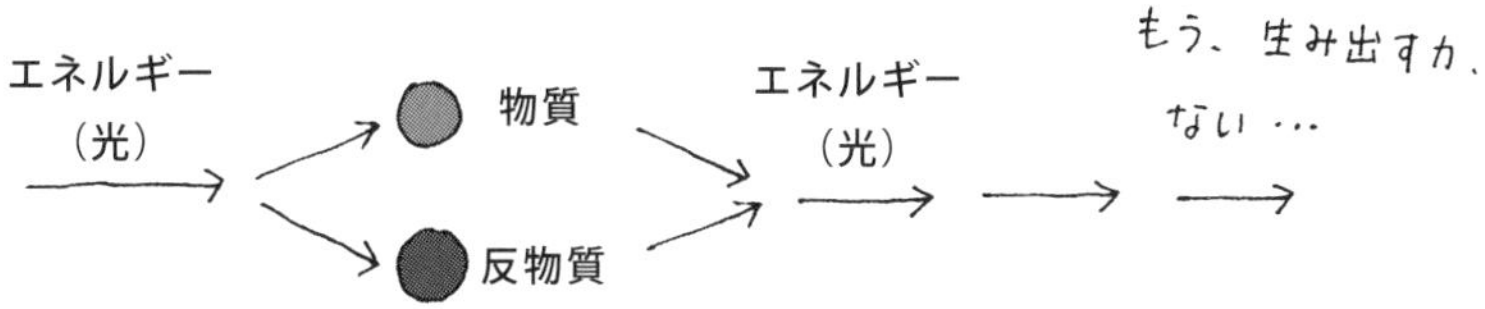

宇宙には光（エネルギー）だけが…

あれ？
じゃあなんで
我々は存在しているのか？

我々は光じゃないし

電子と陽電子でいうと、1メガ以下のエネルギーになると、もう作ることはできません。だから、あるところで、光だけの宇宙になってしまいます。物質と反物質がなくなって、光（エネルギー）だけが広がっていく、というわけです（図81）。

先ほどのCOBEが見た風景、あるいはペンジアスとウィルソンが見た140億年前の宇宙の姿というのは、ちょうどこの、物質と反物質がエネルギーになって、これ以上はもう物質は作れません、最後光だけになりました、っていう状態のことだったんです。

でも、これ、おかしいですよね？　じゃあなんで我々は存在しているのか？って話になるわけです。光だけの「層」の手前までは、星（物質）があるわけです。物質と反物質が光になってしまって、物質を作るにはもうエネルギーが足りなくなったんだとしたら、なぜ我々（物質）は存在しているのか？

10億の中で、ひとつだけペアになれなかった「物質」

前回、宇宙の粒子密度の話をしました。光は、1立方メーターあたりに10億個。それに対して、陽子とか電子は1個ずつしかありませんって話でした（図82）。宇宙はスカスカですね、と。

図82＊宇宙の粒子密度（復習）

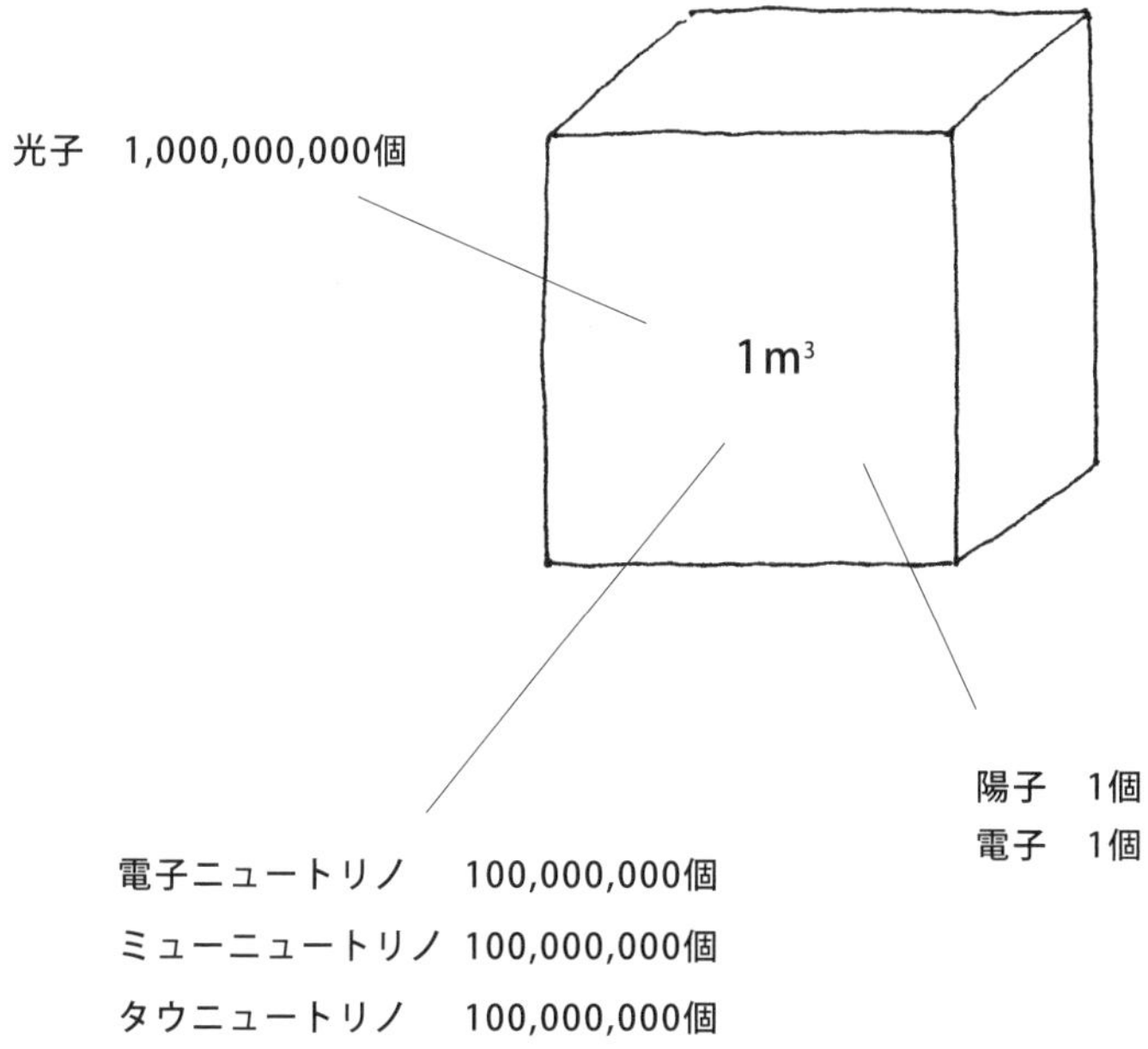

この数はいったい何を表しているのでしょうか。本来はもっとたくさんの陽子や電子があったはずなんです。そして、それぞれペアとなる反陽子や陽電子と反応し合って光になったり、物質（と反物質）に戻ったりを繰り返していました。しかしやがて光は（エネルギー密度が落ちてしまったために）物質（と反物質）を作ることができなくなってしまいます。

もし仮に、物質と反物質がまったく同じ数存在していたら——物質100個に対して反物質100個というように、まったく同じ数ずつ存在していたら、必ずペアになって消えるので、全部なくなってしまうはずなんです。このように、陽子1個と電子1個は残らないはずです。

なのに、なぜか1立方メーターあたり、1個ずつは生き残ってる。

たぶんそれは、物質と反物質が同じ数じゃなかったからなんです。

物質と反物質のペア1個につき、光が1個作られると考えれば、現在の光と物質（陽子と電子）の比から考えて、おそらく物質が10億2個に対して、反物質がちょうど10億個——この割合であれば、物質と反物質10億個分が、打ち消し合って光に変わり、そして物質が2個（陽子と電子が1つずつ）残ることになります（図83）。

これは物理学ではけっこう衝撃的な話なんです。まあふつうの人だったら、「へー、そうなんだ」って言うだけかもしれませんが、物理学者たちはものすごいショックを

図83＊物質と反物質の非対称

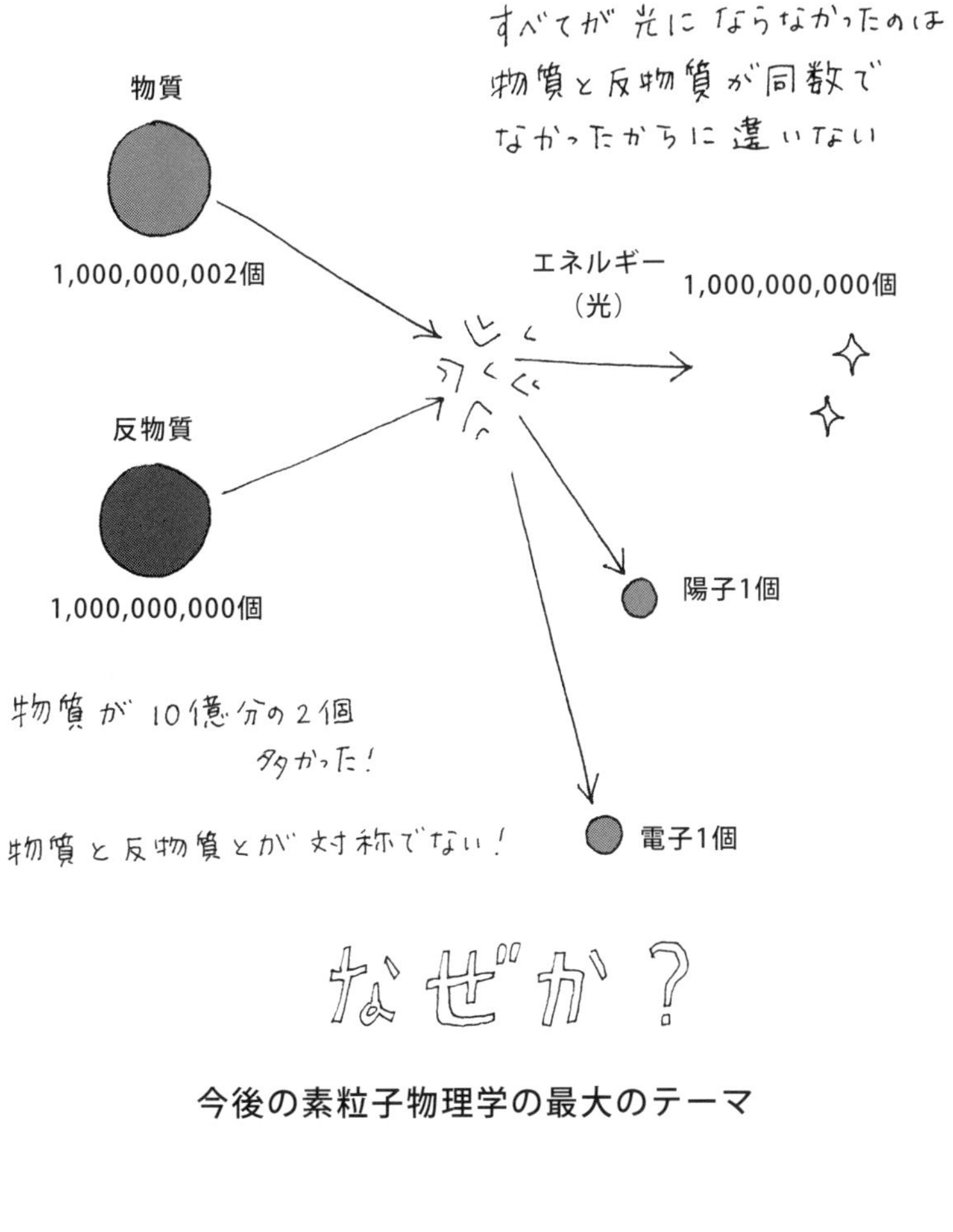
すべてが光にならなかったのは
物質と反物質が同数で
なかったからに違いない
物質
1,000,000,002個
反物質
1,000,000,000個
エネルギー
（光）
1,000,000,000個
陽子1個
電子1個
物質が10億分の2個
多かった！
物質と反物質とが対称でない！
なぜか？
今後の素粒子物理学の最大のテーマ

受けました。物理の世界っていうのは完璧に近い対称性で成り立っているんですよね。左右のことは考えなくてよかったんです。ところが、物質と反物質は対称じゃなかった。

この「同じ数じゃなかった」ということを、きちんと説明する理論は今現在確立されていません。ですから、新たな理論を考えなければならないわけです。これまでは「標準理論」と言われているものがあり、それによって宇宙のことはだいたい説明できた、と思っていたんですが、そうじゃなかったんです。標準理論ではまったくこの謎は解けない。でも実際に我々が存在していることを考えれば、たしかに対称じゃないはずなんですね。

現在の素粒子物理学における最大のテーマがこれなんです。「なんで対称じゃないのか」。これを解かないといけない。

このように素粒子を研究するっていうのは、宇宙の始まりを研究することでもあるんですね。

宇宙の96％を占める、暗黒の何か

最後に、宇宙の大きな謎についてお話しします。

前回、ハドロン（クォークでできている粒子）の話をしましたね。その中でも、陽子や中性子のような、3つのクォークからできているやつをバリオンって言うんでしたよね。

で、このバリオン――つまり我々が目にしている「物質」ということですが、素粒子論を勉強するとバリオンが宇宙にどれくらいあるかが計算できます。バリオンの総数とは、すなわち、この世の中（全宇宙）の物質の総量のことです。そして、バリオンの1個1個の質量がわかっていますので、この2つを掛け合わせれば、宇宙の重さが出るはずです。一方で、素粒子物理学とは異なるアプローチによって――つまり宇宙論や天文学を使っても、宇宙の重さは計算できるんです。

そうやって素粒子物理学と宇宙論というそれぞれ違う立場から、宇宙の総質量を計算してみると、なんと、これがぜんぜん合ってない。どっちかが間違ってたら、「おまえが間違ってる！」で終わりなんですが、どうもそうではない。しかもどれくらい違うかと言うと、25倍も違ってました。これはけっこうな問題なんですね。

宇宙は、バリオンの総数全部足しても、その4％くらいにしかならないんです。他は、何かわけのわからないものなんです。まだ発見されてない何か――。

これまで僕は、「世の中はクォークとレプトンでできています」って話をずっとしてきましたが、実はそうじゃなかったんです。クォークとレプトン以外の何か**が**ある

＊もうひとつの宇宙の謎

素粒子論で計算した宇宙の重さと
天文学で計算した宇宙の重さが
ぜんぜん合わない!

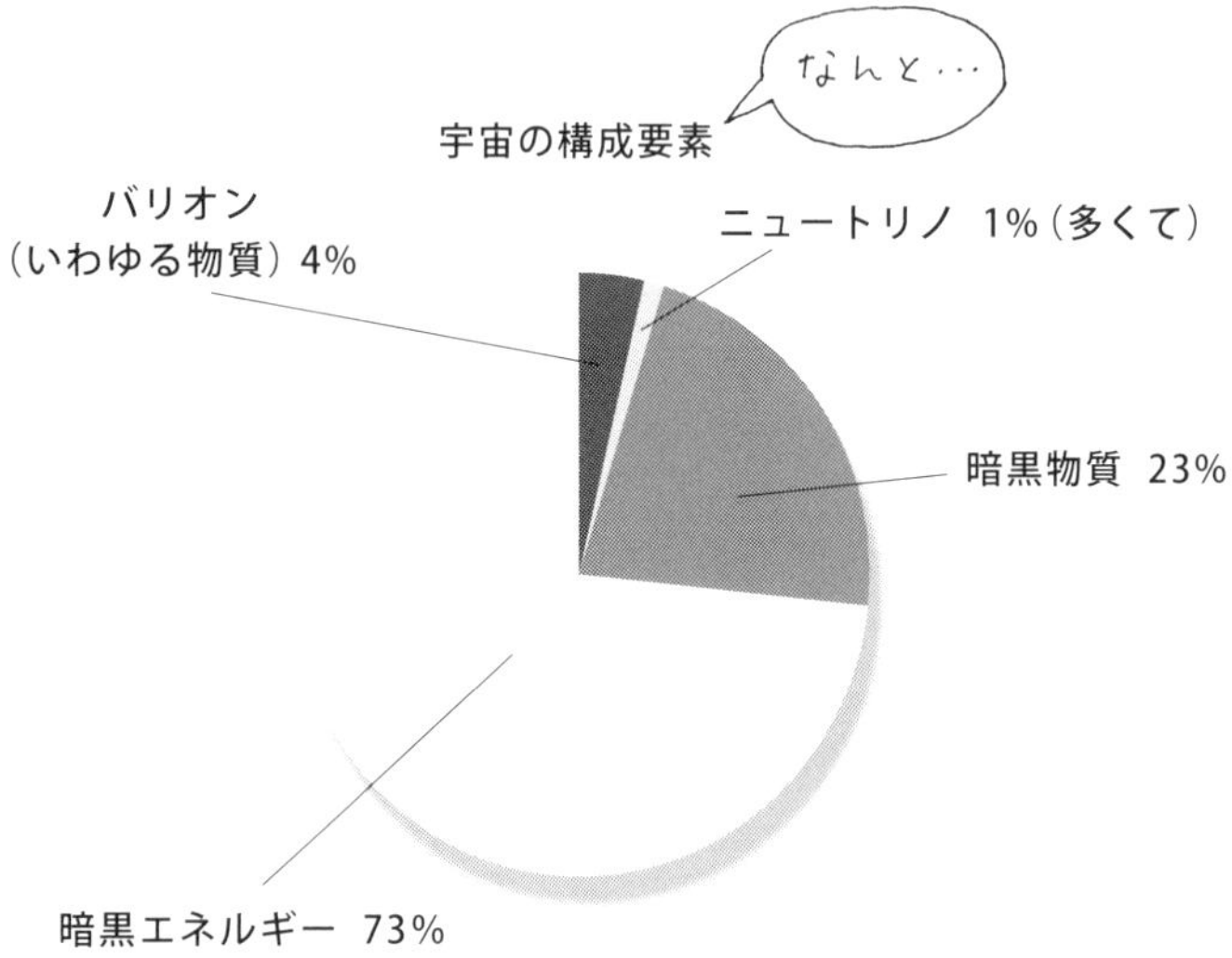

人間が知っているのは宇宙のたった5%…

宇宙の95%以上は 暗黒の何か!

んです。しかも、95％以上がその何かなんです。そういう気持ち悪いことがわかってきました。

宇宙論の人がいろいろ研究していくと、どうも暗黒物質（ダークマター）というものが、宇宙全体のうちの23％くらいを占めているらしい。質問で、

Q ダークマターって何ですか？

ってありましたが、今のところは「わかりません」としか答えられません。何せ発見されていないものなので……。これまでにお話しした、クォークやレプトンとは違う何か――重力にだけ作用する何かです。重さとしては計算できるけれども、発見されていないってことは、電磁力も強い力も弱い力も感じない何か。これは現在、鋭意探索中です。これを見つけたら、そのグループはノーベル賞をもらうでしょう。

アインシュタインもわからなかった、アインシュタインの天才性

というように、宇宙の23％を占める暗黒物質が何かわかっていません。でもこれ、まだ100％じゃないですよね。4分の3が謎のままです。これがですね、更に怪し

くなるんですが、「暗黒エネルギー」と呼ばれています。

先ほど、アインシュタイン方程式をやりましたね。

アインシュタインが「宇宙項」っていうのを入れちゃって、後に「入れなきゃよかった」「人生最大の間違いだ」って本人が訂正したんですが、実は今、これが脚光を浴びてるんですよ。

もともとは、アインシュタインが、宇宙がくしゃっとつぶれないために数学的に無理矢理作った斥力《せきりょく》みたいなものだったんですけど、実はこの宇宙項がですね、実在してるんじゃないかという話になっています。どうもその宇宙項の正体が、暗黒エネルギーのことらしいです。

アインシュタインとしては、今生きてたら胸熱《むねあつ》な感じですよ（笑）。苦し紛れに入れたものが、本当に実在してた、というわけですからすごい話です。

ではこの暗黒エネルギーが何なのか？　これはまったくの謎です。暗黒物質《ダークマター》のほうは、今どんどん実験が行われていて、あと何年かしたら見つかる可能性はありますが、こっちは何かすらわからないし、どうやって見つけていいのかもまったくわかっていません。宇宙のほとんどは、その何かわけのわからないものなんですね。不思議な話ですけどね。

というわけで、４回にわたって授業を行なってきましたけど、これは素粒子物理学のごく一部のトピックスです。ほんの一部分しか話していません。宇宙の4％がバリオンだったという話をしましたが、これまでの授業で、素粒子の世界の4％も話していません。ほんとにちょっとなんですね。ニュートリノについては詳しく説明しましたが、ほかにもいろんな興味深い粒子があるわけでして、そのひとつひとつの謎を解いていくのが、僕たちの仕事なわけです。

最後にですね、こんな質問をいただいていました。

Q 多田先生が考えるニュートリノの利用法とは、どのようなものですか？ そしてそれはいつごろ実現しそうですか？

これに正直にお答えしてみましょう。

まず結論から言います。「何も思いつかない」というのが、その答えです。

じゃあ、今まで話してきたこと——1500億円かけてJ-PARCを作って、電気代に年50億使って、そんな実験を毎日して、ニュートリノの性質を調べてたのは何だったの？「それを何に利用しますか？」って訊かれて、「わからない」としか答えられない。「じゃあなんでそんなことやってんの？ イージス艦でも買ったほうがいいんじゃない？」という話ですが、この問いに最後にお答えしたいと思います。これは事業仕分けでも言われたことですよね。

30年前に描かれた30年後のテクノロジー

ところで皆さん、『超時空要塞マクロス』というテレビアニメを知っていますか？1982年放送ですから、今から30年くらい前。皆さんは生まれてないころですね。僕は小学生でした。実はこの『マクロス』の舞台は、2009年なんです。つまり、ほとんど今。30年前に描かれた30年後、というわけです。

『マクロス』の2009年の世界はけっこう進んでまして、飛行機から人型に変形するロボットが出てきて、それに乗って、宇宙に出て、異星人と闘っているんです。すごい技術ですよね。一方で、驚くべきことがひとつ起こってるんです。それがこのシーンです。ちょっと再生してみましょう。

「イチジョウヒカルサマデスカ?」

「ああ」

「もしもし、一条ですが」

「ヒカル、ごめん」

「ミンメイ!」

「超時空要塞マクロス」©1982 ビックウエスト

わかりますか？　携帯電話を持ってないんですよ。電話をかけるのに、人工知能を持ったロボットが自分で走ってきて、相手を探して、「どうぞ」って言うわけです。これはある意味すごい技術です。でも当時の人は、小さいこの携帯電話を思いつかなかったんですよ。まさか30年後にこんなものができるとは？って。それほど未来でどんな技術がどう使われるのかは予想が難しいんです。

携帯電話は何の役に立つかわからなかった技術の結晶

皆さん、この携帯電話ってすごいと思いませんか？　たぶん皆さんは物心ついたときから身近にあるので何となく使ってるかもしれませんが、僕の子供のころにはこんなものはなかったですよ。全部家の電話からかけてました。

これは電話できるだけじゃないですよ、ウェブも見れるし、ゲームもできるし、音楽も聴けるし、財布にもなるし、すごいですよね。僕はこれを取り上げられたら1日も生きていられないくらいです。これは本当に偉大な機械だと思います、僕は、現代の科学技術の結晶だとすら思っています。

ところが、この携帯電話に使われている技術っていうのは、「携帯電話を作ろう！」と思って開発されたものなんてほとんどないんです。まったく別の意図で開発されたさまざまな技術を結集して、この携帯電話は作られているんですね。たとえばね、一例として、ソフトウェアの話をしましょうか。

ウェブを見るために、httpというプロトコルの技術を使っているわけです。hypertext transfer protocol。これってもともと何のために開発されたかっていうと、皆さんが今想像しているみたいな、いろんなサイトに行って、ニュースを見たり、ゲームしたり……っていうために開発されたわけじゃありません。もともとは物理学者たちが、お互いのデータや情報をやりとりするために開発されたんです。開発されたのは1991年。CERNっていう、一番最初にやりましたよね、世界最大の加速器LHCのある、反物質爆弾を作ってる（笑）、あそこが開発したんです。

そして日本で初めてその技術を導入したのは、ちょうど僕が働いているところ、高エネルギー加速器研究機構です。だからhttp://www.kek.jpっていうアドレスは、日本で初めてのURLなんです。

もともとは20年前に、素粒子・原子核物理学という狭い世界の実験データをやりとりするために導入したものが、今はもう世界中の、物理学なんてまったく関係のない生活を送っている一般の人たちにとっても、なくてはならないものになっている。携帯電話でウェブを見るのに使われているのも、その技術なんです。

このように、ぜんぜん違う目的で開発されたさまざまな技術が発展して、他のものに取り入れられてるんです。

研究とは、東急ハンズの棚に商品を並べていくこと

もう少しわかりやすい例え話をしてみましょう。

皆さん、東急ハンズって行きますか？　僕はしょっちゅう行くんですよ。渋谷に行ったら東急ハンズに寄らないときはないんです。必ず行く。そう言うと、友達は、「そんなにしょっちゅう行って、何を買ってるんだ？」って言うわけですけど、実は行ってもほとんど買い物してないんです。下の階から上の階まで眺めて、また下まで戻って、それで帰ってくるだけ。ウィンドウショッピングだけです。それこそ友達は「おまえアホか」と言うわけです。「なんでそんなことしに行くの？」って。でもね、この「見る」ってことがものすごく大事なんですよ。

たとえば、友達へのプレゼントを探しているとしますね。でも何をあげたらいいかさっぱりわからなかったとき、ふと東急ハンズに行ってみるわけですね。上から下まで棚を順番に眺めていくと、あるフロアの、ある棚に飾られていた、ある商品を見て、「あ、これだ！」と思いつくわけです。そして、またぜんぜん別のフロアに行って、「あ、こんなものもある！」というふうに発見するわけです。そういうのを組み合わせると、

何かプレゼントができるかもしれませんよね。

これはプレゼントの話ですけど、他にも、皆さんが普段気がつかなくて、でもこういうものがあれば、こういうことができそうだとか、眺めることによって何か「発見」があるはずです。

でももし、棚に商品が並んでなかったら、何も思いつかないんです。僕が何しに行ってるのかっていうと、アイディアや「発見」をもらうために行っているようなものなんですね。東急ハンズ自身、最近は自らを「ヒント・マーケット」と呼んでますよね。

実はね、科学の世界もこれと同じなんですよ。東急ハンズみたいなものです。

科学の世界っていうのは、まずいきなり、この携帯電話を作ろうと思って、その技術を開発しようとしても無理なんです。非常に複雑な機械ですからね。だからまずは各々の学者なり技術者が自分の専門の何かを研究します。そして、「それが何の役に立つか？」は、とりあえず置いておいて、その研究成果を発表するわけです。この「研究成果を発表する」ということが、すなわち、「ハンズの棚に商品を並べること」なんです。いろんな学者が、棚にどんどん並べていくわけです。

そしたら、次の世代の学者がハンズにやって来て、棚を見て、自分の役に立つものをピックアップしていきます。そうして作り上げたもの――それがこの携帯電話なんです。そうしないとできないんですよ、これは。「携帯電話を開発しましょうか」って言って、1から開発してると100年経っても絶対にできません。科学技術の世界は、そういうものなんです。

100年後の人々のために

だから、一個一個の研究成果だけを見ると、一見何の役に立つかわからないし、意味のあることだとは思わないかもしれない。「それ何の役に立つんですか?」って訊かれて、うまく答えられない。じゃあ「そんな研究止めてしまえば?」って言われて、本当に止めてしまったら、棚はからっぽになってしまうんです。そして、棚がからっぽになったら、皆さんの次の世代──子供や孫やさらにその先の世代の人たちが何もできなくなってしまいます。

特に僕らの素粒子物理学っていうのは、基礎物理学ですので、すぐに使える技術──10年、20年で使えるような技術は扱っていません。残念ながら。

この授業でも取り上げましたが、たとえばニュートリノは理論的に提唱されてから実際に発見されるまで26年。また、弱い力が提唱されてからそれを伝達するウィークボソンが発見されるまで50年もかかってるんです。こんなもんなんです。スケールとしては、50年とか100年なんて簡単に経ってしまうような、そういう世界なんですね。

でも、今それをやらないと、50年後あるいは100年後に、自分たちの子孫が、何もできなくなってしまいます。だからそのために、僕たちはせっせと棚に並べていってるんですね。

僕が生きているあいだに、ニュートリノの利用方法はたぶん見つからないと思いますよ。でも、いつかニュートリノを利用できる日が来るかもしれない。そういうことなんですよね。

というわけで、素粒子物理学って何のためにやってるんですか？　答えはそれです。棚を埋めるためにやってるんです。

科学っていうのは常にそういう先輩の成し遂げたものを使って、次のものを作るんです。そのことを最後にお伝えしたいと思います。

えらく長くなってしまいましたが、4回にわたってお付き合いいただき、ありがとうございました。今回は一応これで終わりといたしますが、また機会があれば、次のお話をしてみたいと思います。ありがとうございました。（拍手）

あとがき

本書の主役、ニュートリノ振動実験（T2K実験）は、2009年の試運転を経て、2010年1月から本格的にデータを取り始めました。2011年3月までに、1,000,000,000,000,000,000,000個のミューニュートリノを発射し、スーパーカミオカンデで121個のニュートリノを捕らえることができました。

解析の結果、そのうち6個が、電子ニュートリノであることがわかりました。本書でもお話ししたとおり、ミューニュートリノから電子ニュートリノへの変化は、これまで誰も見たことがない現象であり、これこそが我々の探し求めてきたものなのです（P203参照）。この人類初の観測の結果は、2011年6月15日に発表され、ニュースにもなりましたので、ご存知の方もおられるかもしれません。

本書をお読みになられた方はおわかりのとおり、科学の世界では、ひとつの現象が観測されただけでは、その現象を「発見した」とは言えません。繰り返し観測して「正しさ」の確率を高める必要があります。例えば今回の実験結果からは、「99.3%

の確率で正しい」ことがわかりました。「99%以上なら、『発見』と言ってもいいじゃないか」と思われるかもしれませんが、物理学の世界は厳しく、その程度だと「兆候が見られた」としか言えないのです。更に実験を続け、より多くのデータを集め、「99・9999%以上の確率で正しい」となって初めて、「発見」と言えるのです。

まだまだ道は険しいのです。

ところが、その歩みが、思わぬことで止められてしまいました。2011年3月11日に起きた、東日本大震災です。

本書の元になった授業は、その直前の1月から2月にかけて行われたのですが、奇しくも生徒さんから「停電になったらどうなるのか?」という質問をいただき（P78）、それに対して「停電よりも地震で壊れるほうが怖い」とお答えしたすぐあとに、まさに恐れていたことが起こってしまったわけです。

地震の起こりやすい日本で、このような巨大実験施設を運用するのは、大変なリスクを伴います。本文中でも触れましたが、アメリカやヨーロッパなどは、地震対策をまったくと言っていいほどしていません。我々だけが、大変な苦労をして耐震対策を行わねばならないのです。

僕が設計した装置も、かなり手厚く地震対策を施してあり、その分費用も嵩《かさ》んでしまいました。それでも実際に震災に遭い、実験施設は被害を受け、このあとがきを書いている現在でも、復旧に向けて苦闘する毎日が続いています。実験再開はまだまだ先になりそうです。

日本という国は、地震のない国に比べて、大変なディスアドバンテイジ（不利）を背負《しょ》わされている——読者の方々はそう思われるかもしれません。

確かに、地震対策のために余計な労力と費用がかかり、被害に遭えばその処理に追われ、「次こそは大丈夫なように」と更なる対策を考える。これは一見とても大変なことのように思われますが（実際、とても大変なのですが）、実はそうした労力を積み重ねることで、技術というものは進歩していくのではないでしょうか。

今回の地震で我々日本人は、地震の攻撃に対して、悪く言えば無様な姿を晒《さら》してしまったかもしれません。「こうしておけばよかった」と思える失敗は、山ほどあることでしょう。しかし、その失敗があってこそ、次は失敗しないよう、「こうすればよかった」を実現した技術を生み出すことができるはずです。

成功した技術など、お金を出せばいくらでも買うことができます。しかし、失敗した経験は、どんなにお金を積んでも手に入れることができない、実際にやった者だけが手にすることができる、貴重な財産なのです。
人類がかつて味わったことのない震災を受けたのなら、日本人は必ずや次はそれにすら打ち勝つ技術を生み出せると信じています。これが千年に一度の震災だと言うなら、我々は、千年に一度の復興を見せてやろうではありませんか！

最後になりましたが、授業を取り仕切ってくださった中央大学杉並高校の梅田先生、年度末の忙しい時期にお集まりいただき、毎回たくさんの質問をくださった生徒のみなさん、物理が苦手な人にも手に取っていただけるような親しみやすいイラストを描いてくださった上路ナオ子さん、素敵な本に仕上げてくださった鈴木成一さんと岡田玲子さん、J-PARCの写真を快く提供してくださった西澤丞さん、いつも締め切りに間に合わないのろまな僕に、忍耐のひとことでお付き合いくださり、様々な御知恵や御指導をくださった編集の高良さん、そして何より、この本を手にしてくださった読者のみなさんに、深く感謝いたします。
ありがとうございました。

二〇一一年七月十二日

多田 将

協力

中央大学杉並高等学校

3年生　浅野智之・岡野敏幸・神戸 力・小林広明・斉藤裕平・瀬戸山智・三浦 亮・谷高和也・山本英尭・横石 優・大橋くるみ・五艘優奈・伊藤 優・岸本駿哉・冨田 健・濱野 潤・原田健太・眞野目農・渡邉泰典・遠田郁美・平林未彩希・藤田紗月

2年生　鈴木紘二郎・高野智史・水谷 郁

1年生　本間祐輔・大迫香穂・周藤憲一郎・三村周平・岩瀬建也・加藤誉士・近藤 航・高山慎一郎・堤 晴樹・山本舜介

理科教諭　梅田洋一

高エネルギー加速器研究機構（KEK）

西澤 丞（J-PARC写真：カバーおよびP65～72）

多田 将 ただ・しょう

一九七〇年大阪府生まれ。
京都大学理学研究科博士課程修了。
京都大学化学研究所非常勤講師を経て、
現在、高エネルギー加速器研究機構・
素粒子原子核研究所准教授。

すごい実験

高校生にもわかる素粒子物理の最前線

二〇一一年 八 月一〇日 第一刷発行
二〇一五年一〇月二八日 第六刷発行

著者 多田 将
イラストレーション 上路ナオ子
ブックデザイン 鈴木成一デザイン室
編集 高良和秀
発行人 堅田浩二
発行所 株式会社イースト・プレス
〒一〇一-〇〇五一
東京都千代田区神田神保町二-四-七 久月神田ビル八階
電話〇三-五二一三-四七〇〇
ファクス〇三-五二一三-四七〇一
印刷所 中央精版印刷株式会社

ISBN978-4-7816-0624-8